Professional

Mc Graw Hill **Professional**

騙術與魔術

識破**13**種連財務專家都不易看穿的假報表

霍爾‧薛利 Howard M. Schilit
傑洛米‧裴勒 Jeremy Perler 著／吳書榆 譯

FINANC1AL SH€NANIGAN$（3rd Edition）

McGraw Hill Education *Your Learning Partner*
美商麥格羅‧希爾國際教育出版

騙術與魔術　FINANC1AL SH€NANIGAN$

目次
Contents

騙術與魔術
FINANC1AL SH€NANIGAN$

〔序文〕

> 已有之事將再出現，已做之事將再發生；太陽底下無新鮮事。
>
> ——《傳道書》1：9（Ecclesiastes 1:9）

無疑地，上市櫃公司的資深管理階層都渴望能提報正面的消息和出色的財務績效，以討好投資人而後進一步推升股價。雖然多數企業在提報財務績效時都按照道德倫理行事，遵循會計規範，但有些卻會利用規則當中的灰色地帶（或者，會完全忽略這些規則），以誤導的方式來描述自家的財務績效。

企業財務醜聞存在的歷史，和企業及投資人的歷史一樣長久。不老實的管理階層一直都在剝削不會起疑的投資人，而且，他們不太可能金盆洗手。就像所羅門王（King Solomon）在《傳道書》中說過的：「已有之事將再出現，已做之事將再發生；太陽底下無新鮮事。」因為這種想要討好投資人的需求永無停歇，對管理接階層來說，透過財務騙術來誇大正面績效的誘惑也就永遠存在。對那些費盡千辛萬苦才能達成投資人期待，或追上競爭對手表現的公司而言，玩弄會計花招的誘惑尤其強烈。而且，隨著這些年來投資大眾愈來愈精於察覺這些招數，不老實的企業也不斷尋找新方法（或回頭使用舊方法）來愚弄投資人。

原文書第一版於 1993 年出版，透過 7 大操弄盈餘騙術的形式，為讀者介紹了一個企業巧取豪奪的詐騙世界。2002 年的第 2 版（中

文版為《識破財務騙局的第一本書》）以初版的架構為基礎繼續發展，揪出 1990 年代的新招數以及最惡劣的犯行者。因應過去 10 年來這一波會計詐欺、重編財報以及其他財務報告方面的不當作為，這次推出的第 3 版，再找出許多企業用來誤導投資人的新技巧。本書擴充操弄盈餘騙術的討論，介紹了新類型的騙術（現金流騙術及重要指標騙術），並探究了遭受財務騙局衝擊的新產業（銀行業及保險公司）以及新地區（歐洲及亞洲）。

新版比前面兩版更進一步深入探究企業的巧計錦囊，以便讓讀者全面地看到現今到處流竄的各式各樣騙局花招。我們將這些財務報告騙術聚集後分成 3 大類：

◆ **操弄盈餘騙術**：揭露企業如何操弄損益表以提報更高的營收、膨脹的利潤，或是以不當手法調整後的平順營收模式。

◆ **現金流騙術**：討論企業用來提報充滿誤導意味的亮麗現金流指標，包括營業現金流及自由現金流。

◆ **重要指標騙術**：揭發企業如何操弄被認為是衡量企業績效或體質健全度的重要指標，展現誤導的統計數字以愚弄投資人。

●●● 從失敗的財務報告中學得教訓

我們相信，針對編製、審計或評估財務報告的相關專業人士，最佳的訓練就是讓他們專心沉浸在案例研究當中，以從真實世界的失敗財務報告中學得教訓。美國證券交易委員會（Securities and Exchange Commission，簡稱證交會）的執行處前任會計長羅伯‧薩克（Robert J. Sack）就非常強調這一點，他建議應該像訓練醫學院學

生從大體來了解健康史一樣，用同樣的方法來訓練會計師。他說：

醫學解剖的目標，是要知道到底出了什麼問題，並判斷下次可以有哪些不同的作為。醫學專業人士試著從失敗中學習，以拓展答案的選項。不幸的是，財務報告流程有時候也會失敗……我們必須替會計師找到方法來善用這些失敗的財務報告，以拓展我們的知識基礎。

本書採用的就是這種作法，從新近讓人震撼不已的騙局，及提報虛偽或誤導財務績效的企業身上獲得啟發。我們使用的案例範例，選自證交會執行的查核行動、證券集體訴訟以及財務研究與分析中心〔（Center for Financial Research and Analysis，現隸屬於風險指標集團（RiskMetrics Group）〕所做的會計犯罪學研究，呈現最相關、最有指標意義的企業祕辛，看他們如何借用財務騙術以隱藏業務惡化跡象。這些小故事提供了寶貴的教訓，教會投資人偵測方法，在企業提報的結果無法代表經濟實質面時，得以窺見端倪。

●●● 哪些人可因閱讀本書受惠？

雖然我們在本書中和讀者對話時經常都提到投資人，但我們認為有很多人也可以從這門嚴謹的課程中獲益。比方說，任何有相關經濟利益（例如商業銀行從業人員、債券持有人、保險承保人以及其他信貸供應商）的機構；他們需要能傳達基本經濟實質面的精準財報，才能針對特定企業做出周延的決策。此外，獨立的審計人也必須了解管理階層使用的會計花招，才能針對財務報告的公平性表達合理的意見。董事會的成員若未謹慎搜尋財務騙術的徵兆，也就無法為投資人擔起有效的信託責任。而政府監理人員必須了解會計騙術花樣，也才

能適切地施行規則。影響層面深遠的信用評等機構，在評估發行機構的財務報表時若不精準嚴密，則無法保障債券持有人以及其他利害關係人。至於企業高階主管本身，他們必須監督自家公司以及競爭對手的表現，也會因本書的諸多教訓受益匪淺。

　　雖然多數企業都誠實對投資人提報營運績效，但也有為數甚多的公司使用會計或財務報告花招來隱瞞真相。投資人多半不清楚管理階層的誠信標準為何，因此，就財務報表來說，聰明的投資人要自求多福，抱持健康的懷疑態度，並進行嚴謹認真的實質審查（due diligence）。此外，每一個產業都會出現財務騙術，更沒有地理疆界的限制。因此，就算投資人追蹤的是總部位在中國的公司，也會從有興趣分析位在美國、巴西或任何其他國家企業的人身上獲益。我們要傳遞且放諸四海皆準的訊息是——這種企業誇大正面消息、隱藏負面消息的不當需求永遠不會消失；而只要有誘惑存在，騙術通常就會隨之而來。

第一部 ── 基礎的建立

第 **1** 章
恨在心裡口難開

　　就像幾百萬其他電影同好一樣，我們一家非常期待每年冬末奧斯卡頒獎典禮，在其最負盛名的好萊塢粉墨登場。奧斯卡獎所評定的年度最佳影片，會奠立他們在影劇史上的地位。而就像一部 1997 年獲得奧斯卡獎加持的電影片名一樣，各方英雄好漢對於奧斯卡獎可說是《愛在心裡口難開》（*As Good as It Gets*）。

　　但是，如果我們要頒發最佳財務騙局獎，有資格的競逐者，應該是讓人「恨在心裡口難開」的這個頭銜。

　　攤開過去 10 年來最讓人拍案驚奇的財務報告騙局，我們可以自辦一項「恨在心裡口難開」的最佳創意會計大獎頒獎典禮，來表彰敢以財務騙局誤導投資大眾的才華出眾、願景恢弘且膽大妄為的管理階層。

　　得獎者是……

表 1-1　「恨在心裡口難開」財務騙局大獎得獎名單

獎項	得獎企業
最富想像力的營收造假	恩隆（Enron）
最膽大包天的憑空捏造利潤及現金流	世界通訊（WorldCom）
最厚顏無恥、巧取豪奪的資深高階主管	泰科（Tyco）
最熱切多方嘗試各種不同騙局	訊寶科技（Symbol Technologies）

●●● 恩隆：最富想像力的營收造假

　　2001 年秋天，總部位在波士頓的恩隆公司突然之間倒閉及破產，一時之間成為大型會計帳務醜聞的代名詞。很多人都說，這家公用事業能源公司耍的花招是設計巧妙的騙局，當中牽涉到利用幾千項資產負債表外（off-balance-sheet）合夥關係，藏匿投資人承受的鉅額損失和難以想像的債務。這齣恩隆大戲的情節基本上按照劇本走，若要嗅出危險意味根本不需要任何特殊的會計技能，甚至連閱讀財務報表的進階訓練都用不上；這裡需要的不過是一點點好奇心，去注意並質疑恩隆自 1995 年至 2000 年這五年間的營業額為何能三級跳。

營收成長違背現實

　　2000 年時，恩隆在《財星》（Fortune）500 大企業中名列第 7（以總營收排名），超越一些如美國電話電報公司（AT&T）和 IBM 等產業巨人。短短五年，恩隆的營收像變魔法一樣，一下子成長了 10 倍，讓人嚇破膽（從 1995 年的 92 億美元到 2000 年的 1,008 億美元）。好奇的投資人可能會問，企業營收在五年內從不到 100 億美元

成長到超過 1,000 億，這種事有多常發生？答案是：從來沒見過。恩隆的營收以令人難以置信的幅度成長，可謂前無古人；而創造出如此高額成長的公司，竟然在一路上都沒有進行任何大規模的購併，這是不可能的！

如表 1-2 所示，在 2000 年時，僅有 7 家企業創造出千億美元或是更高額的營收。除了花旗集團〔Citigroup，在 1998 年由花旗銀行（Citicorp）和旅行家集團（Travelers）合併而成〕之外，這些大公司的成長基本上都來自於自體有機成長，而非透過收購。

請注意，在表 1-3 中，恩隆的營業額成長率為驚人的 151%，從401 億美元飆升到 1,008 億。

古怪的是，就算恩隆在這張列表上和各產業巨頭平起平坐，但是其提報的利潤總額卻低於 10 億美元（或相當於營業額的 1%），和其他企業相比之下相形見絀。而且，利潤未隨著營收等比例成長，這就

表 1-2　以營收排名的財星 500 大企業（截至 2000 年）

（百萬美元）	2000 年	1999 年	1998 年	1997 年	1996 年	1995 年
埃克森美孚（ExxonMobil）	210,392	163,881	100,697	122,379	119,434	110,009
沃爾瑪（Wal-Mart）	193,295	166,809	139,208	119,299	106,147	93,627
通用汽車（General Motors）	184,632	189,058	161,315	178,174	168,369	168,829
福特（Ford）	180,598	162,558	144,416	153,627	146,991	137,137
奇異（General Electric）	129,853	111,630	100,469	90,840	79,179	70,028
花旗集團(Citigroup)	111,826	82,005	76,431	—	—	—
恩隆	**100,789**	**40,112**	**31,260**	**20,273**	**13,289**	**9,189**

表 1-3　2000 年財星 500 大企業的營業額成長率

（百萬美元）	2000	1999	變動百分比（％）
埃克森美孚	210,392	163,881	28%
沃爾瑪	193,295	166,809	16%
通用汽車	184,632	189,058	（2%）
福特	180,598	162,558	11%
奇異	129,853	111,630	16%
花旗集團	111,826	82,005	36%
恩隆	**100,789**	**40,112**	**151%**

是極不尋常的情況，是耍弄會計花招的明顯警示信號。舉例來說，如果營收成長 10%，在營利率（margin）穩定的企業中，投資人通常可預期費用和利潤也會以類似的比率增加。就恩隆的情況來看，只有營收一飛沖天奔向月球，但利潤幾乎沒有變動，這完全不合邏輯。2000 年時，公司營收成長超過 150%，但利潤僅僅增加不到 10%（見表 1-4），怎麼可能會有這種事？

且讓我們往回退幾年，追蹤恩隆營收的急速成長，以及它如何在財星 500 大企業榜單上急起直追，從 1995 年排名偏中間的第 141 名，到 2000 年放榜時高掛在前 10 名的前段班行列中（見表 1-5）。

少有企業能達到恩隆 2000 年的表現，營收突破千億美元；此外，從百億爬到千億這條路，通常要花上 10 年才辦得到。如表 1-6 所示，埃克森美孚營收首度達到百億美元是在 1963 年，但一直到 1980 年代時才能躋身千億俱樂部。通用汽車第一次營收達到百億美

表 1-4　2000 年以營收水準排序的財星前 500 大企業淨利

（百萬美元）	2000 年
埃克森美孚	17,720
沃爾瑪	6,295
通用汽車	4,452
福特	3,467
奇異	12,735
花旗銀行	13,519
恩隆	979

表 1-5　恩隆的營收、利潤以及在其財星 500 大企業中的排名

（百萬美元）	2000 年	1999 年	1998 年	1997 年	1996 年	1995 年
營收	100,789	40,112	31,260	20,273	13,289	9,189
利潤	979	893	703	105	584	520
在財星前 500 大中的排名	**7**	**18**	**27**	**57**	**94**	**141**

表 1-6　千億俱樂部

	營收首度達千億美元的年份	當年營收（百萬美元）	營收首度達百億美元的年份	當年營收（百萬美元）	從百億到千億耗費時間（年）
埃克森美孚	1980	103,143	1963	10,264	17
沃爾瑪	1996	106,147	1986	11,909	10
通用汽車	1986	102,813	1955	12,443	31
福特	1992	100,786	1965	11,537	27
奇異	1998	100,469	1972	10,240	26
恩隆	**2000**	**100,789**	**1996**	**13,289**	**4**

元是 1955 年的事;這家公司花了超過 31 年,才得以進入更高檔的集團。但是聰明小子恩隆在 1996 年即達成百億的里程碑;之後僅僅花了 4 年的時間,就已經跑到了千億的目標。如此快速的竄升速度,在過去從來沒見過。現實中,之前的紀錄保持人是沃爾瑪,它是花了 10 年的時間走完這段路。對觀察家而言,要說恩隆可能找到合理、合法的仙丹妙藥創造出企業永恆成就,實在讓人難以置信。果不其然,隨著我們在本書中不斷地抽絲剝繭,就會發現這永恆的成就,竟是來自其設下的滔天騙局。

恩隆騙局露出狐狸尾巴

恩隆委員會成員兼公司審計人安達信會計師事務所(Arthur Andersen),2001 年 10 月時審查幾項未納入合併報表(即「資產負債表外」)的合夥關係,並總結認為,恩隆應將其中某些合夥關係合併在資產負債表(balance sheet)中,納為公司財務報告的一部分,大規模騙局的初始徵兆自此顯現。在接下來那個月,恩隆揭露之前提報的淨利(net income)必須再扣除 5.86 億美元,並於股東權益欄下扣除 12 億美元。投資者開始出脫持股,恩隆的股價就像投入水中的大石頭一樣,不得翻身。在恩隆最後沉淪之前,各信用評等機構還大砍它的評等,幾乎所有的借款都遭到凍結。2001 年 12 月初,恩隆提出破產申請,其資產約為 650 億美元。這是美國史上最大宗的企業破產案,紀錄一直保持到 7 個月後世界通訊宣布破產時才交棒;世界通訊在 2008 年時又被雷曼兄弟(Lehman Brothers)超越。

到最後,多數股東都承受巨大的損失,因為恩隆的股價在 2000

年大幅滑落；在短暫而痛苦的 9 個月內，從每股超過 80 美元（總市值超過 600 億美元）跌到每股 0.25 美元。然而，某些內線人士卻早在倒閉之前就大量出售自己手中的持股。發生危機前幾個月，恩隆的主席兼前任執行長肯恩・雷（Ken Lay）以及其他高階主管就賣出了價值上億美元的股票。

法律正義不過是聊慰股東罷了

2006 年 5 月 25 日，陪審團針對恩隆主席雷以及執行長傑佛瑞・史吉林（Jeffrey Skilling）做出有罪的判決。在 28 條證券及網路詐欺罪名中，史吉林在其中 19 條中被認定有罪，被判刑期超過 24 年。雷則被控 6 條證券與網路詐欺罪行，但他在兩個月後離世，當時他仍在等待判決；原本他可能得待在監獄裡長達 45 年。

投資人早該質疑，恩隆這段期間內營業額成長 10 倍，但利潤連加倍都辦不到，怎麼可能會有這種事？這些營業數字，還有年復一年前所未見的年增率，早應該讓投資人心生警覺。本書的第 3 章及第 4 章將要和大家分享一些恩隆最見不得光的祕密，檢視這家公司這些年來如何操弄所謂按市值計算會計原則（mark-to-market accounting），以及透過不適當的方法「加總」（gross up）營業額，創造出這是一家比實際規模更大公司的幻影。

警示信號： 當企業提報的營收成長超越任何正常的公司時，很可能就是認列營收的騙術所添油加醋刺激出來的。

恩隆：辨識其中的財務騙術

操弄盈餘騙術 ▶▶▶

- ☑ 提前認列營收
- ☑ 認列造假的營收
- ☑ 利用一次性或不長久的活動來提高利潤
- ☑ 運用其他技巧以隱匿費用或損失

現金流騙術 ▶▶▶

- ☑ 將來自融資活動的現金流入挪到營業活動項下
- ☑ 將一般營業現金流出挪到投資項下
- ☑ 利用收購或處分膨脹營業現金流
- ☑ 利用不持久的活動提高營業現金流

重要指標騙術 ▶▶▶

- ☑ 展現過度吹捧績效的誤導性指標
- ☑ 歪曲資產負債表上的指標，以避免展現公司情況惡化的跡象

••• 世界通訊：最膽大包天的憑空捏造利潤及現金流

　　世界通訊於 1983 年成立，是一家美國的電訊公司，原名為長途電話折扣服務公司（Long Distance Discount Services, LDDS）。1989年，LDDS 併入一家名為優勢公司（Advantage Companies）的空殼公司，以便公開交易；而在 1995 年，LDDS 就更名為 LDDS 世界通訊（LDDS WorldCom）。

　　在世界通訊的企業發展史中，成長主要都是來自於收購。（我們

之後會說明，以收購為發展導向的企業，會為投資人帶來某些最嚴峻的挑戰及風險。）其中最大規模的收購活動發生在 1998 年，當時這家公司以 400 億美元收購 MCI 通訊（MCI Communications）。也因此，公司再度更名，這一次改為 MCI 世界通訊（MCI WorldCom）。幾年後，企業名稱拍板定案，縮短為世界通訊（WorldCom）。

世界通訊的會計遊戲

幾乎是打從一開始，世界通訊就使用激進的會計原則（aggressive accounting practices），膨脹盈餘及營業現金流。這家公司使用的主要花招之一，就是要不斷收購、隨即減記（write off）勾銷大部分的成本並提列準備（reserve），然後在必要時把這些準備轉為利潤。世界通訊在短短的生命史中完成超過 70 件收購案，藉此持續地「重新裝填」準備，以在未來轉成盈餘。

倘若世界通訊得以用 1,290 億美元完成其在 1999 年 10 月宣告的交易，順利收購比它本身大得多的公司史普林特（Sprint），這招騙術或許還能持續玩下去。然而，美國司法部（U.S Department of Justice）的反托拉斯律師及監理單位和歐盟對等單位以有壟斷疑慮為由，駁回這項購併案。沒了這樁購併案，世界通訊就「損失」了它迫切需要的預期準備資金，而之前的準備則因為釋出轉為收益而快速消耗殆盡。

警示信號： 財務騙術經常潛伏在成長動力主要來自購併的企業當中。此外，以購併為導向的企業通常缺少內生成長的動力，比方說產品開發、銷售以及行銷等。

在 2000 年初，隨著股價一落千丈，再加上華爾街金融界施加龐大壓力要這家公司「拿出數字來」，世界通訊鋌而走險，踏上一條更激進的騙術之道：將本來列於損益表中的營運費用移除，移到資產負債表當中。世界通訊最龐大的營運費用之一是線路成本，這些成本是世界通訊支付給第三方電訊網路供應商的服務費用，以換得使用他們網路的權利。會計原則明白要求，這類服務費必須列為費用（expense），不得資本化（captialized）（將支出歸類為資產的方式）。但是，世界通訊卻將上億美元的線路成本從損益表中削去，藉此討好華爾街。當世界通訊這麼做時，大大低估了費用、膨脹了盈餘，同時也愚弄了投資人。從 2000 年中到 2002 年初，這套手法季復一季出現，一直到世界通訊內部稽核人員揭發真相才終止。

執行長艾伯斯花錢如流水

因為世界通訊經常能夠達成華爾街設下的盈餘目標，它的股價也因此鹹魚翻身。執行長柏尼‧艾伯斯（Bernie Ebbers）大量出售自己的持股，以支應其他投資（伐木業）以及他奢華的個人生活（養遊艇）。2001 年科技業一蹶不振，股市也隨之下跌，艾伯斯改尋其他的金援管道以因應他的需求，那就是他用自己的持股拿去借錢（也就是股票融資）。當經紀商不斷發出追繳保證金（margin call）的要求時，艾伯斯說服董事會讓他去做企業貸款和擔保，金額超過 4 億美元。艾伯斯打的算盤，可能是希望這些貸款能讓他不需大量出售世界通訊的持股，因為這樣會進一步拖垮公司的股價。但是，這項預防股價崩盤的花招最後還是失敗了，2002 年 4 月，艾伯斯被解除執行長的職務；幾個月之後，整個騙局就被揭穿了。

也是在 2002 年初，世界通訊的一個小型的內部稽核團隊，他們默默地工作，並祕密地調查他們認為可能有詐之處。在發現會計科目不當的款項高達 38 億美元之後，他們立即通知公司的董事會，後續的動作迅速展開。財務長被解職，審計長辭職，安達信會計師事務所撤回其 2001 年的審查意見，證交會也展開調查。

世界通訊至此已經來日無多了。2002 年 7 月 21 日，這家公司根據破產法第十一章（Chapter 11）申請破產，這是當時美國有史以來規模最大的破產申請案（雷曼兄弟在 2008 年 9 月因為倒閉而提出相同申請時，紀錄保持人就此換手）。在破產重整協議之下，世界通訊繳交 7.5 億美元的罰金給證交會，重編盈餘，數額讓人難以置信。世界通訊提出的重編會計報表帳目超過 700 億美元，其中包括調整 2000 年及 2001 年的相關數字，從原本提報的獲利將近 100 億美元，變成讓人跌破眼鏡的損失 640 多億美元。董事們也嘗到苦頭，他們必須支付將近 2,500 萬美元的代價，才能在集體訴訟當中達成和解。

2004 年，世界通訊從破產當中浴火重生。之前的債券持有人每 1 美元的債務獲償 36 美分，以新公司的債券及股票支付，而之前的股東則完全無人聞問。2005 年初，威訊（Verizon Communications）同意以約 70 億美元的價格收購世界通訊；2 個月之後，艾伯斯在所有的指控上都被判有罪，詐騙、串謀以及偽造文書等罪狀確立。之後，他被判在監獄中度過 25 年光陰。

自由現金流現端倪

如果評估世界通訊的現金流量表，投資人就會發現其中有一些極

為清楚的玄機；尤其是，這家公司的自由現金流（free cash flow）情況快速惡化。世界通訊同時操弄淨盈餘及營業現金流，藉由把線路費用當成資產成本而非費用，以不正當的方式膨脹了利潤。此外，因為公司在現金流量表中不當地將這些費用放入投資項下而非營業項下，世界通訊同時也膨脹了營業現金流（cash flow from operations）。雖然他們提報的營業現金流看來和提報的盈餘相吻合，但是公司裡的自由現金流卻把真相全都招了出來。

如表 1-7 所示，世界通訊聰明地隱藏起問題，營業現金流常態性地超過公司的淨利。（本書的第 3 部將會告訴大家，投資人要如何才能知道，世界通訊的營業現金流因人為操弄而膨脹。）

表 1-7　世界通訊的營業現金流與淨收益比較

（百萬美元）	2001 年 3 月第 1 季	2000 年 12 月第 4 季	2000 年 9 月第 3 季	2000 年 6 月第 2 季	2000 年 3 月第 1 季
營業現金流	1,596	1,743	2,060	2,069	1,794
減：淨利	610	732	967	1,291	1,301
營業現金流	986	1,011	1,093	778	493

會計小百科：　自由現金流

自由現金流衡量的是企業創造出來的現金，包含支付出去、用來維持或擴張資產基礎（例如，購買資本設備）的現金影響。一般計算自由現金流的公式如下：

營業現金流－資本支出（capital expenditure）＝自由現金流

揭發世界通訊騙術的關鍵之一，是要能進一步分析其現金流，也就是要計算出其「自由現金流」。不論線路成本是放在現金流量表的投資項下還是營業項下，計算自由現金流指標時都會從現金流中減掉這個項目。且讓我們來看看表 1-8，這張表顯示的正是自由現金流狀況。1999 年剛好是世界通訊開始將線路成本資本化之前，這一年公司創造的自由現金流大約為 23 億美元。讓我們把次年的情況拿來相對照，世界通訊的自由現金流變成負的 38 億美元，當中的差額超過 61 億美元，惡化情況讓人咋舌。若能注意到這項嚴重且麻煩的逆轉，世界通訊的投資人應能得出結論，不管有沒有要詐，這家公司都已經陷入麻煩了。

表 1-8　世界通訊的自由現金流

（百萬美元）	1999 年 全年度	1999 年 12 月第 4 季	1999 年 9 月第 3 季	1999 年 6 月第 2 季	1999 年 3 月第 1 季
營業現金流	11,005	3,228	3,271	2,581	1,925
減：資本支出	8,716	2,877	2,165	2,035	1,639
自由現金流	2,289	351	1,106	546	286
	2000 年 全年度	2000 年 12 月第 4 季	2000 年 9 月第 3 季	2000 年 6 月第 2 季	2000 年 3 月第 1 季
營業現金流	7,666	1,743	2,060	2,069	1,794
減：資本支出	11,484	2,707	3,580	2,678	2,519
自由現金流	（3,818）	（964）	（1,520）	（609）	（725）

警示信號： 當自由現金流突然大幅下降時，可預見的是，會出現大問題。

世界通訊：辨識其中的財務騙術

操弄盈餘騙術 ▶▶▶

- ☑ 認列造假的營收
- ☑ 把目前發生的費用挪到後期
- ☑ 運用其他技巧以藏匿費用或損失
- ☑ 把未來的費用挪到前期

現金流騙術 ▶▶▶

- ☑ 把一般營業現金流出挪到投資項下
- ☑ 利用收購或處分膨脹營業現金流
- ☑ 利用不持久的活動提高營業現金流

重要指標騙術 ▶▶▶

- ☑ 展現過度吹捧績效的誤導性指標
- ☑ 歪曲資產負債表上的指標，以避免展現公司情況惡化的跡象

••• 泰科：最厚顏無恥、巧取豪奪的資深高階主管

和世界通訊如出一轍，泰科也熱衷於收購，短短幾年內完成了幾百件購併交易。從 1999 年到 2002 年，泰科買下超過 700 家公司，總金額將近 290 億美元。雖然部分被收購的公司是大企業，但是很多規模都很小，泰科根本懶得在財務報表上揭露這些交易。

泰科或許真的看中被收購公司的業務，但除此之外，這家公司還樂於昭告投資人，讓大家都知道他們快步成長。然而說到收購，泰科最喜歡的，是這當中代表的會計帳務漏洞。透過收購活動，泰科能夠

重新補充準備，提供穩定的人工盈餘增長劑。此外，經常收購讓泰科能夠展示手中龐大的現金流；雖然，這些都不過是會計漏洞造成的假象而已。確實，泰科愛死了收購專用的會計原則帶來的好處，因此，就算是在完全未從事收購時，他們也把這一套拿來用。

創意十足的會計花招

來看看當泰科的子公司安達泰（ADT）買下新保全防盜業務時，在會計上如何計算支付出去的款項。泰科沒有雇用更多人員，而是決定聘用由不同業者組成的獨立網路，藉此招攬新客人。泰科鍾愛收購專用的會計原則，因此決定利用這套作法，把會計帳作成向這些代理人購買契約。這樣一來，因為沒有認列正確的費用，泰科因此得以膨脹利潤。而且，因為泰科在現金流量表上把這些付出去的款項認列在投資項下，泰科同時也膨脹了營業現金流。

然而，泰科的葫蘆裡還賣更多藥。公司提高每一份契約中必須付給業者的費用，然後要求業者把多出來的款項返還公司，名目為從事本項業務的「連線費」。這樣的安排顯然對於交易的基本面不會造成任何影響，但泰科卻做出不當的決定，把這項連線費認列為收入，透過人為手段拉高盈餘和營業現金流。如果你想像泰科是利用幾十萬份契約來耍弄這個手法，就明白這樣的拉抬確實能產生很大的效果。

證交會審查泰科和業者之間的交易安排，對這家企業充滿創意的會計手法「倒豎大拇指」。泰科騙局整體金額高達幾十億美元，當中有一部分就包括，證交會指控泰科以不當的會計原則認列子公司安達泰的購買契約，以詐欺手法創造出 5.67 億美元的營業利潤，以及

7.19 億美元的營業現金流。還有，證交會指稱泰科涉入不當使用收購會計操作原則，營業利潤至少因此膨脹 5 億美元。這些作法包括低估收購來的資產，高估收購來的負債，並濫用提列及使用準備的相關會計原則。這些罪狀彷彿還不夠似的，還有人提起訴訟，指控泰科以不當的手法提列及運用各項不同名目的準備，以強化、美化公開提報的績效，滿足華爾街的期待。

高階主管的小豬撲滿

非常不幸的是，對泰科及投資人來說，事情還沒完沒了。在這段期間內，資深高階主管〔也就是執行長丹尼斯 · 柯洛斯基（Dennis Kozlowski）以及財務長馬克 · 史瓦茲（Mark Swartz）〕擅自使用公司的現金帳戶，當成自己的小豬撲滿。政府指控這些高階主管未適當地向股東揭露，公司有檯面下的高階主管薪酬安排以及關係人交易，藉此從泰科竊取了上億美元。董事會不知道是裝聾作啞還是睡著了，任憑高階主管貸款支應其個人花費，當中有很多項目暗中不了了之，但卻創造了大量的未提報薪酬費用。

泰科的小偷主管付出了龐大的代價。除了要繳交 5,000 萬美元的罰款之外，公司也同意支付創天價的 30 億賠償金，以求和股東針對訴訟達成和解。此外，柯洛斯基和史瓦茲在奪取公司財產及拉抬股價罪名上遭到定罪，被判長達 25 年的徒刑。

詳細的現金流分析有助於投資人注意到泰科的問題。然而，針對收購型公司，我們建議要計算扣除收購總現金之後的調整後自由現金流。藉由考慮收購的效果來調整自由現金流，投資人對企業的績效會

有比較清楚的了解。購併是本書要討論的主題，對企業而言，購併是膨脹盈餘以及拉抬營業和自由現金流的大好機會。以泰科為例，我們會看到經調整後的自由現金流大量減少。正如表 1-9 所示，雖然泰科在 2000 年至 2002 年這些年度當中提報大把的營業現金流，但它創造出的累計自由現金流（扣除收購之後）卻是負的。

表 1-9　泰科扣除收購之後的自由現金流（以連續營業基礎計算）

（百萬美元）	2002 年	2001 年	2000 年
營業現金流	5,696	6,926	5,275
減：資本支出	1,709	1,798	1,704
減：在建工程 （construction in progress）	1,146	2,248	111
自由現金流	2,841	2,880	3,460
減：收購	3,709	11,851	4,791
自由現金流	（868）	（8,971）	（1,331）

泰科：辨識其中的財務騙術

操弄盈餘騙術 ▶▶▶

☑ 認列造假的營收

☑ 把目前發生的費用挪到後期

☑ 運用其他技巧以藏匿費用或損失

☑ 把現在的利潤挪到後期

☑ 把未來的費用挪到前期

現金流騙術 ▶▶▶

☑ 將來自融資活動的現金流入挪到營業活動項下
☑ 把一般營業現金流出挪到投資項下
☑ 利用收購或處分膨脹營業現金流
☑ 利用不持久的活動提高營業現金流

重要指標騙術 ▶▶▶

☑ 展現過度吹捧績效的誤導性指標
☑ 歪曲資產負債表上的指標，以避免展現公司情況惡化的跡象

••• 訊寶科技：熱烈多方嘗試各種不同騙局

這家總部位在長島（Long Island）的訊寶科技，是一家條碼掃描器製造商，雖然規模比前幾家公司小得多，但在我們的「恨在心裡口難開」頒獎典禮中，同樣也占有一席之地。這家公司大膽地將 7 條操弄盈餘騙術、4 條現金流騙術以及 2 條重要指標騙術全部拿來應用，而獲頒「創意會計」獎項；這可是令人讚嘆又難得一見的殊榮。就算是恩隆、世界通訊以及泰科，都遠遠不及訊寶大無畏開疆闢土所涵蓋的範圍。（當然，這 3 家公司各擅勝場，以「專精」於某些特定的大規模騙術而臭名遠播。）

「餅乾罐」金庫

訊寶科技對於絕對不可讓華爾街失望這件事似乎非常執著。連續 8 年多以來，訊寶科技要不是達成華爾街預估的盈餘目標，就是還進

一步超乎期待；這代表的是連續 32 季的成長。但是從事後諸葛的角度來看，這種穩定而且可預測的績效表現（尤其是在 2000 年到 2002 年科技業崩盤的期間），應是投資人要進一步密切觀察的警訊。

訊寶科技不希望盈餘太高或太低，因此，公司會做假帳，在每季季末調整公司的財務報表，以符合華爾街的期望。比方說，在績效亮麗的期間，公司會拿出一個「餅乾罐」準備金庫存錢，以便在績效不彰的期間拿出來拉抬盈餘。這種事就發生在 1990 年代末期，當時訊寶科技自美國郵政總局（U.S Postal Service）手中拿下大型契約，約占公司 1998 年營收的 11%。訊寶科技聰明絕頂地利用重整費用來壓抑要提報的成長數字，這麼一來拉低了標準（即未來比較容易滿足華爾街的期待），同時也創造出需要時可以拿出來用的準備金。

而如果訊寶科技的發展腳步減緩，無法達到華爾街的目標，公司就會「倒貨給經銷商」，或是過早把產品交運給客戶，以求能認列額外的營收。據說訊寶科技也把客戶根本沒訂的產品丟出去，藉此膨脹營收。這家公司甚至會為了認列營收而把產品賣給客戶，之後再用更高的價格把東西買回來（這是非常詭異的安排，一來一回之間，訊寶科技其實是花錢去創造營收成長）。

此外，如果訊寶科技的營業費用超出預算、必須予以刪減時，他們也備妥了解決方案。有一次的情況是 2001 年初要支付分紅，訊寶科技順手把聯邦保險金提撥法案（Federal Insurance Contributions Act）相關規定的保險成本往後遞延，也因此膨脹營業利潤。這家公司也會去整理浮現在資產負債上的麻煩問題，比方說無法回收的應收帳款。2001 年，訊寶科技擔心公司帳面上大量增加的應收帳款會讓華爾街

白眼相待，於是他們就把這些帳款移到資產負債表的其他項目下，躲開投資人的注目。在第 4 部「重要指標騙術」中還會針對此詳談。

在訊寶科技欺瞞投資人多年之後，終於落入了監理機關的手掌心。證交會指控訊寶科技自 1998 年至 2003 年期間犯下了重大詐欺。但是，訊寶科技的高階主管和那些經營恩隆、世界通訊以及泰科的白領流氓不一樣，他們走了一條不同（而且有點古怪）的道路。在被指控犯下證券詐欺罪之後，執行長托馬 • 拉薩米洛維克（Tomo Razmilovic）逃出美國，後來變成通緝犯。他甚至登上美國郵政檢查局的通緝要犯懸賞名單，逮捕他、讓他定罪可獲得 100,000 美元的獎金。（當時在這個單位的網站通緝名單上，他是唯一的白領嫌犯；這張清單也針對寄發炭疽熱病毒者、某些炸彈客以及郵局搶犯發出懸賞獎金。）目前他仍在逃亡中，而且顯然在瑞典過著悠哉的生活。

報告中現警訊

除了訊寶科技不尋常的穩定、可預測績效之外，投資人還可以找到很多警訊，看出這家企業苦苦掙扎的真相。我們的會計犯罪研究公司財務研究與分析中心（Center for Financial Research and Analysis）在 1999 年至 2001 年間分別發出 6 份報告，警告投資人注意訊寶科技激進的會計操作原則。我們在報告中提出的問題如下：

1. 出現許多不尋常的一次性大額費用，似乎是專門設計來假造準備金，以便日後用來挹注盈餘。比方在 2000 年收購特爾頌（Telxon）時，訊寶科技就減記了 68% 的買價，以及減記之後可能會售出的存貨，以拉抬營利率。

2. 訊寶科技財務報表中出現激進的成本資本化跡象，包括在 2000 年第 2 季時將資本化的軟體金額加倍，並把軟性資產的金額大幅提高到占總資產的 21%（前一年則為 11%）。

3. 存貨大幅增加引人擔心未來營利率可能下跌、出現退貨或是客戶對公司的產品已經失去興趣。

4. 自 1999 年初到 2001 年，應收帳款大幅增加，代表的是公司以激進會計原則認列營收（期末時想辦法倒貨給經銷商）。

5. 備抵呆帳（allowance for doubtful accounts）占應收帳款的比例持續下降，對盈餘有利。

6. 訊寶科技的每股盈餘（earnings per share）經常和金融界預設的目標有點差距，但是都能藉由「四捨五入」保持它在華爾街的「連勝」紀錄（比方說，0.1167 美分四捨五入之後就變成 0.12 美分，這樣就達到了目標）。我們認為公司的管理階層不可能這麼好運，表現這麼一致；相反的，我們將此視為操弄盈餘的信號。

7. 營業現金流不斷地少於淨利，這是盈餘品質不佳的信號。

訊寶：辨識其中的財務騙術

操弄盈餘騙術 ▶▶▶

- ☑ 提前認列營收
- ☑ 認列造假的營收
- ☑ 利用一次性或不長久的活動來提高利潤
- ☑ 把目前發生的費用挪到後期
- ☑ 運用其他技巧以藏匿費用

☑ 把現在的利潤挪到後期

☑ 把未來的費用挪到前期

現金流騙術 ▶▶▶

☑ 將來自融資活動的現金流入挪到營業活動項下

☑ 把一般營業現金流出挪到投資項下

☑ 利用收購或處分膨脹營業現金流

☑ 利用不持久的活動提高營業現金流

重要指標騙術 ▶▶▶

☑ 展現過度吹捧績效的誤導性指標

☑ 歪曲資產負債表上的指標，以避免展現公司情況惡化的跡象

●●● 展望

　　許多恩隆、世界通訊、泰科及訊寶科技的投資人付出了沉重的代價，就因為他們沒有及早察覺危險信號，沒有看到一直隱藏在財務騙術當中的營運問題。還好，投資人、審計人以及其他利害相關人可以從這些企業的崩潰瓦解當中學得教訓，多了解如何在未來偵測出類似的警訊，利用這項知識讓自己能做好更充分的防備。

　　第 2 章要打基礎，讓大家更能了解 3 大類財務騙術：盈餘操弄騙術（如第 2 部詳述）、現金流騙術（如第 3 部詳述）、重要指標騙術（如第 4 部詳述），以及發生這些問題的機率有多高。

第**2**章
修飾一下 X 光片

我付不起手術費用，但是我能不能付點小錢，請你修飾一下 X 光片？

——股神華倫・巴菲特（Warren Buffett）

　　傳奇投資人巴菲特總是大方地分享他每年寫給投資人的信，把這當成教育工具，教導所有有志於此的人了解投資這門藝術。在其中一封信中，這位眾人尊稱為奧瑪哈先知（Oracle of Omaha，巴菲特生於內布拉斯加州奧瑪哈鎮）的股神，為大家上了一堂辛辣犀利的課，說到一項和我們息息相關的主題：利用財務騙術隱藏真相以欺瞞投資人的企業。這封信中提到一段重症病患和醫生之間的對話，場景就發生在當病患知道 X 光檢驗結果之後，病患不願意接受代表健康惡化的資訊，他的直接反應是要求醫生修飾一下 X 光片。巴菲特利用這個小故事警告投資人某些企業管理階層的作為，這些人試圖修飾財務報

表，以隱藏企業經濟健全度不斷惡化的真相。之後彷彿是預言一般，巴菲特補充說道：「長期來說，利用會計手法來掩蓋營運問題的管理階層，一定會有麻煩在等著他們。到最後，這類管理階層會面對的後果，就和這位重症病患如出一轍。」

無疑地，企業利用財務騙術遮掩不佳的財務經濟體質，效果不會勝過醫生藉由修飾 X 光片來改善病人的健康。要弄這類花招根本毫無意義，因為企業情況惡化的真相並不會因此改變，而且終究有一天紙會包不住火。

本書為讀者提供一些必要的技巧，讓大家能辨識出掩蓋財務績效及經濟體質問題的企業。第 2 章要回答一些基本的問題，包括何謂財務騙術以及這些花招可能出現在哪些地方，藉此打下基礎，培養出必要的辨識技能。

••• 何謂財務騙術？

財務騙術指的是企業管理階層採取的特定行動，藉此誤導投資人對於公司的財務績效或經濟體質的看法。財務騙術造成的結果是，投資人因此遭到愚弄，相信這家公司的盈餘狀況優於實際，企業現金流量穩定，而且資產負債表的財務狀況也比實際上穩固安全。

透過仔細閱讀企業的資產負債表、損益表以及現金流量表，可以從企業提出的數字當中識破某些騙術。騙術的證據可能不一定明白藏在數字裡，因此，需要檢查一下包含在附註、發布季度盈餘新聞稿，以及其他可以公開取得的文件當中的管理階層說詞。我們把財務騙術分為 3 大類：操弄盈餘騙術、現金流騙術以及重要指標騙術。

操弄盈餘騙術

當企業高階主管每一季提報績效時，如果他們無法達到華爾街的盈餘預期，投資人就會對此做出嚴厲的判決。若企業提報的盈餘讓人失望，通常股價會嚴重下挫。為了力挽狂瀾（以及這些高階主管的薪酬配套），某些企業因此涉入各式各樣的騙術以操弄盈餘。我們找出以下7大操弄盈餘的騙術，這些花招讓企業能不當地表述公司盈餘。

- 操弄盈餘騙術第 1 條：提前認列營收。
- 操弄盈餘騙術第 2 條：認列造假的營收。
- 操弄盈餘騙術第 3 條：利用一次性或不長久的活動來提高利潤。
- 操弄盈餘騙術第 4 條：把目前發生的費用挪到後期。
- 操弄盈餘騙術第 5 條：運用其他技巧以藏匿費用及損失。
- 操弄盈餘騙術第 6 條：把現在的利潤挪到後期。
- 操弄盈餘騙術第 7 條：把未來的費用挪到前期。

現金流騙術

近年來，財務報表醜聞及重編盈餘事件層出不窮，讓許多投資人不禁質疑，企業提報的盈餘到底能不能信任。因此有愈來愈多的投資人擴展關注焦點，納入現金流量表；或者更具體的說，注重凸顯出營業現金流的項目。

但投資人又開始對企業的財務報表抱持一種不安的懷疑：管理階層又在玩弄花招，污染營業現金流了。讓人難過的是，這些懷疑通常都有憑有據。為協助投資人走出現金流的詐欺迷宮，我們找到了以下4條現金流騙術，這些手法可讓企業不當地表述其從營業活動中創造

現金流的能力。

- 現金流騙術第 1 條：將來自融資活動的現金流入挪到營業活動項下。
- 現金流騙術第 2 條：將一般營業現金流出挪到投資項下。
- 現金流騙術第 3 條：利用收購或處分膨脹營業現金流。
- 現金流騙術第 4 條：利用不持久的活動提高營業現金流。

重要指標騙術

目前為止，我們處理的是投資人可藉由仔細閱讀財務報表數字而辨識出來的騙術。管理階層本來就必須面對會計規範設下的一些限制，也就是一般公認會計原則（generally accepted accounting principles, GAAP），這些限制規範企業應如何向投資人呈報其財務績效。為了繞過諸多限制以添加正面材料，管理階層愈來愈主動、愈來愈慣於欺瞞，屢屢創造並操弄非屬一般公認會計原則的指標，以獲取投資人的青睞。這類不當表述財務報表的手法，多半都是不當地凸顯、營造強勁且持續性的成長及穩健的企業體質。本書第 4 部會介紹兩大類重要指標騙術。

- 重要指標騙術第 1 條：展現過度吹捧績效的誤導性指標。
- 重要指標騙術第 2 條：歪曲資產負債表上的指標，以避免展現公司情況惡化的跡象。

••• 以全方位作法偵測財務騙術

　　事情的開端是 1972 年 6 月時，一樁搞砸了的夜盜風波：位在華盛頓水門大飯店（Watergate Hotel）的民主黨全國委員會辦公室遭人侵入；此案最高潮，是美國總統尼克森（Richard Nixon）史無前例在 1974 年 8 月辭職下台。尼克森總統被逐出白宮這件事，正確立了憲政體制當中的制衡作用確實有用。在阻止最高統帥濫用憲法賦予的權力這件事上，司法和立法體系雙方均扮演重要角色。最高法院一致裁定，尼克森總統不得以總統豁免權抗辯，阻止調查人員進入白宮取得一般相信藏有毀滅性證據的錄音帶；眾議院司法委員會則建議彈劾整個白宮。面對可能會在參、眾兩院彈劾表決中均失利的局面，尼克森黯然辭去總統一職。

　　近期來看，1999 年當時柯林頓總統（Bill Clinton）因為身為總統言行不當，引起另一次憲政危機。眾議院投票通過彈劾柯林頓，因為他在宣誓之後仍對他和白宮實習生之間的關係說謊；眾議院說柯林頓總統「為求個人利益及免罪，蓄意腐化及操弄美國的司法程序」。但是在最高法庭首席大法官威廉・倫奎斯特（William Rehnquist）的主持之下，參議院發現，沒辦法在「重罪及輕罪」項下找出彈劾他的理由，柯林頓因此無罪。

　　不論目標是要維護民主，還是維持財務報告的完整真實，要預防、揭發以及懲戒不當行為，制衡系統重要無比。就像美國政府的運作一樣，財務報告也有 3 大各自獨立的「分支系統」：損益表、現金流量表以及資產負債表。當其中一張財務報表藏有騙術時，一般而言，其他報表就會出現警示信號。因此，透過檢視資產負債表及現金

流量表中的不尋常模式，通常可以間接偵測出操弄盈餘的伎倆。同樣的，解析損益表及資產負債表上的某些變化，通常也能協助投資人嗅出現金流騙術。

●●● 哪種環境會孕育出騙術？

並非所有企業在向投資人提報時都會要花招，我們確實也相信多數企業都誠實提報。然而，當投資人在研究公司時，一定要保持警覺，並主動搜尋有問題的警示信號，因為騙術出現的頻率太高了，如果未能偵測出來，將帶來極大的痛苦。

先天結構不良或是監督機制不當的企業，是孕育騙術的沃土。投資人應詢問以下這些基本問題，以探查公司的治理及監督機制：（1）公司有沒有針對高階主管設置適當的制衡機制，以阻止失當的企業行為？（2）外部董事是否扮演有益的角色，保障投資人免因貪婪、誤導及不稱職的管理階層而遭受損失？（3）當管理階層行為失當時，審計人員是否仍保有獨立性、專業知識以及保障投資人的決心？（4）公司是否採行不當的策略，避開監理單位的監察？

且讓我們假設這裡就有一支存心欺騙的管理團隊，他們想要增資，因此虛報利潤，以誤導的手法大力美化財務報表，藉此吸引投資人上鉤。為了成功瞞過投資人，企業的管理階層通常會避開非必要的監察，盡量躲在雷達掃不到的地方。這一類的管理階層會創造新的組織架構，以避開他們不想面對的內部其他主管、董事、審計以及監理人員（企業要銷售給投資人的金融產品通常必須由這些人簽核）。在這當中，就有一些重要的紅色警訊。

1. 管理階層團隊缺乏制衡機制

在一流的公司裡，資深高階主管彼此間可以自由批評、互相反對；這就有點像是優質的婚姻關係。在比較不討喜的公司，則會有專制獨裁的領導人任意踐踏其他人；這跟糟糕的婚姻也相去不遠。如果這位專斷的領導者也棄械投降，同意編製會誤導人的財務報表，投資人就要面對極大的風險。當企業中瀰漫著恐懼文化和威脅恫嚇時，又有誰能阻止他呢？（這裡就不再拿婚姻做比喻了，因為眾賢妻也會讀到這本書。）對投資人而言，重要的是在資深管理階層當中要有制衡機制，以預防出現不當行為。

當資深管理階層團隊中納入堅強、自信而且充滿道德感的成員，敢於對抗存心詐欺的執行長或財務長，並向董事會及審計人員提報失當行為，這種企業最能為投資人帶來益處。然而大多的情況是，企業裡不存在這樣的制衡機制，財務騙術因此冒出頭。如果組織是由一小群親戚朋友掌握重要的主管職位，可能會讓管理階層放膽耍弄財務花招。此外，強權在握、盛氣凌人的執行長，比方日光企業（Sunbeam）的艾爾 · 鄧勒普（Al Dunlap）或是南方保健公司（HealthSouth）的理查 · 史庫希（Richard Scrushy），再加上軟弱的共犯或互相衝突的下屬，都會提高投資人承受的風險程度。

管理階層及董事會被單一家族主導

若想要找到制衡機制比阿德菲通訊公司（Adelphia Communications）更脆弱的上市櫃公司，你可能要大費周章，花掉不少時間心力。創辦人約翰 · 李嘉司（John Rigas）的家族成員占據了

表 2-1　阿德菲通訊公司：李嘉司家族企業

成員	職務	關係
約翰・李嘉司	創辦人、主席兼執行長	老爸
提姆・李嘉司	財務長兼董事	兒子
麥可・李嘉司（Michael Rigas）	執行副總兼董事會成員	兒子
詹姆斯・李嘉司（James Rigas）	執行副總兼董事會成員	兒子
彼得・維納提斯（Peter Venetis）	董事會成員	女婿

大部分的高階主管職位及董事會席位，而且他們還握有高比例的股權。表 2-1 說明這個家族的相關成員、他們擔任的職務，以及公司裡管理階層和董事會之間的裙帶關係。

　　無須意外，這種家族式管理團隊正是主導大型詐欺案的掌舵人；他們將阿德菲通訊公司吸乾抹淨，並從投資人手上掠奪了上億美元資金。時至今日，李嘉司這位家族領導者，以及他孝順聽話的財務長兒子提姆（Tim）仍身陷囹圄，並會在裡面度過好一段時光。

> 心法：　一家由家族主導、裙帶關係錯綜複雜且制衡機制脆弱的企業，還是有可能正派經營嗎？千萬不要相信它。管理階層人員及董事之間若沒有獨立的制衡機制，投資人要面對的風險就大幅飆升。

高階主管不計一切代價求勝

　　人盡皆知，南方保健公司的執行長史庫希總是努力逼迫每個人，以達成或超越華爾街的預期目標。這種「說什麼都要贏」的企業文

化，會導引出激進會計操作原則，而且在某些時候，更會引發存心詐騙的財務報告。美國證交會提報說明南方保健背後到底發生了什麼事，這份報告中揭示了許多和恐懼及威嚇企業文化相關的內容：

> 如果南方保健實際上的績效未達預期，史庫希就會叫南方保健的管理階層在帳務紀錄當中「修」一下，以提報假盈餘，彌補差距。南方保健的資深財務人員接下來就會召開會議，以「修正」盈餘落差。1997年時，出席會議者把這類會議稱為「家族聚會」，並且自稱是「一家人」。在這些會議上，南方保健的資深會計人員會討論可以編造及認列哪些假帳目，以浮報盈餘、達成華爾街分析師的期待。

當管理階層公開吹捧公司擁有長期的連勝紀錄，永遠都能達成甚至超乎華爾街的期待時，投資人就應該要特別小心。不變的定律是，企業經營總會面臨艱困時刻或是發展遭遇挫折，此時這類管理階層可能會迫於壓力而使用會計花招，甚至還會耍詐以求保住連勝紀錄，而不會坦然宣布企業已經走到盡頭。我們在上一章討論過，訊寶科技以及它能保持連續32季「連勝紀錄」，就是這麼一回事。涉入其他轟動一時詐欺騙局的企業，也有類似的連勝紀錄，包括超市業巨人皇家阿霍德（Royal Ahold）、汽車零件製造商德爾福企業（Delphi Corporation）、工業集團奇異，以及甜甜圈專賣店香脆奶油甜甜圈公司（Krispy Kreme Doughnuts）。皇家阿霍德連鎖超市的詐欺案是歐洲規模最大之一，這家公司就樂於大肆宣傳達成盈餘預期的不敗記錄，在發布盈餘說明會上對投資人說：

> 我們的淨盈餘大幅成長，到今年已經是連續第13年。13年

來，阿霍德總是能達成、甚至超越盈餘預期，而且我們打算要持續維持這樣的表現。

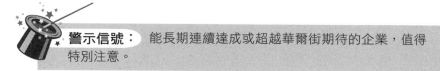

警示信號： 能長期連續達成或超越華爾街期待的企業，值得特別注意。

2. 董事會無能或缺乏獨立性

擔任董事或許可以算是全世界最棒的兼職工作了。在企業董事會中擔任外部董事，可以擁有名聲、福利以及豐厚的薪酬，還有各式各樣現金及非現金獎酬，每年的金額通常都超過 200,000 美元。

大家都知道，這些有幸擔任董事的人能獲得良好的待遇，但是，這些受託人到底有沒有為投資人提供必要的保障，通常就比較不為人所知了。投資人必須在兩個層次上評估這些董事：（1）他們是否適合進入董事會，以及有沒有資格進入所屬的委員會（比方說審計委員會或薪酬委員會）（2）他們有沒有適當地執行保護投資者的責任？

不適任或準備不足的董事

棒球迷一定記得長期擔任洛杉磯道奇隊（Los Angeles Dodgers）球團總教練、之後成為企業代言人的湯米·拉索達（Tommy Lasorda）。當然，拉索達擁有馳騁棒球場的天賦，也擁有適當的特質和個人魅力，能協助企業推銷他們的產品。但是，擔任上市櫃公司寂星牛排（Lone Star Steakhouse）的董事，拉索達就有點撈過界了。他在棒球界待過的 70 個年頭讓人佩服，但是這些經歷並未為他累積出優秀的財務分析能力。更有甚者，曾經榮獲美國大學足球最高榮

譽海斯曼獎（Heisman）的跑鋒兼美國足球聯盟（National Football League）場上大人物的辛普森（O.J Simpson），居然也在 1990 年代獲邀進入無限廣播公司（Infinity Broadcasting）的審計委員會，被委以忠誠保護投資人利益的責任。很難想像辛普森怎麼能在錯綜複雜的資產負債表當中理出頭緒，更遑論他還要監督財務報告及揭露事項。投資人應確認外部董事具備主要技能，而且只能在符合他們技術技能的適當委員會中任職。

無法針對關係人交易挑戰管理階層

2008 年時，印度資訊科技業巨人撒帝陽（Satyam）決定要收購一家公司，但需要董事會核可。董事們召開董事會，儘管事實上控制收購標的公司的正是執行長的孩子們，他們還是默許了管理階層的要求。具體來說，撒帝陽的董事會批准了管理階層的提案，允許公司投資 16 億元買下 100% 的梅塔斯房地產公司（Maytas Properties），以及 51% 的梅塔斯基礎建設公司（Maytas Infrastructure）。（梅塔斯的英文名稱正是把撒帝陽的英文名稱倒拼；這是另一條所有大偵探都要注意的線索，看到這項交易本質當中有關係人利益存在。）

董事會本應反對，不僅因為這項收購案本質上有關係人利益的問題，更因為這樁交易根本沒有意義。任何撒帝陽的董事都應該覺得被搞糊塗了，不懂公司為何在核心業務正面臨壓力時，提議投資 16 億美元收購關係人的房地產事業；額外的投資應該放在擊退競爭對手才是。

雖然董事會同意收購，但在隔天有一位投資者挺身怒吼之後，這件事也告終。撒帝陽的執行長之後告訴主管機關，這樁交易是公司最

後的奮力一擊，設法用實質資產來代替撒帝陽的虛構資產。若一家公司的董事會能提出反對意見，駁回由管理階層運作出來的共識，這就是代表董事會體質健全、能發揮效率的訊號。顯然，在撒帝陽不是這麼一回事。

「《運動畫刊》魔咒」的信號

「《運動畫刊》（Sports Illustrated）魔咒」是一種迷思，說的是任何運動員或球隊登上《運動畫刊》雜誌的封面就是對命運下戰書，很快就會遭逢厄運。

在企業界，某些頒授給上市公司及其高階主管的獎項榮譽，似乎也是類似的「厄運信號」。證據一：安永會計師事務所（Ernst & Young）設有聲譽卓著的年度最佳創業家獎（Entrepreneur of the Year），2007 年時頒給了撒帝陽的執行長拉瑪林嘉‧拉卓（Ramalinga Raju，現正入獄中）。證據二：曾獲《財務長》（CFO）雜誌頒授備受推崇的傑出卓越獎（Excellence Awards）得獎人有以下諸位：1998 年得獎人為世界通訊的史考特‧蘇利文（Scott Sullivan，現正入獄中），1999 年得獎人為恩隆的安德魯‧法斯道（Andrew Fastow，現正入獄中），2000 年得獎人則是泰科的馬克‧史瓦茲（現正入獄中）。

無法質疑不適當的薪酬計畫

制訂適當的薪酬制度，正是外部董事必須一肩挑起的責任，尤其是那些任職於薪酬委員會的董事。管理階層可能會提出一些稀奇古怪的方案，以不理性的方式為高階主管提供不當的獎酬。舉例來說，在 1990 年代中期，組合國際電腦公司（Computer Associates）就設計

出一套計畫，如果資深高階主管能在為期 30 天的期間內讓股價維持高於設定的門檻價之上，之後就會支付超過 10 億美元的額外股票給資深高階主管。讓人震驚的是，董事會居然也通過這套過份的獎酬方案。

比組合國際的方案更過份的是，另一套和獎酬有關的詐騙手法，剝削許多不同公司的千百萬投資人：選擇權回溯生效期（option backdating）醜聞。成千上百家企業都玩弄這套花招，手法本身相當簡單：公司發放股票選擇權給高階主管以及其他員工，並且「回溯選擇權的生效期」，回溯至價格遠低於發放選擇權當時價格的日期。因此，在假選擇權價格創造出來的價差當中，員工就獲得大額的未認列及未揭露薪酬。

在評估外部董事時，投資人一定會問他們要挺的是誰的利益，是管理階層還是投資人？投資人也一定要對獎酬方案計畫提出質疑；企業很容易就能濫用這些方案而不當地肥了高階主管的荷包。

沒能避開會降低其獨立性的不當行為

除了投入職責並針對收購決策挑戰管理階層之外，外部董事還必須遠離所有會造成衝突的活動。比方說，接受該公司的貸款或是獲得承諾可用遠低於市價的價格購買該公司的產品。此外，就算是因為替公司提供專業服務而獲得報酬，都可能影響外部董事的客觀性以及獨立形式。

且看看撒帝陽和一位獨立董事哈佛大學教授克瑞席納‧帕雷普（Krishna Palepu）之間的關係。帕雷普自 2003 年起擔任撒帝陽的董

事，一般認為，他是公司治理方面的一流權威。他教授眾多高階主管教育課程，其中一門課名為「新治理時代的審計委員會」。他也是哈佛「公司治理、領導力及價值行動」的共同主持人，推出本項計畫，正是為了因應近年來一波波的企業醜聞及治理失當。

但帕雷普教授似乎失去判斷何謂良好治理的能力。就在擔任撒帝陽董事期間，2007 年時，他因為提供專業服務而收取將近 200,000 美元的「特別津貼」。我們不是要質疑教授提供服務的品質或是收取的津貼金額是否公平，但是，從中很難看出帕雷普要怎樣才能成為大家眼中的「獨立人士」。我們相信，獨立董事不應介入這類關係人的利益安排，因為這些會傷害董事在重要決策上的客觀性及獨立性。

2008 年 12 月，撒帝陽的董事會核准了之前提過的關係人梅塔斯收購案，不久之後，帕雷普辭去董事一職，其他多位董事也掛冠求去。9 天後，撒帝陽的大型詐欺騙局就被公開揭露。帕雷普提出聲明，說他在辭職離開董事會後才知道這件詐欺案。

3. 審計人缺乏客觀性及獨立性

在保護投資人免因不誠實的管理階層以及漠不關心、效率低落的董事會而受害這件事上，審計人扮演非常重要的角色。如果投資人質疑獨立審計人的能力或正直，就會發生混亂。在恩隆及世界通訊於 2002 年倒閉之後，情況正是如此：安達信會計師事務所解散，金融市場情況惡化。

審計人可以是投資人的朋友，也可以是敵人：如果審計人稱職、獨立而且近乎挑剔地去找出問題，那他就是朋友；如果審計人不適

任、懶散或者只是管理階層的橡皮圖章，那他就是敵人。有時候，因為高額的費用，再加上多年來建立起的私人情誼，會導致審計工作敷衍了事，投資人因此承受重大損失。以下有幾個重要因素可供投資人考量，以評估企業聘用的審計人到底是敵是友。

天文數字的服務費用

安達信會計師事務所在全球 84 國擁有 85,000 名員工，2001 年創造的營收為 90 億美元；恩隆就在這一年倒閉，並宣告破產。安達信擔任恩隆的獨家審計人長達 16 年，同時也為這家公司提供內部稽核及顧問服務。根據證交會的恩隆檔案，安達信在 2000 年時從恩隆手中大賺 5,200 萬美元（2,500 萬美元為審計服務費，2,700 萬美元為非審計服務費）。

當相關單位如火如荼調查恩隆倒閉案中審計人的扮演角色時，安達信在得知負責恩隆業務的主審計合夥人大衛 · 杜肯（David Duncan）曾銷毀審計檔案中的文件後，就先開除了他。之後，聯邦陪審團認定，安達信銷毀和恩隆相關的資料構成妨害證券監理單位調查。安達信信誓旦旦要上訴，但就在提出上訴以及之後被判無罪之前，安達信終止上市櫃公司的審計業務，並且解散。

關係太長久、太密切

義大利乳製品大廠帕瑪拉（Parmalat）的詐欺和倒閉事件，被人稱做是「歐洲版的恩隆事件」。雖然兩家公司的業務和會計問題都不相同，但恩隆和帕瑪拉卻都有一個明顯的共同點：獨立審計人未能發現騙局。

在這個案例當中，有個很值得玩味的情況是帕瑪拉撤換主要審計人，從正大聯合會計師事務所（Grant Thornton）換成德勤會計師事務所（Deloitte & Touche；在台灣，其名稱為勤業眾信）。確實，若非義大利法律要求企業每 9 年就必須更換審計公司，帕瑪拉的詭計還可以繼續得逞。1999 年，德勤取代了原本的審計人正大，他們可能是最早查到某些幽靈境外帳戶（其中有很多帳戶仍由正大查核，因為海外帳戶不受義大利法律限制）的人。也因此，假造的境外實體公司冒了出來，包括帕瑪拉設在開曼群島（Cayman Islands）的子公司邦拉特（Bonlat），這是用來隱藏假資產的主要工具之一。

投資人應要求每過幾年就必須更換審計人

義大利要求更換審計人的規範，加速挖掘出帕瑪拉的騙局，這一點有助於強化應擴大這類政策實行範圍的論點。制訂沙賓法案（Sarbanes-Oxley；美國因為恩隆、世界通訊等企業醜聞案而制訂此法案，以規範企業的財務報告及公司治理等事項，於 2002 年通過實施）差一點就納入審計期間限制，但是最後還是被排除，改為輪流派任同一會計師事務所裡的審計合夥人。有鑑於帕瑪拉的犯行，風險管理經理人可能會認為，在審計人員的驕傲自滿或是相互掛勾可能會導致不當的財務報告的前提下，沙賓法案忽略了一項非常重要的要素。

反對設下審計期間限制者指出，和熟悉公司業務的審計人員維持長期關係自有其優點，但帕瑪拉案證明，這樣的關係很可能會培養出審計人自負自滿的心態，而且可能忽略或鼓勵（可能有意或無意）會對企業造成致命傷害的行為。

就像帕瑪拉案一樣，最近衝擊日本的最嚴重會計醜聞案，也是長久以來未曾遭人識破的，而這正是因為審計人和公司的管理階層培養出太長久、太輕鬆的關係。佳麗寶（Kanebo）是一家化妝品及紡織公司，一直都由一家資誠會計師事務所（PricewaterhouseCoopers）的關係企業審計，時間至少30年。當公司集團中的合併子公司績效不彰、情況吃緊時，據說審計人員會建議管理階層降低對這家子公司的持股，因此將公司踢出合併財務報表之外。同時，據說審計人員也會對假造的營業帳目視而不見，在業務發展緩慢的期間浮報營收數字。從1996年到2004年，佳麗寶提報約20億美元的不存在利潤。審計人員如此奸巧不義的作為激怒了監理人員，他們直接對這些審計人訴諸法律行動，並要求審計公司停止營業2個月。

　　這些小插曲當中，無疑地，你看到了財務騙術和審計失當不只是美國專屬的麻煩。美國為你我提供恩隆以及世界通訊這兩個範例，以及隨隨便便替這兩家公司執行審計業務的安達信；義大利的貢獻是帕瑪拉以及審計單位正大和德勤；日本送給投資人的禮物則是佳麗寶，以及審計人資誠關係企業順從管理階層的作為。最近榮登「羞恥名人堂」的，則是印度的產物撒帝陽，這個範例是資誠另一次令人拍案驚奇的作為。

　　撒帝陽一詞在梵文裡的意義是「真實」，堪稱諷刺。當執行長拉卓允許公司多年來大膽無恥對著投資人說謊，也許他自己也有點疑惑，為何當初會替公司取這個名字。也或許，實際上最初他確實打算使用另一個更適當的梵文詞「阿撒帝陽」（Asatyam），這個詞的意義是「不真實」。

資誠自 1991 年來就擔任撒帝陽的審計人，無能偵測出由管理階層下令浮報、總值超過 10 億美元的現金及銀行餘額；這些數字都是拉卓自白供出。根據一位在醜聞爆發後才加入董事會的人士說，這些文件「顯而易見是假貨」，每一個人應該都看得出來。

4. 管理階層耍詐避開監理單位

就像我們之前指出的，在資深管理階層之間沒有制衡機制，當外部董事缺乏技能、也不願保護投資人，以及當審計人無法偵測出顯示問題的徵兆時，騙局詐術很容易在這種環境下自由生長。對投資者而言，另一道重要的防線就是監理單位。在美國，證交會監督財務報告的制訂規範並審查相關內容。如果報告無法通過檢驗，證交會可以阻止發行證券或暫停未來任何的股票交易。

雖然多年來證交會大致妥善保護投資人，但偶爾也會無法抓到嚴重的財務報告違法情事。因為這一點，它就得受人批評。此外，有些企業根本想辦法另闢蹊徑，避開證交會的審查和監理。以下這部分要說明企業如何辦到這些事，以及投資人在哪些時候應該要特別小心。

若管理階層想要避開證交會審查員的嚴厲審查，他們會一開始就跳過正常的首次公開發行（initial public offering, IPO）既定流程，併入一家已經上市的公司當中。這是一種走後門借殼上市的手法，可以避開首次公開發行流程中鉅細靡遺的審查。因此，投資人要特別注意逃避證交會審查的企業，他們會利用反向合併人（reverse merger）或「特殊目的收購公司」（special-purpose acquisition company）夥伴併入「空殼公司」，立刻成為上市公司。

當柏納德‧馬多夫（Bernard Madoff）投資公司的客戶在 2008 年 12 月初知道他們變成龐氏騙局（Ponzi scheme）的犧牲者時，他們的投資帳戶餘額早已完全煙消雲散；這些投資人震驚萬分，悲傷莫名。馬多夫是金字招牌，是一位總能創造亮麗報酬的基金經理人，多年來投資人挹注了上兆美元的資金進他的金庫；之後他們才知道，所有的錢都用來撐起一場龐氏騙局。2009 年 6 月，在馬多夫承認詐欺並宣稱他是獨自行事之後，被判 150 年徒刑。

雖然本書重點在於解釋如何分析上市公司的財務報表（而不在於辨識存心詐欺的基金經理人），但也能教會投資人如何分析公司，其中就包括私人持有的投資公司，比方說馬多夫投資證券公司（Bernard L. Madoff Investment Securities）。在評估一家企業時，利害關係人應該要（1）了解公司業務性質並評估財務數字是否合情合理（2）評估管理階層的能力以及道德（3）評估制衡機制的適當性。

了解公司業務性質並評估財務數字

若深入評估馬多夫投資證券公司相關業務的重要數字，兩大昭然若揭的警示訊號就出現了，那就是投資報酬和向投資人收取的相關費用。多年來，投資月報酬似乎極不尋常地維持穩定一致；即便這些年來牛市（bull market，指市況好時）與熊市（bear market，指市況差時）反覆波動，但馬多夫提報的月報酬少有損失，這是不合邏輯且不可能出現的成就。正派的投資經理創造出的報酬型態是不規則的，會有一些表現傑出的時候，有時候則績效不彰。

其次，針對像馬多夫公司投資者這類投資人，一般收取的費用包

括管理費（為管理資產的 1% 至 2%）；如果是避險基金，含有依據正報酬收取的激勵獎金（高達 20%）。令人好奇的是，馬多夫未向投資人收取任何費用。相反的，他顯然滿足於只針對客戶帳戶裡交易的證券，收取每股只有幾美分的微不足道佣金。且讓我們面對事實，投資者應該知道，「天下沒有白吃的午餐」。馬多夫引誘投資人呼朋引伴、成群結隊而來，並持續提報亮麗的報酬及向客戶收取幾乎不存在的費用，藉此將資金留在自己的口袋裡。還記得有一句老話說：「好到不像是真的」（too good to be true）嗎？投資人應該知道，當投資經理的表現好到不像是真的時，絕對不應該把錢交給這種投資經理人。馬多夫的投資人早該了解，績效沒有波動，也不收取管理費或其他費用的這種股票投資，絕對不合理。

評估管理階層的能力和道德

正如本章之前討論過的，組織架構上的弱點或是監督機制不當，都是孕育騙術的溫床。就像阿德菲公司的家族企業一般，馬多夫的投資公司裡也有多位家族成員擔任高階主管；馬多夫的兄弟、兩個兒子和一位姪女都在公司裡擔任重要的管理職務。這樣的環境顯然就是讓不當行為滋長的溫床，任何潛在投資人都應該用懷疑的眼光來檢視。

而且，只要有企業高舉道德的旗幟，投資人就應該暫停，進一步調查詳細情況。謹守道德的人很少大吹大擂這項美德，因為這麼做不得體，也不適宜；投資人應該自行判斷，誰才是光明行事的人。看看以下這段從馬多夫投資證券公司網站摘錄的吹捧文章：

> 客戶都知道，維持無懈可擊的報酬紀錄對馬多夫個人而言

也有利，而公平交易及高道德標準一向是本公司的正字標記。

評估制衡機制的適當性

投資人也應預期，他們的基金經理人設有其他制衡機制，比方說稱職的獨立審計人以及第三方銀行或經紀商保管機構，以捍衛自己的資產。對馬多夫的投資人來說，上述的保護機制似乎皆不存在。其一，馬多夫的獨立審計人福賀會計師事務所（Friehling & Horowitz），是一家名不見經傳的小型會計師事務所，以馬多夫的投資金額來看，這件事應自有其古怪之處。證交會指控審計人協助馬多夫進行詐騙，在諸多罪名中，有一項是假裝針對馬多夫的投資公司執行審計工作，並簽核財務報表，好像他們真的進行了查核一般。馬多夫投資人應注意的另一個明顯信號是，這裡沒有保障投資人現金及證券免遭竊盜的第三方保管機構。沒有這類仲介機構，投資人就無法獲得獨立的保證。對於任何把資金委託給投資經理人的投資者，這裡要奉送一句警語：必定要求有第三方保管人來處理你的資金。

●●● 回顧

警示信號：

- 資深管理階層之間沒有制衡機制。
- 企業連續不斷滿足或超越華爾街期待。
- 單一家族主導公司管理、所有權或董事會。
- 出現關係人交易。
- 有助從事激進財務報告的不當薪酬架構。
- 安排不當的人員加入董事會。
- 和公司內部人員及董事之間有不當的業務關係。
- 不合格的審計公司。
- 審計人員缺乏客觀性及獨立性。
- 管理階層試圖避開監理單位或法規查核。

●●● 展望

現在你已經入門，大致了解 3 大類的財務騙術：操弄盈餘騙術、現金流量騙術以及重要指標騙術。

操弄盈餘騙術的重點在於管理階層使用的各種手段，藉此虛報或美化盈餘，以及描繪出獲利可預測的體質健全公司。我們找出了 7 大操弄盈餘的騙術，下一部會詳細討論每一條，現在請準備開始上課。

第二部

操弄盈餘騙術

投資人仰賴從企業主管手上拿到資訊，以藉此做出周延且合理的選股決策。不管是好消息還是壞消息，一般會假設這些資訊都是準確無誤的。多數企業主管會尊重投資人以及他們的需求，但部分取巧行騙的企業主管卻會不當表述公司實際的營運績效，操弄公司宣告的盈餘，傷害投資人。第 2 部實際呈現 7 大最常見的操弄盈餘騙術，並提出建議，告訴心存疑惑的投資人應如何探查出這些詭計。

••• 操弄盈餘 7 大騙術

第 3 章　操弄盈餘騙術第 1 條：提前認列營收

第 4 章　操弄盈餘騙術第 2 條：認列造假的營收

第 5 章　操弄盈餘騙術第 3 條：利用一次性或不長久的活動來提高利潤

第 6 章　操弄盈餘騙術第 4 條：把目前發生的費用挪到後期

第 7 章　操弄盈餘騙術第 5 條：運用其他技巧藏匿費用及損失

第 8 章　操弄盈餘騙術第 6 條：把現在的利潤挪到後期

第 9 章　操弄盈餘騙術第 7 條：把未來的費用挪到前期

　　管理階層可能會運用各式各樣的技巧，讓投資人誤以為這家公司的績效比現實的經濟基本面更佳。我們把這些操弄盈餘的騙術加以分類，歸類成兩大子項目：虛報當期盈餘以及浮報未來盈餘。

虛報當期盈餘

　　要虛報當期盈餘很簡單，管理階層要不就是必須擠出更多營收或利得挹注到當期，要不然就是要把費用挪到後期。第 1、2、3 條騙術

是，擠出營收或一次性的利得後注入當期營運裡；第 4 和第 5 條則是把費用挪到後期。

浮報未來盈餘

為了膨脹日後的營運績效，管理階層可以先隱瞞現在的營收或利得，並且把日後的費用或損失的時間往前拉，計入當期。第 6 條騙術所說的技巧，就是用不適當的方式隱瞞營收，而第 7 條則是把費用發生的期間提早到前期。

透過不當地納入營收或利得，以及排除當期真正的費用或損失，就能以不當的手法膨脹盈餘。相反的，不當地排除當期的營收或利得，以及納入實際上應歸於其他期間的費用或損失，則能以不當的手法短報盈餘。當管理階層低報當期盈餘時，他們的打算就是要在其他更有利的時期「釋出」這些被短報的盈餘。

我們找出 7 大扭曲盈餘的操弄盈餘騙術，在這當中，前 5 條為浮報盈餘，後 2 項則為短報盈餘。對多數讀者來說，管理階層會想要用第 1 條到第 5 條騙術以誇大盈餘，應該很合乎邏輯。畢竟，提報的營收愈高，股價通常就會受到拉抬，並且帶來更高的高階主管薪酬。使用第 6 條和第 7 條騙術的道理，可能不是那麼合乎直覺，因為一家公司短報實際的利潤，並不會帶來任何顯而易見的益處。管理階層的詭計很簡單，就是要把盈餘從某個期間（有超額利潤時）挪到另一個期間（需要利潤時）。另外，管理階層這樣做可能也只是因為想要修飾盈餘的波動，以呈現企業的穩健。

第 **3** 章

操弄盈餘騙術第 1 條：
提前認列營收

> 9 月、4 月、6 月和 11 月有 30 天；
>
> 28 天的僅一個，
>
> 其餘月份就是 31 天。
>
> ——15 世紀英文歌謠的現代版

　　小時候，很多人都聽父母師長念過這首很有用的詩歌，幫助我們記得每個月有幾天。一直到我們長大，這首歌謠還是能派上用場，用來提醒我們。只是後來我們才知道，不適用一個月有 30 天或 31 天的，不一定只有 2 月；事實上，對於想要虛報營收的企業來說，每一個月都可以是例外。組合國際電腦公司是這類浮報營收詭計的典範，這家公司經常在帳上把每個月的日子增加到 35 天。這套詭計有一陣子很管用；或者說，至少到這家公司的執行長桑傑 · 庫馬（Sanjay Kumar）被送進監獄之前都很奏效。

　　增加一個月的日數是非常有創意的技巧之一，管理階層可以利用

這種手法不當地提前認列營收。本章要說明的是，管理階層把營收期間提前的各式各樣招數，以及投資人要如何找出這類違法犯紀的行為。

••• 提前認列營收的技巧

1. 在完全履行契約責任之前就認列營收。
2. 認列的營收額超過契約中完成的工作量。
3. 在買方最終接受產品之前即認列營收。
4. 當買方還不確定或還不需要付款時就認列營收。

1. 在完全履行契約責任之前就認列營收

有些企業會在季度最後一天午夜鐘聲響起之前，卯足全力認列營收。他們在季末認列會計帳，以把未來期間營收推進當期的方法，有時深富創意。

組合國際的無盡月份

組合國際的高階主管固定把每一季最後一個月的天數拉長至 35 天，用來回溯生效日期以及編造營業契約，藉此愚弄審計人員和投資人，以及用公司的偽造營收成長取信這些人。

是什麼原因導致管理階層如此大費周章，不斷地把營收及組合國際的股價愈推愈高？最明顯的答案是，金額高到不像話的分紅以及股票選擇權；這套獎酬方案的離譜程度讓人難以想像。且讓我們回過頭去看看，這家公司在 1995 年推出的關鍵員工股權計畫（Key

Employee Stock Ownership Plan）。如果股價能達到某個價位，並至少連續 30 天都維持在這個門檻之上，那麼公司就提供幾百萬股的額外股票，作為 3 位最高階主管的獎金。

這套在 1995 年 8 月推出的計畫，一開始授權範圍為發出至多600 萬股給這 3 位資深高階主管：執行長王嘉廉（Charles Wang，分得 60%）、營運長桑傑・庫瑪（分得 30%）以及執行副總羅素・阿茲特（Russell Artzt，分得 10%）。在一段時間（以及發出一些股票）之後，實際上發出數量已經超過 2,000 萬股。命定的一天終於到來，就在 1998 年某個不尋常的日子裡，當天公司股價收盤時剛剛好超過55 美元，而他們就在這天中了樂透，王嘉廉得到 1,215 萬股，庫瑪得到 607.5 萬股，而阿茲特得到 202.5 萬股（價值分別為 6.698 億美元、3.349 億美元及 1.116 億美元）。

股價確實大幅攀升，但請記住，這種情況是發生在 1990 年代末股市大好的期間。從這套計畫自 1995 年 8 月推出時起算，組合國際股票的年報酬率相當亮眼，但是，其升值的幅度並未超越標準普爾500 指數（S&P 500）在這段期間內的漲幅。當然，他們的績效很不錯，但絕對還不夠資格變成明星股或擠進排行榜。對了，還有個小重點：這是靠著作弊才達成的績效。

讓我們回過頭去看這套怪異獎酬計畫的條件。如果管理階層可以找出管道放出利多消息，讓股價一舉躍上設定的價格水準並至少 30天內都能留在新高價位，公司就會分紅。到最後，這些高階主管獲得的分紅超過 10 億美元。在組合國際 1995 年向證交會核備的檔案中，

如果投資人看到這種奇特的安排，他們一定會明白這當中充滿誘惑，公司能夠無所不用其極在帳目中耍詐，以操弄盈餘、拉抬股價。

會計小百科：　認列營收

根據會計準則，要認列營收必須滿足以下 4 項條件：（1）有證據證明交易的確存在（2）已經交付產品或服務（3）價格固定或可決定（4）有合理的保證確定可回收價款。如無以上任何一項條件，就必須遞延營收，一直到滿足所有條件為止。

留心延長季末日期的企業。無須懷疑，透過不當地延長季末日期以提前認列營收的企業，不只組合國際一家。在 1990 年中期，人稱「鏈鋸艾爾」的艾爾・鄧勒普（Al Dunlap）以及他在日光企業的手下，就更動了公司的季末結帳日期，從 3 月 29 日改為 3 月 31 日，以彌補營收差額。多出來的 2 天，讓日光企業能多認列 500 萬美元的營業銷售額，並從新近收購科曼企業（Coleman Corporation）當中再榨出 1,500 萬美元。

總部位在聖地牙哥的軟體製造商百富勤（Peregrine），不讓組合國際及日光企業專美於前，也經常在一季正式結束之後仍開放會計帳作業。公司常常使用這套手法，弄得員工都把這一招拿來開玩笑，把那些最後的交易帳目歸類為「12 月 37 日」完成。

2. 認列的營收額超過契約中完成的工作量

第一種技巧揭露了公司如何不當地認列營收，甚至在有銷售活動之前就先認列。接下來，我們要討論的認列營收情況是，賣方已經開

始履行契約，但是管理階層認列的營收遠遠超過已經履行的金額。我們的老朋友組合國際，就非常精於以上這兩種手法。這家公司不僅延長季度時間以認列更多營收，還把實際上還需要很多年才能賺到的授權營收往前拉。

預先認列長期授權契約

組合國際銷售長期授權契約給客戶，讓客戶使用其大型電腦專用軟體。客戶會預先支付一筆軟體授權費，後續則還需付上一筆用來更新授權的年費。儘管這類契約屬於長期性（有些契約持續時間長達 7 年），但這家公司會直接認列整體契約的授權營收現值。因為所有的授權營收都在契約一開始時就認列完畢，但要花很多年才能真正收到現金，因此組合國際的資產負債表上，認列了鉅額的長期應收帳款。

財務研究與分析中心於 1998 年 11 月提出的報告中，不認同組合國際管理階層的作法，認為公司預先認列所有營收是很激進的取向。根據經濟現實判斷，對於每一份分期銷售的契約來說，應該遞延營收，直到等到開出帳單才認列。

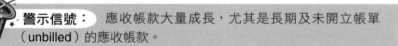

警示信號： 應收帳款大量成長，尤其是長期及未開立帳單（unbilled）的應收帳款。

證交會指控，組合國際在 1998 年 1 月到 2000 年 10 月之間，從至少 363 份軟體授權契約中，過早認列的營收超過 33 億美元。

組合國際龐大的長期應收帳款，應能讓投資人警覺到這家公司激進的認列營收作法。財務研究與分析中心的報告亦強調，組合國際在

1998 年 9 月份時長期及總應收帳款大幅增加。投資人應該要使用應收帳款周轉天數（days sales outstanding）這個指標，來評估客戶是否準時支付帳單。應收帳款周轉天數愈高，代表企業認列營收的取向愈激進，也代表企業的現金管理很糟糕。隨著組合國際的長期應收帳款在 1998 年時大幅增加，其應收帳款周轉天數也來到讓人不安的 247 天（根據產品營收計算）；若以去年同期比較，則增加了 20 天。此外，包括當期以及長期應收帳款在內的總應收帳款收款天數，則增加到 342 天；和去年同期相比，跳增了 31 天。

會計小百科：　應收帳款周轉天數

應收帳款周轉天數一般的計算方式如下：

期末應收帳款 / 營收 * 當期的天數（就一季的期間而言，一般的標準天數約為 91.25 天）

由於應收帳款周轉天數不列入一般公認會計原則規範範圍，因此企業可能會以不同的計算方式，來表現公司的應收帳款周轉天數（比方說，使用平均應收帳款，而不是季末應收帳餘額）。但是，若要識破財務騙術手法，我們建議利用上述的公式計算。在第 4 部「重要指標騙術」當中，我們將會更詳細討論應收帳款周轉天數，包括管理階層如何加以應用及濫用。

改變認列營收政策

就像組合國際一樣，軟體製造商交易系統架構公司（Transaction Systems Architects）把未來期間的銷售額往前挪，藉此大力拉抬其成長遲緩的營收。它在 1999 年提報的銷售成長讓投資人血脈賁張，但是幾個警示性的信號也隨之出現了。這家公司改變認列營收的政策，

預先認列為期 5 年的客戶合約完整價值；相較之下，之前的作法是把營收分攤在這 5 年的期間內。當然，這麼做改變了整個結果。

1999 年 3 月，交易系統架構公司提報誤導性的授權營收成長，幅度達 26%，總營收則成長 21%（如表 3-1 所示）。但是根據一份財務研究與分析中心的報告，這些讓人驚豔的成績全來自於更為激進的認列營收新取向。如果投資人知道，1999 年 3 月份的營收實際上下滑了 10%，他們很可能會考慮馬上出脫持股。

表 3-1　交易系統架構公司的授權營收及總營收成長

（百萬美元，以百分比計者除外）	1999 年 3 月第 2 季		至 1999 年月截至的 6 個月期間	
	提報數字	財務研究與分析中心調整後數字	提報數字	財務研究與分析中心調整後數字
授權營收成長	50.6	36.2	96.6	78.0
與去年同期相比	26%	（10%）	23%	0%
總營收成長	87.0	72.6	173.0	154.4
與去年同期相比	21%	1%	23%	10%

注意營業現金流落後淨利。有一個紅色警訊應該可以提醒投資人更密切觀察交易系統架構公司的認列營收政策，那就是在 1999 年 3 月份這一季，這家公司的營業現金流開始大幅落後提報的淨利。如表 3-2

表 3-2　交易系統架構公司的營業現金流落後淨利

（百萬美元）	1999 年 3 月第 2 季	1998 年 3 月第 2 季
營業現金流	1.4	9.4
減：淨利	10.9	8.3
營業現金流	（9.5）	1.1

所示，1999 年 3 月時營業現金流比淨利還少 950 萬美元，但 1998 年 3 月時則超過淨利。

注意未開立帳單應收帳款大幅增加。交易系統架構公司投資人的第二項警訊，和應計（未開立帳單）應收帳款有關。在公司的新會計政策之下，營收已經預先認列，但客戶之後才付錢。這些帳目通常都在生產期間就已經編製，那時，客戶還不用負擔付款責任。請注意，在表 3-3，公司的應計應收帳款大幅增加，自 1998 年 3 月時的 2,410 萬美元增為 1999 年 3 月的 4,000 萬美元（大幅成長 65%）；在同一時期，營收成長的幅度則僅有 22%（從 7,180 萬美元增為 8,700 萬美元）。這一點顯然暗示公司以更激進的方式認列營收。

表 3-3　交易系統架構公司之應計應收帳款及長期應收帳款成長情況

（百萬美元，但以天數計者除外）	1999 年 9 月 第 4 季	1999 年 6 月 第 3 季	1999 年 3 月 第 2 季	1998 年 12 月 第 1 季	1998 年 9 月 第 4 季	1998 年 6 月 第 3 季	1998 年 3 月 第 2 季
營收	92.6	89.1	87.0	86.1	79.3	69.1	71.8
當期應收帳款	50.6	57.1	61.2	66.4	58.1	42.5	44.7
應計應收帳款	41.9	39.2	40.0	34	33.0	35.2	24.1
長期應收帳款	26.9	13.0	9.3	0.8	2.1	1.0	1.0
總應收帳款	119.4	109.3	110.5	101.2	93.1	78.7	69.8
應收帳款周轉天數（以總應收帳款計）	118	112	116	107	107	104	89
應收帳款周轉天數（以長期應收帳款計）	68	53	52	37	40	48	32

注意長期應收帳款的成長速度快過營收。第三項、而且也是更重要的警告訊號是，交易系統架構公司的長期應收帳款成長情況。一般而言，應收帳款會在完成銷售後的 1 到 2 個月內收取；長期應收帳款代表的則是，企業在資產負債表日後 1 年以上仍無法收取的帳款。1999 年 3 月，公司的長期應收帳款大幅躍進，從前一年不到 100 萬美元，暴增到 930 萬美元。到了 1999 年 9 月，長期應收帳款像吹氣球一樣，膨脹到 2,690 萬美元。表 3-3 計算出來的應收帳款周轉天數，凸顯了這家公司提早認列營收。總應收帳款周轉天數在 1998 年 3 月為 89 天，到了 1999 年 3 月暴增至 116 天。同期間，以未開立帳單及長期應收帳款計算的應收帳款周轉天數，也從 32 天延長至 52 天，到了 1999 年 9 月更激增到 68 天。

藉由把後期營收拉到前期，交易系統架構公司成功地補足了短期營收差額，卻替未來製造出了大問題。首先，因為依規定屬於未來的營收已經被挪到當期，以後的期間就不能再認列營收。其次，未來若要以浮報銷售數字為基礎達成營收成長，就變成難上加難的挑戰。

之前的範例解釋了組合國際及交易系統架構公司，如何以激進取向預先認列長期合約的營收，藉此拉抬營業額和利潤。事實上，某些類型的長期契約雖然必須在未來提供服務，但確實允許賣方先認列部分營收。雖然一般公認會計原則認可這類安排的會計作法，但認列營收的時間卻會因為管理階層握有裁量權，而造成很大的差異。

在這個部分，我們要討論幾種這類安排，並提供建議讓大家了解，如何辨識管理階層可能使用過於激進估計值的情況。具體來說，我們的討論涵蓋了（1）使用完工比例（percentage-of-completion）會

計原則認列營收的長期營造契約（2）租賃契約（3）其中包含多項不同交付項目的契約（4）使用市值計算會計原則認列營收的公用事業契約。

以完工比例認列長期營造契約營收

長期營造或生產（如興建發電廠）契約的營收，可以根據所謂的完工比例會計原則在生產期間認列營收。在完工比例會計原則下認列的營收金額，會受到各種不同估計方法的影響，因此這種會計方法成為玩弄會計騙術的機會。

提供專業服務並收取佣金的公司通常不可用這種方法，因為他們的專案期限比較短。此外，如果企業銷售的產品生產週期短，也不可使用完工比例法。

注意使用激進假設的企業。在使用完工比例會計原則時，管理階層要根據當期已經完工的專案比例來計算營收。比方說，假設契約總價是 1,500,000 元，而管理階層估計，總成本將為 1,000,000 元，第 1 季實際發生的成本則為 200,000 元。就像以下的會計小百科所解釋的，根據完工比例會計原則，第 1 季認列 20% 的營收（就算開給客戶的帳單數額與此不同，也沒有關係）。這種方法仰賴估計，也因此管理階層可以在這裡做出激進的假設；比方說，管理階層估計總成本應為 800,000 元（而非 1,000,000 元），那麼第 1 季認列的營收就會變成總契約價金的 25%（而非 20%）。值得投資人注意的警訊是，如果企業不當使用這種會計原則，營收及已開立帳單應收帳款的成長速度會變得較緩慢，而未開立帳單應收帳款的數字則會大大提高。

　　就算企業適用此種方法，不當的估計值和厄運也會造成浮報營收和盈餘；美國的國防包商雷神公司（Raytheon Company）就遭遇這種事。多年來，雷神公司根據成本及預期單位營業額的估計值來認列營收。當公司後來發現，契約帶來的營收顯然大幅落後於原來的預估值時，只好宣布之前提報的營收過高，並因此被迫以一次性的方式認列。

使用完工比例的潛在問題

- 企業可在不適當時適用完工比例會計原則。
- 企業可以做出激進的假設，提前認列營收。
- 誠實的估計值也會不準確，因而造成浮報營收。

認列租賃資產給客戶的營收

租賃會計原則像完工比例法一樣，是另一個大體上仰賴管理階層估計值的項目。投資人必須檢視計算這些估計值的參考資料，因為管理階層可能會開始使用極不合理、樂觀過頭的估計。以全錄（Xerox Corporation）為例，管理階層利用租賃會計原則的手法浮報了幾十億美元的營收和盈餘，我們會在這一節談到其中一些案例。當全錄的取巧花招終於被抓到時，公司重編的設備營收差了 64 億美元，稅前盈餘則差了 14 億美元。

會計小百科：　資本租賃

某些設備租賃應以類似一次買斷銷售的入帳方式來處理，稱為資本租賃（capital lease）。在租賃成立之後，賣方（稱出租人）可以認列大部分的未來租金金額現值。估計值如折現率（discount rate）、殘值（residual value）、契約時間長短以及其他租賃條件，會決定租賃期間的認列營收時點。比方說，折現率是用來折算未來租金的現值，調整款項的時間價值。這個現值會直接認列為營收，其他的支付款項則在租賃期間認列為利息利潤。折現率愈高，認列的營收現值就愈低；折現率愈低，現值就愈高。透過選用低至不合理的折現率，管理階層就可以大幅增加認列的營收。

注意不當選用過低折現率的企業。全錄選用的折現率低到不符實際，讓公司可以認列更多的租金給付現值為首筆營收。比方在 1990 年代末期，公司針對許多巴西租賃契約設定的折現率為 6% 到 8%，但實際上當地的平均借款利率經常都高於 20%。證交會說，如果當時全錄

使用更貼近市況的折現率，從 1997 年到 2000 年這段期間，巴西租賃業務的營收會降低 7.57 億美元。

據稱全錄在調高既有租賃客戶的價格時，也使用了不當的會計原則，藉此提前認列營收。會計規則說，企業應該在租賃期間分別認列這些變動造成的影響，但是全錄卻在 1997 年到 1999 年之間，提早認列近 3 億美元的設備租賃營收，這些本來都是之後才能認列的營收。

認列有多種不同交付項目的長期契約營收

第 3 類因為管理階層激進估計相關數值而導致提前認列營收的長期契約是，有「多種不同交付項目」的合約。在這類合約安排當中，賣方會在比較長的期間內，提供幾種不同但互相混合的交付項目。比方說，無線電訊公司通常會提供包套式的銷售，把行動電話服務和手機綁在同一份合約當中。有時候，只要用戶同意簽訂 2 年的服務合約，手機就會以低價銷售給客戶（甚至是免費贈送）。會計原則要求，賣方將一部分的契約總價金分配到手機（以首筆營收認列），一部分分配到服務契約（在契約存續期間認列）。會用到估計值之時，就是在計算如何把總營收分配到這兩種不同的交付項目。

藉由改變這些假設或是契約細節，企業就能改變營收的分布狀況，把更多的營收分配到契約的「前端」（手機）、少分配到契約的後端（通話服務）。因此，投資人應緊盯著這些參考用的假設數據（通常會出現在企業文件的附註裡），包括標準契約的任何結構性變化。比方 2006 年時，日本電信服務供應商軟體銀行（Softbank）就改變了行動電話契約的付款結構，提高手機的價格、降低每月的服務費用；

這樣一來,公司就能在首筆營收認列更多的費用。監督應收帳款餘額的變化也有助於察覺這種改變。軟體銀行的應收帳款周轉天數,在改變付款結構當季為 51 天,之後連續 2 季分別增為 61 天及 74 天。

使用市值計算會計原則認列的公用事業

恩隆的會計操作原則非常有創意,這家公司隨隨便便就忘了自己主要是一家公用事業,反而假裝是一家金融機構。身為公用事業,恩隆和客戶簽訂的是長期供應商品的契約(如,銷售未來才會提供的天然瓦斯)。經濟直覺應該會告訴投資人,就恩隆這家公用事業公司來說,他們根據這些長期服務合約認列營收時,只能在提供服務時才能認列(比方說,提供天然瓦斯時)。但是不知怎麼地,恩隆沒有把這些契約當成服務契約,反而界定成出售以金融方式交易的證券,或者更具體地說,是銷售商品期貨合約。這種作法簡直不適當到了極點,但真是聰明。

用這種古怪的詮釋當作藉口,恩隆採用了一種本來設計專供銷售期貨契約使用的會計方法:按市值計算會計原則。根據這種方法,可以將服務契約視為等同於其他可交易的證券,這表示,在這份契約之下的所有預期利潤都可以立即認列。當契約獲利能力估計值隨時間不斷改變(因為契約下的實際活動改變而改變),這張「證券」的價值也會隨之調整。

此外,就恩隆銷售的這類「證券」契約來看,很多根本沒有實際的市場可言,因此恩隆得以自行使用激進的假設,決定這些契約的公平價值以及未來任何時期的漲價和跌價。這讓恩隆的管理階層在決定

每季營收時擁有極大的裁量權，讓公司能由其內部的金融模型主導、按照其想要的結果計價（有人開玩笑戲稱是「按模型計價」或「按信念計價」）。

警示信號： 企業採用原本設計給其他產業使用的會計原則（比方說完工比例或按市值計價），代表可能過早認列營收。

當一家企業選用原本是設計給其他產業（比方說金融機構），或不同類交易使用的會計原則（比方說按市值計價）時，投資人就應該把這種舉動視同選用一般公認會計原則明確禁止的作法。恩隆利用採行完全不適合公用事業業務性質的會計作法，得以快速地提前認列原本應該在多年後才賺得到的營收。

各位現在應該很清楚，恩隆的營收如何能以前所未見的速度成長；這家公司在短短4年之內從100億美元成長到1,000億美元，而其他名列「千億俱樂部」的多數企業，都要多花上幾十年才能達到如此的高峰。恩隆不當使用的按市值計價會計原則，即是用來引誘投資人的「提高營收特效藥」。

3. 在買方最終接受產品之前即認列營收

在本章前兩節，我們把焦點放在賣方執行其根據契約的責任。在接下來兩節，我們會將重點轉向買方。這一節要談的是3類創造營收的花招：在買方尚未表達最終接受交易之前就先認列營收。具體來說，這些情況包括：（1）在產品交運給買方之前（2）已經交運，但

交運對象為非買方的其他人（3）已經交運，但是買方尚可以取消交易。

賣方在交運之前認列營收

牽涉到所謂開立帳單但代為保管商品（bill-and-hold）的安排，通常是一種有問題、會惹爭議的營收認列手法。在這種作法之下，賣方開出帳單給客戶並認列營收，但繼續保管產品。對大部分的銷售而言（除了前一節討論過的少數例外），認列營收時都必須要把產品交運給客戶。

會計原則允許開立帳單但代為保管這種認列營收的方法，但前提是，客戶要求進行這樣的安排，而且這樣做對客戶而言有重大利益。比方說，如果買方缺少適當的儲存空間，就可以要求賣方代為保管已購入的產品。如果這樣的安排是賣方因為本身的利益而提出，不管任何情況下，這種開立帳單但代為保管的安排創造出來的營收都不能提前認列。

小心開立帳單但代為保管的交易。如果是賣方主動提出開立帳單但代為保管的交易，投資人就應假設這是賣方試圖提早認列營收的技倆。比方說，日光企業的執行長鄧勒普就玩弄這種手法，藉以虛報日光企業的營收，讓公司的財務績效看起來比實際的情況更佳。

日光企業急著在「轉型年」拉抬營收，希望說服零售商在需求季來到前的 6 個月先買下烤肉架。為了換得大幅折扣，零售商同意先購買實際上他們要等幾個月之後才會收到的商品，而且可以等到開立帳單之後 6 個月才付款。在此同時，產品從位在密蘇里州（Missouri）

烤肉架工廠運往由日光企業承租的第三方倉儲，一直放到客戶要求收貨為止。

　　日光企業從這些開立發票但代為保管交易中創造出來的營收和利潤，總價值高達 3,500 萬美元。當之後外部審計人審查文件時，在 3,500 萬美元中回轉（reverse，指調整會計科目）了高達 2,900 萬美元的帳目，把這些營收挪到之後的季度。執行審計時，安達信曾質疑某些交易的會計帳處理方式，但是針對絕大多數的情況，這家會計師事務所的結論是這些數字對整體審計而言「不重要」。有時候，要偵測出激進的會計操作取向幾乎是不可能的事，但以安達信的情況來說，只要讀一讀公司的 10-K 年報（美國證交會規定的全年度財務報表格式）中的認列營收附註，就能辦得到。

　　最後，當董事會明白鄧勒普根本對改善公司財務狀況毫無建樹，而且還使用不當的財務伎倆來拉高股價時，他就被掃地出門了。

日光企業 10-K 年報的附註

　　基本上，本公司是在產品交運給客戶時認列銷售產品的營收。但在某些情況下，應客戶要求，公司可根據開立發票但代為保管的基礎出售季節性產品；前提是，產品已經完成、包裝妥當而且隨時準備好可交運。這類產品會分開處理，所有權以及法律權利的風險則移轉到客戶身上。截至 1997 年 12 月 29 日，這類開立發票但代為保管交易的數額，占合併營收的 3%。

賣方在交運給買方之外的第三者時認列營收

審計人員通常把交運紀錄當成證據，證明賣方確實將產品交付給客戶，因此可以認列營收。管理階層可能會在這裡玩弄審計人（以及投資人），把產品交運給買方以外的第三方，讓大家相信確實有銷售的事實。現在就來看看香脆奶油甜甜圈（Krispy Kreme）的案例。

香脆奶油甜甜圈有一部分的營收來自出售製造甜甜圈的機器給加盟者。企業在交運機器給加盟者時認列營收，顯然是很適當的作法；但前提是，加盟者確實收到了機器。2003年，香脆奶油甜甜圈費盡心力愚弄審計人，假裝把機器運送給加盟商。公司確實把機器運出去了，但卻是交給加盟商根本找不到的拖車公司。就算加盟商根本拿不到交運出去的機器，香脆甜甜圈公司還是認列營收。

小心寄售合約。另一種提早在交運時即認列營收的技巧，牽涉到寄售（consignment）。利用這種銷售模式，產品會運到一個中介人手上，稱為承銷人（consignee）。你可以把承銷人想成是一個外部的銷售代理人，此人擔負的任務是去找到買方。在銷售代理人和最終客戶達成交易之前，製造商不應認列任何營收。

即便製造商在把產品運送給承銷人之前先認列營收，但在貨物實際銷售給最終買方之前，都不應認列任何營收。無須意外，日光企業就未遵守寄售的會計原則，在找到最終買方之前先認列了3,600萬美元的寄售營業額。

在某些產業，究竟應該把誰當成「客戶」，會讓認列營收這件事變得很複雜。以半導體產業為例，製造商可以把產品銷售給經銷

商，再由經銷商賣給最終使用者。製造商可以選擇在產品銷售給經銷商〔稱為出貨（sell-in）〕時認列營收，或是選在最終使用者買下產品〔稱為實際銷售（sell-through）〕時認列。這兩種方式都廣獲採用，而且確實也都是一般公認會計原則允許的作法。但是，當一家公司從比較保守的實際銷售法轉變到比較激進的出貨法時，投資人就應該要警覺。有公司這麼做時，就是在提前認列營收，以人為操作方式拉抬利潤。

來看電子儲存設備公司麥達塔企業（McDATA Corporation）所做的改變，麥達塔現為博科通訊系統有限公司（Brocade Communications Systems）旗下子公司。麥達塔在 2004 年 10 月發布的 10-Q 季報中，偷偷藏了認列營收政策的變動，宣告從此會更早認列營收，即根據出貨基礎認列，而非實際銷售。最棘手的問題是，即便改用更激進的營收認列方式，這家公司的銷售成長仍不見起色。若沒有這項改變，營收顯然會大幅滑落。

在看到應收帳款大幅增加但營收幾乎毫無變化、導致應收帳款周轉天數從前一季的 50 天增為 60 天時，投資人就該有所警覺了（見表 3-4）。努力做功課的投資人可以追根究底調查這個數字增加的理由，

表 3-4　麥達塔應收帳款周轉天數大增的情況

（百萬美元，但以天數計者除外）	2004 年 10 月 第 3 季	2004 年 7 月 第 2 季	2004 年 4 月 第 1 季	2004 年 1 月 第 4 季	2003 年 10 月 第 3 季	2003 年 7 月 第 2 季	2003 年 4 月 第 1 季
應收帳款	64.4	53.5	58.2	62.7	59.5	51.9	38.1
營收	98.5	98.2	97.2	114.0	94.7	107.0	103.2
應收帳款周轉天數	60	50	55	50	57	44	34

然後發現麥達塔變更了認列營收的政策。這個範例點出投資人要深入驗證，認列營收的政策改變是否符合一般公認會計原則。投資人一定要自問：為什麼要改變？還有，為什麼是現在？很多情況下，改變會計原則（即便是可使用的會計原則），便代表了公司想掩蓋營運情況惡化的事實。

賣方認列營收，但買方仍有權拒絕交易

在這一節的最後，我們要討論過早認列營收的情形，即使買方已經收到產品，也可能產生這種問題。如果有以下的情形，就會有過早認列營收的問題：（1）客戶收到的產品有誤（2）客戶收到正確的產品，但收貨時間過早（3）客戶在正確的時間收到正確的產品，但是仍有權拒絕進行交易。當買方已經收到產品、但仍有權拒絕交易時，賣方要不就必須等到客戶完全接受才能認列營收，或先行認列營收、但登錄一個預估退貨量的保留數字。

麥達塔 2004 年 10 月的 10-Q 季報

在 2004 年會計年度第 2 季，當實際銷售已經達成時，麥達塔才會認列經銷商的未設定組態產品營業額。這樣做是因為，我們尚未獲得充分的歷史經驗，不了解於價格保障或存貨週轉權利之下的退貨或額度。自 2001 年以來，麥達塔一直在監督及追蹤經銷商退貨以及購買模式，我們相信，至 2004 年會計年度的第 2 季末時，我們已經取得足夠的歷史經驗。因此自 2004 年會計年度的第 3 季起，我們開始在交運時認列經銷商的營收。

留心賣方故意運送不正確或不完整的產品。有時候，就算企業非常清楚產品一定會遭到退貨，他們還是會故意運出錯誤的產品並認列相關營收，以耍花招浮報營收。據稱我們的老朋友訊寶科技就曾經在未獲得客戶授權之下運出錯誤的產品，這應該沒有人會覺得意外。與此情況相同的是英飛凌（Informix），在 1996 年第 4 季末，英飛凌即認列了一筆營收，卻無法在年底前交付客戶要的軟體程式碼。之後在 1997 年 1 月，英飛凌雖先交付了軟體碼，卻是無法在硬體上發揮作用的「β 版」（可供大量測試的非正式版本）。最後的結果是，英飛凌又花了 6 個月的時間才交出堪用的軟體碼。不過英飛凌早在 1996 年第 4 季就認列了這筆營收，而非 1997 年第 3 季。

留心賣方在合意交運日期之前先交運產品。會計季度即將結束，獲利情況疲弱不振，企業能怎麼辦？何不乾脆開始把產品運出去、認列營收，藉此拉抬營業額及利潤？倉儲忙著在年底前把貨出給客戶（即使還沒有達成真正的銷售），並且認列營業額。根據出貨時認列營收的會計作法，當產品交運給零售商或批發商時即可認列營收，製造商可能會因此動念，在業務趨緩時一直不斷出貨。

車廠玩弄這套手法已經行之有年，藉此操弄營業額。藉由在季末時將產品運出去，而不要在客戶預期收貨的下一季才出貨，賣方可以以不當的手法提早認列了營收。應收帳款周轉天數增加，通常是產品在季末出大量出貨的指標。

就算公司把產品運到實際的客戶手上、而且客戶也收取了貨品，企業還是有可能無法認列營收。許多契約中都有關於評鑑期間的規

定，允許客戶有權在特定期間內無條件退貨。會計原則要求，此時必須遞延認列營收，一直到客戶最終接受或退貨期限到期為止。

當心賣方在退貨權利消滅之前就認列營收。許多企業給予買方「退貨權」，讓客戶不滿意產品時可以退貨。發生這種情形時，企業要不就得延後認列利潤、一直等到退貨權消滅為止，要不就是估計預期退貨的金額、認列營收時要扣除。如果退回的產品金額超過公司的預估值，企業就有認列過多預付營收的嫌疑。

4. 當買方還不確定或還不需要付款時就認列營收

我們繼續把焦點放在買方，但著重在和付款有關的認列營收規定上面。如果賣方在客戶還沒有錢付款，或是允許客戶在銷售過後一段時間才需付款，可能就是在提早認列營收。

在前幾節，我們討論過賣方履行責任，以及買方表達最終接受產品時認列營收的條件。在電腦系統製造商肯德廣場研究公司（Kendall Square Research Corporation），這些條件都滿足了：產品已經交運，客戶也接受了。最後一個問題是，客戶是否具備付款的能力及意圖？肯德廣場研究公司的許多客戶（主要是大專院校及研究機構）都仰賴第三方提供資金，因此現實上的銷售仍有變數，必須等到這些資金都確定到位之後，才能認列營收。此外，肯德廣場研究公司和客戶之間也有「附函」（side letter）協議，明訂如果他們無法獲得資金，就可以取消契約。

股東提出訴訟，指控肯德廣場研究公司在 1993 年第 1 季提報的

營收中，有將近一半帳目不正確。這類營收大都來自交運給科羅拉多大學（University of Colorado）和麻州應用電腦系統機構（Applied Computer Systems Institute of Massachusetts，這是一個和麻州大學合作的技術移轉機構，形式為公司）的貨物，而且是在客戶尚未取得必要的資金之前就先交運。公司最後重編 1992 年以及 1993 年第 1 季的財務報表，修正之前提報的營收，調整數字將近一半。

另一家在客戶獲得必要融資之前就認列營收的公司，是組合屋製造商史德林造家公司（Stirling Homex Corporation）。史德林造家出售組合屋給資源有限的低收入買方，在這當中，很多人都要透過美國住宅及城市開發部（Department of Housing and Urban Development）來獲得資金。史德林造家不當地在住宅及城市開發部簽署初始融資保證書時就認列營收，而沒有等到最後核准時才認列。因此，史德林也認列了某些最後無法獲得融資的客戶營收，結果導致財務報表上的史德林造家成為一家體質健全、業務興盛的公司，營收及盈餘皆在成長，掩蓋了公司嚴重的業務及財務問題。

注意改變評估客戶支付能力方法的公司。管理階層對客戶支付能力的評估，決定了要用哪些估計值來認列尚未收取的帳款。改變評估方法會讓企業以不長久的作法來拉抬營收。且讓我們看看，軟體公司奧維系統（Openwave Systems）在 2005 年 12 月更改營收認列政策的始末。

奧維系統最早的作法是，等收到現金才認列他們擔心已負債累累的客戶之營收。在新政策之下，奧維系統認為這種客戶已經脫離泥

淖，因此可以直接認列營收。

投資人若注意到微妙的政策改變，就會明白奧維系統的實際成長情況要比他們提報的數字慢得多。奧維系統之後幾年的營收大幅減緩，股價在 2006 年 3 月份時雖都維持在 20 美元以上，但 7 月份時卻暴跌到 6 美元。有做功課、檢視過該公司 10-Q 季報的勤奮投資人，輕易就能在附註的地方看到本項營收認列政策的變更。但是，僅仰賴公司每季發布盈餘新聞稿以及視訊說明會的投資人，很可能就會錯失良機，因為這些揭露資訊的場合不太會揭露會計原則的變動。

奧維系統 2005 年 12 月的 10-Q 季報

截至 2005 年 12 月 31 日這一季，針對被視為可能無法收款的訂單，**本公司修正和遞延營收認列有關的政策**。在 2005 年 12 月 31 日之前的季度，對於被視為可能無法收款的訂單，本公司仍持續遞延營收認列時間，一直到根據契約收到現金才認列。至 2005 年 12 月 31 日之後的季度，**本公司改變政策，對於之前認為可能無法收取、但之後可能收得回貨款的營收，在評估收款能力已改變的期間即可認列**，而無須等到收到現金。惟前提是，此筆營收已經滿足其他所有營收認列的標準。本項改變對於 2005 年 12 月 31 日結束的季度並無實質影響。

當心賣方提供的融資。有些手上缺乏現金的客戶不想利用第三方機構取得資金，反而是利用賣方本身提供的融資方式。投資人應謹慎看待賣方提供的融資安排（包括極為慷慨的付款期限），因為這些安排可

能暗指，賣方要提前認列營收以挹注於當期、客戶對於產品不感興趣，或是買方根本沒有付款能力。

近年來，為了提前認列營收，部分高科技公司會先貸款給客戶。如果作法適當而有節制，可以將客戶融資當成巧妙且有益的銷售技巧，但是一旦遭到濫用，這會變成危險的經營手法。網路泡沫破滅時，電信設備供應商為客戶提供的融資數額，應能叫投資人倒抽一口冷氣。在 2000 年底，客戶積欠這些供應商的款項，加起來總計達 150 億美元，單單這一年，成長幅度就達到 25%。

當心提供過長或有彈性付款期限的企業。有時候，企業會提供優惠的付款期限，以慫恿客戶早點買下產品。為客戶提供優惠的付款期限，可以是非常恰當的企業經營手法，但是也會在最終收取應收帳款時，製造更多的不確定性。此外，就算延後付款期限的對象是信用良好的客戶，把時間拉得太長實際上可能會造成提前消費，使得原本預定在日後才要進行的銷售活動提前。這個變化會導致企業的近期營收出現高度成長，但會在日後缺乏訂單的期間造成必須填補的壓力。

為了刺激新產品的銷量，賣方可能會允許買方延後付款期限。然而有時候，投資人應要質疑過長的付款期限，弄清楚企業是否把認列營收的時點拉到較早期間。比方在 1995 年 9 月這個季度，總部位在芝加哥的軟體銷售商系統軟體（System Software），就針對新產品提供最長達 14 個月的付款期限。藉由慫恿客戶「買下」新產品，公司得以將後期營收挪到前期，以人工的手法虛報營收和利潤。

當一家公司開始大方延後付款期限而且應收帳款周轉天數暴增，

此時投資人就要特別注意是否有提前認列營收的問題。比方說，層板材料供應商翠克斯（Trex），就在 2004 年底為所謂「早購方案」下的客戶提供優惠的付款期限。翠克斯的作法是在需求下降時，慫恿客戶早一點買下產品（但先不用付錢）。這種安排對於客戶的總購買量影響不大，但是讓翠克斯可以提早認列營收。財務研究與分析中心於當時提出的一篇報告中說，這家公司需要延後付款期限，才能免於提報讓人失望的營收成長。果然在幾個月之後，翠克斯宣告其 2005 年 6 月份的營收會遠低於華爾街的預期。翠克斯的應收帳款大幅成長（見表 3-5），再加上公司揭露延長支付期間以及推出早購方案，都是在提醒投資人營收成長即將走緩。

表 3-5　翠克斯的應收帳款金額與應收帳款周轉天數

（百萬美元，但以天數計者除外）	2005 年 3 月 第 1 季	2004 年 3 月 第 1 季	2003 年 3 月 第 1 季	2004 年 12 月 第 4 季	2003 年 12 月 第 4 季	2004 年 9 月 第 3 季	2003 年 9 月 第 3 季	2004 年 6 月 第 2 季	2003 年 6 月 第 2 季
應收帳款	68.8	31.9	13.9	22.0	5.8	12.8	13.1	31.2	21.9
營收	89.9	76.3	68.7	29.6	21.9	64.4	41.2	83.4	59.2
應收帳款周轉天數	70	38	18	68	24	18	29	34	34

●●● 總結

本章的討論重點在於，解析企業將後期營收挪至前期的企圖。關於這一點，還需要特別釐清兩項額外的問題：（1）這些作法對後期營收造成哪些影響？（2）如果有人發現管理階層使用這些騙術，那將如何？

當管理階層採用第 1 條騙術時，顯而易見，他們的結論是當期營收比後期營收更重要，因為實際上他們做的事就是短報後期營收以挹注前期。如果管理階層針對長期的服務設定準備帳戶保留餘額，準備帳戶裡的餘額在後期也可以轉為營收。

最諷刺的是，當企業因為過早認列營收而重編財報時，少有投資人知道管理階層之前從不當財務報告當中獲得了哪些好處。

重編財報的結果

若企業被發現過早認列營收，就必須重編資產負債表上的期初保留盈餘（retained earnings）。你可以把保留盈餘想成收藏之前所有認列利潤的金庫，因此，任何前期已認列的營收都會從損益表中轉到這個項目之下。

假設有一家軟體公司以 1,000,000 元的價格，銷售 5 年期的授權合約，它將收到 200,000 元的頭期款，剩下的款項則按比例在合約期間認列。假設公司在第一年就認列全部營收，一毛錢都沒有往後延。再假設，一直到 3 年後才有人發現這個錯誤；此時，審計人員要求重編財報，修正提早認列的 600,000 元營收（差額為已經認列的 1,000,000 元，減去前兩年實際已經發生的總營收 400,000 元）。現在讓我們來分析，過早認列營收對利潤的影響。

表 3-6　錯誤認列對利潤及保留盈餘的影響

年度	利潤	保留盈餘
1	800,000	800,000
2	（200,000）	（200,000）
總計	600,000	600,000

因為每年的利潤項目都會移轉到保留盈餘項下，因此修正分錄時，將會從保留盈餘中減去虛報的 600,000 元利潤，並提列一個遞延營收帳目。

修正錯誤的會計分錄

減少：保留盈餘	600,000	
增加：	遞延營收	600,000

針對第 1 年和第 2 年提早認列的營收現在已經修正，公司可以針對第 3 年到第 5 年，正確認列每年 200,000 元的營收。

第 3、4、5 年的會計分錄

減少：遞延營收	200,000	
增加：	營收	200,000

誰說犯罪不值得？

如果公司照章行事，就會把 1,000,000 元的應收帳款按比例在 5 年之內認列。但若使用第 1 條騙術，提早在一開始即認列 1,000,000 元，之後再針對錯誤重編報表，公司在這 5 年期間內實際上對投資人提報的營收數字為 1,600,000 元（華爾街通常會忽略回轉修正過去的營收，尤其這一筆營收後來又能再度被認列時，顯得更不在乎）。這時還有人會說犯罪不值得嗎？

短期來看，企業確實可能從重編財報以及營收的「二次認列」當中獲得好處，但是聰明的投資人知道，一旦看到管理階層使用任何會

計騙術,都應視為負向信號,如此才能避免持有可疑財務報告的公司股票。

●●● 回顧

警示信號: 過早認列營收
- 在完成契約責任之前就認列營收。
- 認列的營收遠超過專案完成的工作。
- 預先認列長期契約的營收。
- 以激進的假設來應用長期租賃或完工比例會計原則。
- 在買方最終接受產品之前就認列營收。
- 在買方還不確定或不需要付款時即認列營收。
- 營業現金流遠遠落後於淨利。
- 應收帳款(尤其是長期及未開立帳單應收帳款)成長速度快過銷售。
- 利用改變營收認列政策提早認列營收。
- 把正當的會計原則用在不符原先設計的目的上。
- 不當使用按市值計價法或開立發票但代為保管等會計原則。
- 改變營收認列假設或放寬收取客戶款項的期間。
- 賣方提供極長的付款期間。

●●● 展望

本章討論以下 4 大提早認列營收的技巧:(1)在完全履行契約責任之前就認列營收(2)認列的營收額超過契約中完成的工作量(3)在買方最終接受產品之前即認列營收(4)當買方還不確定或還不需要付款時就認列營收。

本章拆解的花招主要都和正當的營收來源有關（只是提報的期間不當；第4章則要更進一步討論，另一個更大膽認列營收的作法：認列不實或虛構營收。

第**4**章

操弄盈餘騙術第 2 條：
認列造假的營收

前一章討論的是，企業過早認列營收的情況。這種作法顯然非常不恰當，但是，提早認列正當的營收還不算大膽，遠遜於憑空編造出營收。本章要討論企業用來編造假營收的 4 大手法，並為投資人提出幾項警示信號，以識破這種惡劣的詐騙行徑。

●●● 編造假營收的技巧

1. 針對無經濟實質（economic substance）的交易認列營收。
2. 針對未保持正常距離的關係人交易認列營收。
3. 把非創造營收活動的利潤認列為營收。
4. 認列正當交易的營收，但虛報金額。

1. 針對無經濟實質的交易認列營收

第 1 項技巧涉及假造一樁「看起來」煞有其事的交易，但實際上根本沒任何經濟實質意義。在這些交易當中，所謂的客戶並無責任持

有產品或支付產品價款,或者一開始根本也沒有發生任何的實質移轉活動。

約翰・藍儂(John Lennon)在 1971 年時有一首歌紅透半邊天,刺激我們去「想像」一個完美的世界。想像力無疑有助於這個世界變成一個更美好的所在,因為人們的創造力能突破框架,帶來難以盡數的創造發明。舉例來說,想像力就啟發了才華出眾的科學家,引領他們診斷不知名的疾病並找出治療方法。同樣的,科技業的創業家如比爾・蓋茲(Bill Gates)及史提夫・賈伯斯(Steve Jobs),他們盡情發揮想像力創作新產品;像是微軟(Microsoft)的視窗作業系統(Windows)和蘋果電腦(Apple)的 iPod,就讓我們更能享受人生。

但是,偶爾想像力也會走岔了。當許多高階主管運用想像力在創造企業營收上時,完全玷污了想像力一詞。有個很好的範例,就來自保險業的金融商品創新者。幾年前,產業領導者美國國際集團(American International Group)開始為客戶以及它自己想像一個完美的世界;在這裡,企業永遠能達成華爾街的盈餘預期。AIG 一定是這麼想:想像一下,如果客戶永遠不用再面對隨著盈餘落差而來的羞辱(以及股價下跌),他們會有多開心。

有一天,這個夢想實現了。AIG 和其他幾家保險公司開始行銷一種稱為「有限保險」(finite insurance)的產品。這個神奇的解決方案,「能夠承保」盈餘落差,保證客戶永遠都能達成華爾街設定的盈餘績效。某種意義上,這項產品是一種會上癮的毒品,讓企業用不當的手段美化盈餘,遮蓋每一季的缺點。

無須意外,客戶紛紛上鉤,每個人都心滿意足。AIG 找到新的

營收來源，客戶找到方法預防盈餘短缺。但是，在這當中有一個大問題：某些這類「保險」契約實際上根本不合法，而是融資交易。

亮點濫用有限保險

且讓我們去看看一家總部設在印度的無線通訊產品通路商亮點（Brightpoint），了解為何有些有限保險交易從經濟面上來看更貼近於融資安排。當時是 1998 年底，股市熱絡，牛氣沖天，但是亮點有個問題：算起來，12 月這一季的盈餘比華爾街在季初訂出的標準還少了 1,500 萬美元。季度結束時，管理階層擔心投資人還沒有心理準備接受這個壞消息，股價也會因此受挫。

去找 AIG，購買它的「完美世界」商品吧！AIG 創造了價值 1,500 萬美元的特殊「溯及既往」保單，足以「涵蓋」亮點尚未提報的差額。保單的內容如下：亮點同意在未來 3 年內支付「保費」給 AIG，AIG 則同意支付一筆價值 1,500 萬美元的「保險回復金」，以涵蓋本保單承保的差額。這聽起來跟一般的保單很像，只是有個嚴重的問題：因為保險承保的差額損失已經發生，因此並未移轉風險。你不能在房子燒光之後才投保吧！

亮點接著把 1,500 萬美元的「保險回復金」在 12 月這一季認列為利潤（剛好抵銷尚未提報的差額損失），AIG 則把這筆假利潤以保費名目分 3 年認列。從經濟意義上判斷，這椿交易並非保險契約，因為其中並未移轉任何風險。確實，這次的交易只不過是一次融資安排：亮點把現金存到 AIG，而 AIG 則以另立的「保險理賠金支付款」名目返回資金。

因為用不當手法粉飾太平，亮點因此惹上證交會。而 AIG 也因為故意用這種方式設計出結構式保單，讓亮點得以把實際損失不當表述成「有擔保損失」，更讓自己變成證交會的目標。2004 年 11 月，AIG 同意支付 1.26 億美元，針對協助企業透過有限保險浮報盈餘的指控，和美國司法部及證交會達成和解。

AIG 也找到自助的時機

在協助客戶美化盈餘缺口多年之後，AIG 決定要善用專業，協助自己跳脫華爾街分析師引發的一堆麻煩。2000 年 9 月，AIG 公布的盈餘數字不太妙；AIG 的損失準備金意外減少，許多分析師因此覺得很不安。他們針對這項減少窮追猛打，有些人還懷疑，AIG 是不是挪出準備金到當期盈餘，好讓這一季的數字好看一點。

為了解決公司的「華爾街麻煩事」，並且挹注準備金餘額，AIG 尋求通用再保險公司（General Re）的協助。AIG 是通用再保險公司最大的客戶之一，通用因此默許並主動加入騙局；因為這樣，通用日後得付出慘重代價。

這場騙局是這樣的：AIG 以巧立的保費名目，向通用收取 5 億美元，用這筆錢來補充損失準備金。同時間，AIG 支付 5 億美元給通用作為風險再保金。就像亮點的情況一樣，這項交易的背後沒有任何經濟實質或風險移轉，只是現金兜了一圈而已。但是，AIG 可不這麼想；它利用這樁交易挹注了少掉的準備金。

在和通用的假交易當中，AIG 本來也可以輕易地決定要認列假營收，而不是挹注損失準備金。但 AIG 的目標是要拉高準備帳目，而不是膨脹營收，至少那時候還不是。如果準備金是造出來的，而且未來沒有任何要支付的款項，企業很簡單就可以編造一個會計分錄，把準備金挪出去，以提報假利潤。

因此，AIG 實際上從這招騙術中得到兩次好處。第一次，在編造假的損失準備金時，華爾街分析師會因為準備金餘額提高而不再叫囂。之後，有了這項「重新補充」的準備金，AIG 日後就有機會「打開開關」，釋出準備金，轉成利潤。這套計畫有好一陣子都運作得天衣無縫，一直到監理人員開始查探為止。

在 2005 年 5 月，AIG 宣告必須修正之前 5 年的錯誤報表，重編財報的數字高達驚人的 27 億美元。次年 2 月，AIG 又再付出 16 億美元的和解金，這是全面解決聯邦以及各州訴訟的一部分行動。

百富勤的「寄放」交易

無須意外，從毫無經濟實質的交易中創造出假營收這種事，不只保險業才有。很多科技公司看來也深諳其中三昧，知道怎麼樣能輕鬆使用這套騙術。就以總部設在聖地牙哥的百富勤系統（Peregrine

Systems）為例，這家公司就被逮到從事一樁牽涉到認列造假營收的大型騙局。

證交會指控，在和軟體經銷商簽訂的無約束力軟體授權合約中，百富勤不當認列幾百萬美元營收。這家公司顯然私下簽了一些合約，讓經銷商無須擔負支付義務，這表示，這種營收根本不能認列。百富勤的員工替這類安排取了一個很響亮的名稱——「寄放」（parking）交易。接近完成期限的銷售通常會先寄放著，幫助百富勤達成預期的營收。百富勤也涉入其他創造假營收的欺瞞手法，包括簽訂雙向交易；在這類合約中，百富勤基本上是替客戶付錢來購買自家軟體。2003 年，百富勤重編這幾季的財務報表，之前提報的 13.4 億美元營收減少了 5.09 億美元，其中至少有 2.59 億是因為基本交易缺乏經濟實質而回轉修正。

百富勤顯然並未從這些無約束力的假營收契約中，由客戶手中拿到一毛錢，但卻使得資產負債表上的假應收帳款嚴重惡化。我們之前學過，應收帳款餘額快速膨脹，通常指向財務體質惡化。百富勤知道，如果暴增的應收帳款餘額一直居高不下，分析師一定會開始質疑「盈餘品質」。為了防堵這些疑問，百富勤又耍了幾個花招，把應收帳款作成看起來已經收到錢的樣子。這些騙術以不正當的方式降低應收帳款餘額，而當公司這麼做時，也以不正當的方式虛報了營業現金流。我們將會在第 10 章，分解這套騙術裡的種種技巧，並討論百富勤的現金流騙術。

訊寶科技也不落人後

　　訊寶科技也找到一種極富創意巧思的手法，從缺乏經濟實質的交易中認列營收。從 1999 年底一直到 2001 年初，訊寶科技和一家南美洲的代理商共謀，編造出超過 1,600 萬美元的營收。訊寶科技指示代理商在每季末時，針對隨機選出的產品發出訂購單，就算代理商根本用不到這些產品也沒關係。訊寶科技從未把這些產品交運給這家代理商或任何客戶；相反的，訊寶科技為了愚弄審計人，讓他們相信確實有銷售情事，便把產品運送到位在紐約的自有倉儲，但公司仍保留「損失的風險及所有權的利益」。如此一來，代理商自然無須為了放在倉儲裡的產品而支付貨款，而當它真正訂購實際上有需要的產品時，還可以在無須負擔任何成本的條件下，「退回」或「交換」貨品。毫無疑問，這套伎倆的唯一目的就是要裝出好像確實有銷售這麼一回事，讓訊寶科技可以認列營收。

　　實際上，訊寶科技會無所不用其極以求認列銷售，包括運用金錢。有人傳出一則非常古怪的故事說，訊寶科技編造出一場三方輪流上場的騙局，以求憑空變出營收。一般而言，訊寶科技會把產品銷售給中間人（代理商），中間人再把產品銷售給實際的客戶（經銷商）。訊寶科技找到運用這種架構假造營收的方法——公司用不當的手段慫恿（實際上是透過賄賂）經銷商，要他們向代理商多購買訊寶科技的產品；這樣一來，訊寶科技的業績自然就增加了。這真是創造人造需求的了不起手法！

　　訊寶科技如何慫恿經銷商在這套騙術中一起合縱連橫？據說訊寶科技提供現金，讓經銷商獲得必要的資金以從事購買活動。訊寶科

付錢時也加了一大筆費用，因此經銷商能從這些交易當中賺到利潤。除此之外，訊寶科技還分紅給經銷商，金額等於購買價的 1%（用訊寶科技裡眾家策士的話來說，這是所謂的「糖果」）。這項交易的淨成果是，訊寶科技買回自家的產品，而且買入價還比當初賣出價更高。但是訊寶科技一點也不在乎這些損失，因為這場計謀原本的目的就只在於創造營收成長。

比方說，2000 年期間，訊寶科技利用這種手法不當認列了將近 1,000 萬美元的營收，而為了執行這些交易，訊寶科技一開始還要先付出 1,500 萬美元給經銷商。在這場古怪的計畫中，訊寶科技實際上因為循環騙局而損失了好幾百萬美元。這個計謀創造出了預期營收，但是訊寶科技因為必須用更高的價格買回自家商品，並且支付賄款，因此承受極大損失。這顯然是你見過最離奇的財務騙術之一！

2. 針對未保持正常距離的關係人交易認列營收

針對缺乏經濟實質的交易認列營收，絕對不會變成正當合理的事；但，針對未保持正常距離的關係人交易認列營收，有時候卻可能是適當的作法。然而，聰明投資人可不要在這裡下賭注；也就是說，多數沒有保持必要距離的關係人交易，都會創造出虛報、而且通常是假造的營收。

若賣方和客戶之間在其他方面也屬於關係企業，賣方的銷售營收品質可能非常有問題。舉例來說，若賣方銷售對象是其供應商、親戚、企業董事、主要擁有人或是企業合夥人，都會啟人疑竇，懷疑在磋商交易條件時雙方是否有保持合理距離。親戚有拿到折扣嗎？提供

折扣的供應商是否預期賣方未來會繼續採購？有沒有其他要求賣方提供報酬的附約？銷售給關係人或策略夥伴，可以是正正當當的交易，但是投資人一定要花時間檢查這類安排；若想了解企業認列的營收是否符合交易的經濟實質，檢視這些契約便非常重要。

新泰輝煌與經銷商的關係超密切！

有一個經典範例切中要點，那就是新泰輝煌公司（Syntax-Brillian）的詐欺醜聞；這是一家位於亞利桑納州（Arizona）的高畫質電視製造商。2007 年時，新泰輝煌的業績一飛沖天。中國的需求量超大，電視機的銷售量不斷飆升，而新泰輝煌和 ESPN、ABC 體育台（ABC Sports）更合力規劃行銷活動，大力宣傳自家的奧麗維亞（Olevia）高畫質電視。這家公司在 2007 年會計年度的營收成長超過 3 倍，營業額接近 7 億美元，前一年則還不到 2 億美元。但是 1 年之後，新泰輝煌破產，還因為詐欺遭到調查。

對於知道新泰輝煌所提報營收是從關係人交易中得到好處的投資人來說，新泰輝煌會倒閉一點都不讓人意外。公司讓人瞠目結舌的營收成長，就是因為和一位關係人之間的銷售業績成長了 10 倍，而這部分的金額占了將近總營收的一半；這個關係人，是一家名為南中國科技有限公司（South China House of Technology）的經銷商。根據風險指標集團所言，新泰輝煌和南中國科技之間的關係，會比一般的客戶跟供應商之間的關係牽連更深、更密切。這兩家公司似乎都身處在一張由多家合資企業構成的錯綜複雜網路當中（這個網路非常古怪，也包含了南中國科技的主要供應商）。新泰輝煌和南中國科技很

親近，因此前者給後者的付款期限為 120 天，而且經常還會繼續往後延。

新泰輝煌把南中國科技描述成是一家經銷商，這家經銷商購買電視之後，再經銷給中國的零售賣場以及終端使用者。多數投資人都未質疑新泰輝煌對南中國科技的銷售業績為何扶搖直上，因為他們深信中國需求強勁。2008 年夏季的北京奧運，大家紛紛升級家中的電視機；據稱奧運村也計畫購入奧麗維亞電視以配合相關設施，這項消息也激勵了投資人。

接著在 2008 年 2 月，新泰輝煌突然語焉不詳地宣布，奧運相關場地不會安裝他們已經「賣」給南中國科技的電視。雖然新泰輝煌早已經認列這些銷售活動創造的營收，但是它卻同意用將近 1 億美元的價格，「購回」超過 25,000 台的電視。新泰輝煌不需要拿出現金，因為南中國科技的應收帳款也還沒付錢。在如此強大的退貨權利之下，再加上根本沒有收到現金，新泰輝煌一開始就不應該認列營收！

對於任何讀過證交會檔案的投資人來說，新泰輝煌精心設計的關係人交易（以及其他警示信號，比方說飆漲的應收帳款）根本就是大刺刺地攤在眼前。在新泰輝煌 2006 年 3 月的 10-Q 季報，列出以下這段提及南中國科技的文字，就算是剛剛入門的投資人，也應會因此起疑。

> 在 2006 年 3 月 31 日，我們其中一位亞洲客戶、同時也是合資企業夥伴的應收帳款餘額總計達 960 萬美元，在尚未讓渡給 CIT 集團（美國的商業貸款公司）的未償付帳款餘額當中，約占了 70.8%。

當心在收購期間的不尋常營收來源。營收若出現在即將購併的雙方之間，顯然沒有保持合理距離。來看看香脆奶油甜甜圈於 2003 年重新買回一家加盟店時的浮報營收妙計。

在收購之前，香脆奶油甜甜圈以 70 萬美元的價格，出售製造甜甜圈的設備給這家加盟店。交易中有個條件是，香脆奶油甜甜圈在收購這家加盟店時要再加上 70 萬美元，以反映這筆設備的成本。這樣的安排在經濟面上顯然無任何實質影響，因此根本不應該認列設備營收。但是香脆奶油甜甜圈公司可不是這麼想，因此，公司把銷售設備認列為營收，而不是抵銷收購加盟店的加價部分。無須訝異，這招大大協助香脆奶油甜甜圈保持不敗記錄，持續超越華爾街的期待。

當心和非傳統買方之間的雙向交易。訊寶科技花了 850 萬美元向同一位供應商兼客戶購買軟體，同時也以 425 萬美元（其中有 200 萬美元的貨被退回）將自家的產品出售給上述這家公司。奇怪的是，訊寶科技仍握有這些已經「出售」的貨品，並為這家軟體公司提供「購買」自家產品所需的資金。在一份附約當中，這家軟體公司擁有可無限期退貨的權利。喔，對了，據說訊寶科技從來沒用過它已經買下的軟體；在完成交易多年之後，這套軟體還安穩地躺在原來的箱子裡。

3. 把非創造營收活動的利潤認列為營收

我們目前為止處理的假營收，多半是來自完全沒有經濟實質、或者有經濟意義卻沒有維持合理距離的關係人交易。接下來要探究的是，從非創造營收活動之中收到現金、卻不當分類的假造營收。

投資人必須知道，企業收到的現金並不一定代表和營收，或者直

接和企業的核心營運有關。有些現金流入和融資活動有關（借款及發行股票），有些則和出售旗下部門或雜項資產有關。企業若認列從非創造營收活動當中收到的收益或利潤，就應視為犯下提報假營收以浮報盈餘的過失。

認列的營收是來自於借款交易中收取的現金。絕對不要把和藹可親的銀行家拿給你的錢，跟客戶拿出來的錢混為一談。銀行貸款是你日後要償付的錢，應視為負債；客戶因為回報你提供的產品或服務而給你的錢，則真正是你可以留住的錢，應視為營收。

顯然，汽車零件製造商德爾福（Delphi）無法分辨資產與負債之間的差異。2000 年 12 月底，德爾福借入了 2 億的短期借款，並以存貨作為抵押。德爾福沒有根據原性質（是一筆必須償還的負債）登錄這筆現金帳目，反而不當地認列為銷售產品營收。各位在第 10 章會再看到德爾福，並明白這樣的詮釋方式不僅讓這家公司得以認列假營收，還創造了假的營業現金流。

將合夥關係預收款列為營收。同樣可疑的營收來源，則牽涉到合資企業夥伴的出資。來看看莫頓金屬公司（Molten Metal）和洛克希德馬丁公司（Lockheed Martin）之間，針對廢棄物處理技術組成的研究及開發合夥關係；洛克希德馬丁提供資金，莫頓則從事研究。莫頓從合夥關係當中收到 1,400 萬美元，把這筆款項認列成營收。基本上，莫頓當時是一家尚處於發展階段的公司，實際上並未銷售任何產品或服務給非關係企業。因此這筆從合夥關係當中收到的 1,400 萬美元，應視為合夥關係的研究資金分配或貸款，而不是營收。

把從供應商收取的款項認列為營收。一般而言，和供應商之間的現金流往來，牽涉到的都是為了買產品或服務的現金流出。企業偶爾會同意，在採購時多付點錢給供應商購買存貨；但前提是，供應商在日後會以現金退還超額的費用。將這筆退款認列為營收顯然是不當的作法，因為這應視為已購入存貨成本的調整項目。但是，我們的老友日光企業卻不這麼想。日光企業使出一招拉抬營收的妙招，事前預付大筆金額給供應商，當日後這筆款項退回時，就認列為營收。此外，如果供應商願意立即「退款」，日光企業就承諾日後繼續向這家供應商採購，以作為交換；而當然，日光企業也把這筆退款認列為營收。

雖然日光企業的範例是一種詐騙交易，但在一般的商業慣例中，某些零售商確實可能會收到供應商或其他廠商的現金退款或額度退款。針對這些退款，適用的會計原則是，扣減已購入存貨的價值。但是，有時候供應商會把這些退款認列為營收，以激進的作法高估營收。證交會就曾對零售商洛城裝備（L.A.Gear）提出指控，指這家公司把並沒有現金流入的一次性供應商退款額度（因為供應商交運錯誤以及其他採購上的問題），不當歸類為利潤。

4. 認列正當交易的營收，但虛報金額

前3節的重點在於營收來源完全錯誤，這些交易要不根本不具備任何經濟實質，要不就經不起必要的關係人交易檢驗，或者根本就是來自於非創造營收的活動。但是這一節要解析的企業詐騙案例，通常符合廣義的營收認列指導原則，然而，其中卻出現和認列營收額有關的錯誤，即認列的數額顯然過大或是有誤導投資人之嫌。會認列過多

或造成誤導的營收，可能的原因有（1）使用不當的方法認列營收，（2）加總所有營收，讓企業的規模看起來比實際上更大。

營收大幅成長總是會讓投資人齊聲喝采，而當這種情況出現在通常不會以飛快速度成長的產業時，更是如此。科技業常會看到營收急速成長的範例，投資人卻很難在小型的管理及顧問公司身上看到這種事。但是回到 1993 年，就有這麼一家迷人的另類教育公司（Education Alternatives）；這家公司以單一年度翻漲 10 倍的營收，擄獲了華爾街的心，且股價在短短 3 個月內就漲了 2 倍。讓我們更貼近一點檢視，找出一個投資人忽略的重要警示。

另類教育公司獨有的顧問業務

另類教育公司為學校董事會提供顧問服務，涵蓋的主題包括保全、維修以及加強學生表現。這家公司規模很小（員工幾十人，營收幾百萬美元），業務模式也很簡單。對審計人或投資人來說，這樣一家小型又不複雜的顧問公司，通常沒有複雜的會計問題在裡面。

但是 1992 年時，這家公司起了天崩地裂的變化，因為公司贏得管理 9 所巴爾的摩（Baltimore）公立學校預算的合約。這可不只是一般的顧問合約而已；在接下來 5 年當中，另類教育公司還要負責提升學生表現，並且有權掌控學校董事會的財務，管理 1.33 億美元的預算。

另類教育公司會因為這次獨特的顧問業務獲得哪些報酬？條件看來有點不太尋常，但規則卻很清楚明白。讓我們先從 5 年總共 1.33 億美元的預算開始說起。算起來，各校每年能花的預算總共為 2,660

萬美元。整個交易的條件如下：巴爾的摩當局不會支付任何超過預算的經費；也就是說，每年就只有 2,660 萬美元。如果另類教育公司在學校身上花掉 2,500 萬美元，那剩下的 160 萬美元就是它的服務費；如果 2,660 萬美元全用光了（每位學生約可分到 5,900 美元），公司就一無所有。而且，如果超出預算，這家公司還得自掏腰包以彌補差額。公司實際上可能因為這項交易而虧錢。

雖然契約載明給另類教育公司的服務費數字模糊不清，但對公司而言，仿照一般管理顧問公司的作法來認列營收，似乎是非常合理的，那就是以工時或工作天數認列營收。雖然這種認列的方法會因為管理階層的裁量權而受到影響，但似乎是最準確的預估方法。當然，在契約的約束之下，公司得算出服務成本以做出理性決策，決定是否要接受這項安排。

另類教育公司拋棄傳統顧問業務認列營收的模式，想出一套大家認為瘋狂到家的作法。公司決定把每年收到的 2,660 萬美元（或 5 年1.33 億）全部當成自己的營收。因此在簽訂合約的第 1 年，這家公司的營收從將近 300 萬美元暴增為 3,000 萬。投資人如何詮釋這項戲劇化的成長？以下是幾個可能的結論：（1）公司在認列營收時誤植數字，多加了一個 0（2）這家公司是好到讓人不敢相信的投資標的（3）這個公司就是一個大騙局。

次年，當哈特福市（Hartford）決定把整個學校的管理都交給另類教育公司時，它再一次中了頭彩。1995 年的營收三級跳變成 2.14億美元，這是因為另類教育公司把哈特福學校的所有預算，全數算做自家的營收。因此短短 3 年，這家公司就從 1992 年差不多 300 萬美

元的營收迅速成長到超過 2 億美元。（恩隆的高階主管一定研究過這椿營收飛快成長的案例，並且青出於藍，表現遠勝過他們！）

且讓我們把哈特福市及巴爾的摩的契約放一邊，來擴大檢視另類教育公司的業務模式，以及這家公司認列營收方法的正當性。想像一下，如果這家公司取得了管理紐約市學校的預算，那會怎樣？以這種非傳統的營收模式，再加上合理預估紐約市公立學校約有 100 萬名學童、每人的預算為 6,000 美元，另類教育公司的年營收就可以跳增至 60 億美元，比安達信的總年營收還高（安達信當時是全球前 8 大會計師事務所中，規模最大的一家）。

因此，你認為投資人會相信 3 個結論當中的哪一個？（1）公司認列營收時誤植數字，多加了一個 0（2）這家公司是好到讓人不敢相信的投資標的（3）這個公司就是一個大騙局。如果你選（2），那你就要更認真讀這一本書，把你正在喝的啤酒放一邊。我們誠心希望你沒有在這一題上面翻船。不過，幸運的是，在第 15 章結尾會有一個期末考，你可以再度展現你在偵測財務騙術方面的精通程度。

> **心法：** 如果你發現，有徵兆顯示企業使用可疑的會計方法，請拿性質相同、但規模更大的公司來比較績效及會計操作，以做驗證。以另類教育公司為例，就可以拿這家公司和同業裡最大的企業來比較：各類顧問公司。在 1990 年代初期，主導這個產業的是 8 大會計及管理顧問公司。

除了利用不正當的會計方法來浮報營收，企業還會根據其業務模式或管理階層所做的假設，以正當的方法來高報營收。這一點就是本

章最後一節的重點。

電子灣因加總營收致使公司規模看起來更大

有些公司的性質和那些生產或購買存貨之後，再銷售給客戶〔在銷售交易中稱為（當事人）〕的企業不同，他們只是牽線人〔在銷售交易中稱為（代理人）〕。這類企業協助買賣雙方達成交易；比方說，房地產仲介業者、拍賣公司以及旅行社等，都屬於代理人。這類公司不生產商品，而是替買賣雙方之間架起溝通管道。

會計小百科：　當事人與代理人的營收認列問題

當事人以交易的總額（gross）來認列營收（即產品成本再加上加價部分）；反之，代理人則以淨額（net）來認列營收（也就是代理人收取的費用，是產品成本與客戶支付價格之間的差價）。

就一樁最終客戶相同的交易來說，當事人認列的營收會高於代理人，而且這樣做是對的，因為當事人實際上持有貨品，且必須承擔損失風險。當一家公司不承擔存貨風險（也就是代理人）、卻以當事人的立場認列營收，而且用比總額更高的數字認列，這當中就出現有創意、會誤導的會計操作。

讓我們來看看線上拍賣公司電子灣（eBay），進一步了解當事人和代理人的差別為何。基本上，電子灣的業務是創造一個媒合平台，讓買家和賣家能找到彼此，而電子灣則可因為提供平台而賺取服務費。比方說，如果你在電子灣上用 20,000 元把舊車拍賣出去，電子灣會收取售價的部分金額（例如 500 元）當作服務費。身為代理人，

電子灣本來就應該使用淨額法，認列 500 元服務費為其營收。的確，電子灣應無權認列總交易額（20,000 元），因為有車可賣掉的並非電子灣。如表 4-1 所示，如果電子灣不當地以總額法認列營收，就會大幅高估營業額（但利潤不變），因此電子灣可以藉此愚弄投資人，讓大家相信這家公司的規模比其實際情況要大得多。

表 4-1　總額法與淨額法認列營收差異說明

	總額法	淨額法
營業額	20,000	500
營業成本	195,00	0
毛利	500	500

網路旅行社價格線（Priceline.com）和電子灣不同，前者就以總額來認列某些交易營收。比方說，你在一次「你出價」（name your price）的交易中，以 200 美元訂了一間旅館房間，價格線就認列全部的 200 美元為營收。這種政策顯然是昧於價格線業務的經濟面；這家網路旅行社所做的不過是媒合服務，對於售出的旅館房間及機票要承受的經濟損失風險非常有限。

同樣的，恩隆 1990 年代末期旋風式的營收成長，也是因為公司運用激進的會計操作原則加總交易業務的營收，因而如虎添翼。一般來說，華爾街的交易商做的都是仲介交易，比方像高盛（Goldman Sachs）及花旗集團，這些公司知道，他們的角色僅是交易的中間人或代理人，因此他們會認列相關的仲介費或佣金作為營收，而不是認列交易的總額（也就是證券價格再加上服務費）當作營收。

但是，恩隆卻以更激進的作法來記錄這些交易。恩隆認列的營收不只是仲介費，還厚顏無恥地認列交易的證券資產整體價值。利用這招，再加上使用按市值計價的會計原則（如前一章的討論），恩隆才能迅速擠入「千億俱樂部」。如果所有的金融機構都用「恩隆的方式」來認列交易業務的營收，那麼許多銀行的營業額應該可上看兆元了。

●●● 回顧

警示信號：　認列造假的營收

- 針對缺乏經濟實質的交易認列營收。
- 針對缺乏合理距離的關係人交易認列營收。
- 風險未從賣方移轉到買方。
- 交易中牽涉到銷售給關係人、關係企業以及合資企業夥伴。
- 對象為非傳統買方的迴力標式（雙向）交易。
- 把從非創造營利活動收取的現金認列營收。
- 把從貸款人、業務合夥人或供應商手中收到的現金認列為營收。
- 使用不當或不尋常的認列營收作法。
- 不當地使用總額法、而非淨額法認列營收。
- 應收帳款（尤其是長期及未開立帳單）成長速度快過營收。
- 營收成長的速度比應收帳款更快。
- 負債準備帳戶不尋常地增加或減少。

●●● 展望

第 3 章及第 4 章討論浮報營收的技巧，這些花招包括過早認列營收，或是認列全部或部分假營收。第 5 章要看的仍是浮報利潤的技巧，但會進一步深入剖析損益表。雖然一次性的利得不列入營收，但這些款項可能會扭曲企業的營運利潤或淨利。

第 **5** 章

操弄盈餘騙術第 3 條：
利用一次性或不長久的活動來提高利潤

　　當魔術師想要憑空變出兔子時，他可能會揮動魔杖或念個神祕魔咒。企業的高階主管也不遑多讓，一講到提報盈餘，他們自有妙法可以憑空變出東西來。但是這些高階主管不用特別的道具，而且也不用什麼阿巴拉卡達巴拉魔咒；他們需要的，只是一點小小的簡單技巧。

　　一次性的利得和諺語裡那隻帽裡的兔子（英文諺語 pull a rabbit of out the hat，意指做出驚人之舉）有異曲同工之妙，都是憑空就出現了。搖搖欲墜的企業很容易受到誘惑去使用某些技巧，藉由一次性或不長久的活動來拉抬利潤。本章就要探究這些方法，這些詭計若無人識破，將會混淆投資人視聽。本章要檢視 2 種管理階層常用的花招，以及他們如何快速地替利潤「打一針」。

••• 利用一次性或不長久的活動拉抬利潤的技巧

1. 利用一次性的事件拉抬利潤。
2. 利用誤導性的分類拉抬利潤。

1. 利用一次性的事件拉抬利潤

在 1990 年代末期，「網路」（dot-com）新創公司牽動著投資人的注意力，老式的科技公司只能眼巴巴地渴望有一天能重新奪回光環。只是在公司名稱後面加上一個「.com」這個簡單的動作，就讓投資人願意掏出更多錢來購買公司股票。這些企業的實質經濟表現及基本體質到底如何，投資人一點也不感興趣；這些人已經鬼迷心竅，追逐新經濟的瘋狂成長，或者覬覦這些企業可能會以超高的溢價獲得大公司收購。這類公司有些欣欣向榮，像雅虎！（Yahoo!），有些併入大公司旗下，如美國線上（AOL）併入時代華納（Time Warner），有些則破產倒閉；如電子玩具（eToys）1999 年的市值為 110 億美元，2001年破產。投資人把焦點放在這些明日之星身上，一些績優科技股像 IBM、英特爾（Intel）以及微軟，變成眾人眼中的老古板。

IBM 在 1999 年時確實踢到鐵板，因為公司的成本成長速度快過營收。如表 5-1 所示，財貨及勞務成本在 1999 年時成長 9.5%，同時間營收成長 7.2%，毛利率因此下降。然而，不知怎麼地，IBM 的營業利潤及稅前淨利卻大幅跳脫格局，成長幅度高達 30%。

營收和營業利潤（operating income）之間的大幅差異，應能為勤於做功課的投資人提供線索，驅策他們繼續往下查。既然你現在正在閱讀本書，你也算是一位勤做功課的投資人，就讓我們來看看

表 5-1　IBM 的 1999 年損益表

（百萬美元）	1999 年提報資料	1998 年提報資料	變動比率（％）
營收	87,548	81,667	**7.2%**
減：財貨及勞務成本	55,619	50,795	9.5%
毛利	31,929	30,872	3.4%
減：管銷費用	14,729	16,662	**（11.6％）**
減：研發	5,273	5,046	4.5%
營業利潤	11,927	9,164	**30.2%**
減：非營業費用	170	124	
稅前淨利	11,757	9,040	**30.0%**
減：所得稅	4,045	2,712	
淨利	7,712	6,328	**21.9%**

IBM 在 10-K 年報中提報的損益表（如表 5-1）。有一個重點會立刻跳出來，那就是管銷費用減少 11.6%，與財貨及勞務成本增加 9.5% 的情況相反。其次，營業利潤及稅前淨利均成長 30%，以營收成長僅有 7.2% 來看，讓人非常意外；除非是，公司藏起一筆大額的一次性利得不讓人看見，或者公司選用了其他騙術以拉抬利潤或隱藏費用。

實際上也正是如此。1999 年 10-K 年報中的附註，揭露了 IBM 記錄了一筆 40.57 億美元的收益，這是來自於公司將全球網路業務出售給美國電報電話公司，而且，IBM 很古怪地將這筆利得納入管銷費用的減項之下。如此一來，IBM 即能神奇地隱藏營運情況惡化的事實，不讓投資人知曉。

表 5-2 已經刪除這筆一次性利得，與 IBM 提報的數字相比，結果非常嚇人。藉由刪去這一筆不當放入管銷費用減項的鉅額利得，並據此調整 IBM 提報的數字，就導致費用從 147.29 億美元跳升至

表 5-2　IBM 的 1999 年損益表（刪除一次性利得後的調整報表）

（百萬美元）	1999 年提報資料	1998 年提報資料	變動比率（%）
營收	87,548	81,667	**7.2%**
減：財貨及勞務成本	55,619	50,795	9.5%
毛利	31,929	30,872	3.4%
減：管銷費用	18,768	16,662	（12.7%）
減：研發	5,273	5,046	4.5%
營業利潤	7,870	9,164	（14.1%）
減：非營業費用	170	124	
稅前淨利	7,700	9,040	（14.8%）
減：所得稅	2,649	2,712	
淨利	5,051	6,328	（20.2%）

187.86 億美元。回過頭來，營業利潤也會減少同樣的金額，從 119.27 億美元變成 78.70 億美元。這樣做的結果是，營業利潤及稅前淨利兩項都要砍掉 40.57 億美元。

以提報數字來和刪除利得後的數字相比，明顯可以看出當中的大幅落差。管銷費用實際上增加了 12.7%（而不是原提報的減少 11.6%），營業利潤及稅前淨利實際上也分別下跌 14.1% 和 14.8%（而非提報的成長 30.2% 及 30.0%）。

將出售資產當成重複性的營收來源

有些公司會把工廠或事業單位賣給其他公司，而且同一時間即和對方簽訂契約，向被出售的事業單位買回產品。科技業常見這類交易，通常是公司用來快速「外包」內部業務的手法。例如，決定不自行生產電池的手機製造廠，會把電池製造部門賣給其他公司，但在此同時，因為手機還是需要電池，因此兩家公司可能會再簽下另一份合

約，約定手機製造廠向被出售的單位購買電池。

不須感到意外的是，這類混合了一次性事件（出售事業單位）以及重複性營業活動（出售產品給客戶）的交易，常是管理階層用來使用財務騙術的好機會。比方說，如果買下電池製造部門的公司同意，未來手機製造商購買電池時能享有優惠條件，手機製造商可能會在出售電池製造部門時少收點錢。另一類混合式的交易是，如果買方也同意以高價向賣方購買其他產品，那賣方就願意以低價出售事業單位。

來看看 2006 年 11 月時，半導體巨人英特爾和晶片製造同業邁威爾科技（Marvell Technology Group）之間的一樁結構型交易。英特爾同意出售通訊及應用事業當中的某些資產給邁威爾；同時間，邁威爾同意在接下來 2 年向英特爾購買一定數量的晶圓。若仔細閱讀邁威爾對這樁交易的說明，就會透露出古怪的一面：邁威爾同意加價向英特爾購買這些晶圓（有趣的是，英特爾沒有揭露這件事，或許是認為這筆交易金額微不足道）。為什麼邁威爾會同意付高價買這些存貨？

除非能獲得等值回報，否則邁威爾一定不會同意付高價向英特爾採購。請記得，邁威爾和英特爾在同一時間，協商了出售資產和供應契約兩件事。為了解這項安排的真正經濟意義，我們必須一併分析交易的兩方。

從經濟上來看，邁威爾在收購以及同意加價購買產品上付了不少錢，因此當然希望能從中獲得回饋。順著這個道理，如果邁威爾為了產品付出過高的價格，代表它在收購時一定少付了錢。換言之，英特爾很可能在出售資產時先收取較少的現金，以換取日後能以銷售產品的形式獲得現金流入。這一招對英特爾確實奏效，因為重複性的營收

> **心法：** 一定要同時檢視交易雙方在出售業務時的揭露說明，才能掌握交易的真正經濟意義。

來源更能吸引投資人的目光，勝過出售資產能收取的現金。且讓我們利用數字，確實了解這招騙術如何運作。

英特爾─邁威爾交易的花招

　　首先，假設出售資產的價值為 100 萬美元，而邁威爾要付錢給英特爾的交易結構如下：先支付一筆 80 萬美元的現金，剩下的 20 萬美元則在日後以採購產品的加價流入。同時，假設英特爾出售的資產帳面價值為 70 萬美元，那麼本次出售資產的利得就是 30 萬美元（售價減去帳面價值）。根據交易蘊含的經濟意義，英特爾應該用以下的作法來認列本次所出售的資產：

現金	800,000	
應收帳款（邁威爾）	200,000	
出售資產		700,000
利得		300,000

請注意，雖然邁威爾尚有 20 萬美元的未付款，但一次性的總利得已經包含在帳目裡了。現在，讓我們假設在一開始訂約時，邁威爾同意以高價向英特爾購買價值 35 萬美元的產品，以彌補英特爾用「折扣」價格出售資產。英特爾銷售產品的會計帳分錄應為：

現金	350,000	
應收帳款（邁威爾）		200,000
營收		150,000

　　英特爾收到的 35 萬美元，反映的是麥威爾有應收帳款 20 萬美元，以及售價同一般產品的 15 萬美元營收。如果英特爾用這種方式認列交易，投資人可能就會更清楚這樁雙面交易的經濟意義：在首期，英特爾得以認列出售資產的利得 30 萬美元；之後則可以從出售產品給邁威爾當中，創造出 15 萬美元的營收。

　　藉由把出售資產和未來銷售產品綁在一起，低報一次性的利得、並高報產品營收，英特爾創造出來的績效讓人無法捕捉其交易的基本經濟意義。雖然英特爾的公開揭露事項並未詳細描述這樁交易的相關會計帳目，但英特爾一開始做的帳很可能是：

現金	800,000	
出售資產（帳面價值）		700,000
營收		100,000

　　而在後續收到加價的產品營收 35 萬美元時（當中包括返還 20 萬美元的出售資產價金），英特爾的入帳方式可能是：

現金	350,000	
營收		350,000

在這個假設的範例中，英特爾很可能認列了 35 萬美元的營收，以及 10 萬美元的一次性利得，而不是營收 15 萬美元再加上一次性利得 30 萬美元。英特爾巧妙地運用法律允許的交易條件，低報一次性利得、但高報比較受歡迎的營收。雖然有人主張，這個手法在技術上確實遵循了一般公認會計原則，但我們認定這種操作並未捕捉到交易的基本經濟意義。無須多言，邁威爾的財務報表也因為少付收購費用、多付產品採購費用而獲益。（第 7 章時，我們會再回來看邁威爾的例子，說明這樣的安排如何為公司提供大好機會，讓它可以處理每一季的盈餘並使用裁量權。）

英特爾—邁威爾的陰謀當然不是美國特例；在太平洋的彼端，日本科技集團軟體銀行（Softbank），也因為用非比尋常的方式認列出售資產的利得，而得以提報出色的業績。特別是，軟體銀行並未在出售資產的期間認列全部利得，而是遞延一部分的利得，用來美化未來的營收和利潤。

2005 年 12 月，軟體銀行出售數據機租賃業務，同時簽訂為買方提供服務的合約。軟體銀行總共收到 850 億日圓，並拆成出售資產所得及服務契約價款；450 億日圓歸於出售資產，其他的 400 億則為未來的服務費用。就像英特爾一樣，將出售資產和銷售產品兩件事綁在一起，軟體銀行得以提報較低的一次性利得、較高的產品營收。投資人會因此受騙，相信軟體銀行的營業額成長速度快過實際營運。

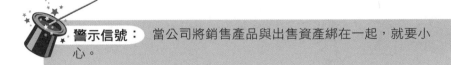

在下一節，我們要剖析管理階層用來挪動利潤或損失的技巧，以遮掩企業營業利潤惡化的真相。

2. 利用誤導性的分類拉抬利潤

在評估企業的表現時，分析實際經營業務創造出來的營收（營業利潤），當然是非常重要的事，但是利息、出售資產、投資以及其他和經營業務無關的利得或損失（業外利潤），也是重要的分析對象。然而，這些損益不可以企業績效觀之。有些企業會不當分類利潤或損失，故意混淆投資人視聽，好讓營業利潤的數字看起來更漂亮。

這一節有 3 大類可浮報營業的項目，會計上的慣用說法是，經常項目（above-the-line）利潤的財務報表不當分類，包括：（1）把「壞

會計小百科： 經常項目與非經常項目

損益表分為兩大部分：營業（通常稱為經常項目）以及非營業或非重複性（通常稱非經常項目）。在評估企業體質是否健全時，投資人通常會比較關注營業利潤，因此自然而然，企業比較願意展現亮眼的重複性營業利潤。要這樣做，企業可能會不當地將非營業利潤或利得挪到營業項下，或者將營業費用或損失挪到非營業項下。這類同期間的利潤乾坤大挪移，有利於經常項目的表現，但不影響「結算底線」（bottom line，在損益表上，最後一欄為損益情況，因此「底線」意指損益）的淨利，卻會描繪出不當的企業概況誤導投資人。

* 經常項目：指核心業務創造的利潤（營收減去營業費用）。
* 非經常項目：非核心或非重複性的利得或損失。

東西」（也就是一般的營業費用）挪到非營業部分（2）把「好東西」（指非營業或是非重複性利潤）挪入營業部分（3）以讓人質疑的管理決策決定資產負債表分類，幫忙移除壞東西或搬進好東西。

把營業費用挪到非經常項目下

把一般營業費用挪到非經常項目之下最常見的手法，通常涉及營業項下的一次性減記成本。比方說，企業會拿掉減記存貨或工廠與設備的一次性費用，有效地將相關費用（出售貨物的成本或折舊）挪出營業項目、放入非營業項目，這樣一來，也就推高了營業利潤。

當心經常認列「重整費用」的企業。搖搖欲墜的公司常會端出重整計畫，而重整時就會發生非重複性的成本。如果公司決定要關掉一地的辦事處，可能就必須支付遣散費或是提前終止辦公室租約的費用。企業通常會把和重整計畫相關的費用分出來，以非經常項目提報。如果作法適當，這樣的處理方式對投資人而言是有利的，因為如此可以提供更清楚的觀點，讓大家看透這家公司重複性營運的績效。一般來說，利用管理階層揭露的重整費用訊息，投資人就能做好更充分的準備，評估企業裡更重要的重複性營業活動。

但是有些企業卻濫用這種表述方式，每一季都認列「重整費用」。投資人應帶著懷疑的眼光來看待這類費用，因為這表示企業可能把一般的營業費用也混在裡面，嘗試讓經常性費用變成一次性費用。根據風險指標集團的研究，電信網路設備供應商阿爾卡特〔Alcatel，目前已經更名為阿爾卡特—朗訊（Alcatel-Lucent）〕自 1990年代初以來，幾乎每一季都認列非經常性的重整費用。以年度來看，

這類費用數額達幾億美元，偶爾甚至上看幾十億。

　　如果你碰到一家損益表上經常列出「一次性」或「重整費用」的企業，要更深入查探這類費用，了解公司到底想在營業利潤當中隱藏些什麼。像阿爾卡特這樣每季認列重整費用的企業，要了解其經濟實質面有一個很快的方法，就是把營業利潤減去這些費用。

當心企業把損失挪到終止業務項下。有個簡單的招數，可以神奇地改善企業營業利潤，就是宣布出售虧損的部門。假設一家掙扎求生的企業有 3 個部門，各自的營業績效如下：A 部門的獲利是 10 萬美元，B 部門的獲利是 25 萬美元，C 部門為虧損 40 萬美元；企業提報的淨損是 5 萬美元。但如果公司決定在期初就把 C 部門列入待售，並以「終止業務」（discontinued operations）入帳，則所有 40 萬美元的損失都會移到非經常項目之下。就像變魔術一樣，雖然這家公司仍舊經營 3 個部門，合併損失為 5 萬美元，但可以分成提報重要的營業利潤 35 萬美元，以及「不重要的」非經常損失 40 萬美元。我們看不出來，這和不誠實的高爾夫球員只計算他打得漂亮的那幾桿，而不計算落入水池或根本打出場外的那幾桿，兩者之間有何差異。若用這種方式來算，所有高爾夫球員都將會低於標準桿。

將非營業及非重複利潤移到經常項目下

　　就像我們之前指明的，將一般營業費用混入重整費用是相對容易耍弄的騙術。管理階層只需要說服容易屈服的審計人，告訴他們這次的減記行動將可創造更保守穩健的盈餘。相反的，將非營業利潤挪至經常項目之下就複雜了點，有時也比較難瞞住謹慎的投資人。但企業

並不會因為這樣就不去嘗試。就像我們之前對 IBM 的剖析，IBM 利用出售部分業務的一次性利得來虛報營業利潤，以誤導投資人，讓他們錯看公司真正的經濟體質。

當心企業將投資利潤納為營收。當企業將非營業利得或投資利潤納為營收時，投資人就要特別當心了。波士頓烤雞公司（Boston Chicken）是連鎖餐廳波士頓市場（Boston Market）的加盟主，這家公司就把利息以及向加盟者收取的各種費用納入營收，以掩蓋企業營運不斷惡化的事實。對於銀行以及其他金融機構而言，把利息當成營收顯然非常恰當，但對於一家餐廳來說，聽起來就有點不尋常了。

波士頓烤雞公司將投資收益納為營收，巧妙地隱藏了公司慘不忍睹的財務狀況。結果是，很多投資人都沒注意到波士頓烤雞公司的核心業務一直處於虧損狀態。的確，公司所有的利潤都出自非核心活動，比方說貸款利息或向加盟者收取的不同名目費用。1996 年的年報中出現重大警訊（但顯然被忽略了），那就是加盟者擁有的餐廳只能用損失慘重來形容。這個項目的損失在 1996 年時成長到 1.565 億美元，而前一年則為 1.483 億美元。

在加盟業者賠大錢的情況下，投資人就應該要懷疑，身為加盟主兼擁有直營店的波士頓烤雞公司，為何能提報如此搶眼的利潤？只要深入探索，就能解開這個問題。公司的主要銷售額和營業利潤並非來自消費者，而是加盟業者本身。波士頓烤雞最早從資本市場裡增資（透過發行股票和債券），然後把這些錢借給加盟業者。當這種附屬的收益和利潤占公司營業利潤的大部分時，就是不祥的預兆；這類利潤

已經和餐廳營收混在一起,要識破很難,但對於謹慎的投資人而言也並非不可能的任務。

波士頓烤雞公司的警訊和教訓

波士頓烤雞公司利用把非核心利潤納入營收,聰明地隱瞞了公司營運惡化的徵兆。波士頓烤雞公司 1996 年的稅前利潤加倍成長,達 1.099 億美元,但根據財務研究與分析中心計算,其核心業務實際上損失 1,470 萬美元。(我們定義的核心營業利潤,是包含該公司的直營店、加盟權利金、初始加盟金以及區域開發加盟費用的營收,但不包括如利息、房地產以及軟體等活動的利潤。作為減項的費用則包括產品成本、薪資福利費用以及管銷費用。)

要對和子公司有關的浮報營業利潤存疑。利用合併財報會計原則中的奇特規定,也能創造出不實的漂亮營收和營業利潤。假設一家公司決定籌組幾家合資企業,並在每一家公司都握有 60% 的股權,會計帳會怎麼樣?會計規則要求,這些單位報表都必須合併,由「母公司」自己來提報所有子公司的營收和營業費用,作為營業利潤項目(也就是經常項目);而由他人擁有的 40%,會稍後從損益表中扣減(放在非經常項目下)。利用這個虛構的範例,再假設其中一家子公司的情形是:(1)總營收為 100 萬美元(2)總費用 40 萬美元。在會計原則下,擁有子公司 60% 股權的母公司,仍須提報全部的營收和營業費用,亦即母公司有 60 萬美元的營業利潤。此外,由於母公司實際上擁有的股權非 100%,而是僅有 6 成,其中 40% 的差額,也就是 24 萬美元,必須從非經常項目中扣除。因此投資人會看到的是,子公司

的營業利潤為 60 萬美元,而非符合實際經濟意義的 36 萬美元。這也是為什麼會有那麼多人都以 51% 的比例持有子公司的原因了。說真的,在經常項目中納入 100% 的營收、然後在非經常項目中減掉他人擁有的 49%,看起來真是惹人垂涎的獎賞。

醫療保健資訊公司美達菲斯(Medaphis),即不當地將投資合資企業分得的 1,250 萬美元利潤納入營收。在認列投資損益的權益法會計原則(equity method of accounting)中,如果投資人擁有「重要影響力」(通常至少需持有 20% 的股權),其按比例分得的利潤應納為非營業投資利潤,而非營收。雖然美達菲斯已經跨過 20% 的門檻,但是這家公司仍犯了錯,把利得當成營收。因為不當錯誤,導致營收高報 10%,更嚴重的是,營業利潤膨脹 108%。

以裁量權決定資產負債表上的分類

這一節的結尾要說明的是,企業如何在資產負債表表示移除損失或加入利潤,藉此編製出讓人誤會的利潤數字。

就像我們在美達菲斯的範例中說過的,未納入合併報表的合資企業,會需要管理階層去決定該公司是否具有重要影響力,因此常用 20% 的持股作為一般性的指引。如果管理階層相信該公司握有這樣的影響力,那公司按比例從合資企業分得的利潤或損失,都要納入損益表(這是權益法會計原則的規定)。反之,如果該公司沒有這樣的影響力,和合資企業相關的資產負債表帳目就只要按照公平價值(fair value)調整就好。因此,管理階層有很多施展詐術的機會。在合資企業創造豐厚利潤的期間,只要宣稱他們握有此等影響力,就可以把

利潤納入損益表中;而在合資企業營運不佳時,主張公司沒有影響力,就可以把損失丟進資產負債表。

甲骨文企業為了關係企業更改會計操作。來看一樁軟體業巨人甲骨文(Oracle)和關係企業之間的古怪交易。利波威(Liberate)原本是甲骨文旗下的一個事業單位,一直到 1990 年代末,這個單位才首次公開發行股票並分割出去。甲骨文處分了好幾次利波威的股票之後,在這家公司還是擁有 32% 的股權。由於甲骨文認為,自己仍保有施展重大影響的能力,因此利用權益法會計原則來認列對利波威的投資,按比例提報利波威的盈餘。當時,利波威的獲利能力不太好。

在 2001 年 1 月份某個陽光普照的日子裡,甲骨文做了一個奇怪的決策,改變利波威的所有權結構。甲骨文成立一個信託帳戶,把所有的利波威股權都放在這個信託帳戶裡面。根據信託合約,受託人有權和其他股東針對股東議題投票。雖然甲骨文的投票權改變,卻未影響其在利波威的股權金額,或是出售股份、收取收益等權利。換言之,甲骨文對這家公司的經濟利益仍毫無改變。

雖然投資的經濟面沒有改變,但是甲骨文入帳的方式可不同了。甲骨文決定不再採用權益法會計原則認列利益,因為公司對利波威已經失去投票影響力了。因此雖然所有權仍為 32%,但甲骨文卻開始用缺乏施展重大影響力的立場,來認列這筆投資。甲骨文改用的是成本法(cost method),這是用來認列在備供出售(available for sale)的投資,表示甲骨文再也不會在損益表上提報按比例分得的利波威盈餘(或損失);利波威的定期績效將完全不再影響甲骨文的盈餘。

就公司的小型投資而言（通常持股比例低於 20%），投資人會以公平價值在資產負債表上表現這項投資。如果這項投資被認定為交易證券，公平價值的變化則會反映在損益表上。如果投資被認定為備供出售，公平價值的變化就會以權益的抵銷項目表現，不會影響盈餘（除非有長期減值）。

就公司的中型投資而言（通常持股規模為 20% 到 50%），投資人會在損益表上單獨提報按比例分得的投資損益，這就稱為權益法。就公司的大型投資而言（通常持股比例超過 50%），投資人要合併投資對象的財務報表，納入自家的報表當中，這就稱為合併法（consolidation）。

發生變動的時機再巧也不過了。就在甲骨文決定停止適用權益法時，利波威的營收直線下滑。在那一個會計年度，利波威提報了 3.064 億美元的淨損，比起前一年的 8,060 萬美元淨損，算是重摔一跤。隔年，損失擴大到 3.25 億美元；2004 年，利波威就破產了。

鄭重聲明，當利波威在 2002 年到 2003 年間以自由落體的姿態下滑時，甲骨文確實認列了大筆的投資減值費用（impairment charge）。但是，如果甲骨文沒有變更認列的會計原則，這些盈餘的費用項目本該更早出現，而且投資人應會看到甲骨文的盈餘一再地遭到拖累。

恩隆將合資企業的損失挪到損益表上。我們在恩隆任職的老朋友可能比誰都清楚，如何利用未合併報表的合資企業來消除負債和損失。在 1990 年代中期，恩隆開始創立新的事業，這些決定都需要投入大量資本，企業早年很可能就因此負債累累。管理階層一定想過，在資產

負債表中納入負債以及在損益表中納入鉅額損失可能造成的傷害。恩隆知道如果報表上的應付貸款太大，放款人及信用評等機構一定會嚇壞了；而且，如果公司用股票來為這些專案取得融資，投資人一定也會因為鉅額損失或盈餘被稀釋而不太開心。既然傳統的融資方式困難重重，恩隆只好發展出一套獨特、而且絕對不正當的策略。公司根據會計原則建立了幾千種合夥關係，希望藉由不要併入報表，讓所有的新負債不會出現在資產負債表上。而恩隆也相信，這種複雜的結構有助公司隱藏新創事業的預期損失（或藏起利得）。

有趣的是，恩隆提供給某些合資企業的資本，不過是恩隆自家的股票而已。在某些情況下，部分合夥關係甚至在投資持股當中，持有恩隆的股票。隨著恩隆的股價三級跳，這些合資企業的資產同樣也水漲船高，恩隆在這些合夥關係中的股權價值亦然。這套把戲讓恩隆得以認列將近 8,500 萬美元的營收，而成就這一切的理由，不過是恩隆自家的股票在股市熱絡時漲翻天而已。

恩隆快速翻漲的股價變成「良藥」，帶動公司在合夥關係裡的股權價值及利潤；單單一季，恩隆就從合資企業當中創造出驚人的 1.26 億美元利得。令人好奇的是，當股價迅速下滑時，恩隆一定得了嚴重的失憶症，忘記應該要向股東提報因此而產生的 9,000 萬美元損失。恩隆反而是便宜行事，宣布這些結果屬於「未合併」項目，因此不用納入損益表。根據恩隆的規則，針對同一項投資工具，有利得時要合併，有損失時則要藏起來。換言之，錢幣正面我贏，反面也是我贏！但我們都知道，這個悲慘故事的最後結局。

••• 回顧

警示信號： **利用一次性或不長久的活動來提高利潤**

- 利用一次性的事件拉抬利潤。
- 把出售資產利得轉成重複性的利潤來源。
- 將銷售產品和出售資產綁在一起。
- 將一般營業費用挪到非經常項目。
- 經常認列重整費用。
- 將損失挪到終止業務項下。
- 將子公司的投資收益納為營收。
- 營業利潤成長速度快過銷售。
- 在不正當的情況下，以可疑的方式利用合資企業作帳。
- 不當分類來自合資企業的利潤。
- 使用裁量權決定資產負債表的分類，以拉抬營業利潤。

••• 展望

現在喘口氣，因為我們已經來到本書的重要部分了。第 3 章到第 5 章的重點在於，以過早認列營收或認列其他營收來虛報當期利潤，比方說認列一次性事件的利得，或是利用裁量權決定認列原則。

接下來，我們會補足浮報利潤的相關討論，但重點放在提報過低的費用。第 6 章會說明如何隱藏資產負債表上的費用，並挪到後期。第 7 章則敘述出現在投資人眼前的花招，在某些情況下如何永遠消失。

第**6**章

操弄盈餘騙術第 4 條：
把目前發生的費用挪到後期

　　1970 年代有部老片《都市牛郎》（Urban Cowboy），帶動德州二
步舞（Texas two-step）這種活潑的西部鄉村舞蹈風靡一時。這種舞步
本來是很簡單的農村舞，但現在的德州二步舞已經不斷演變，還帶有
從狐步舞和搖擺舞中借來的動作。舞者圍繞著舞池迴旋，不斷交換舞
伴，跳舞的人以及觀眾都能從中獲得莫大樂趣。

　　企業界在認列成本和費用時，也像在跳二步舞。第一步是在費用
發生當時：成本已經付出去，但是相關的益處還沒有收進來。對公司
而言，在這第一步，費用代表的是未來利益，因此在資產負債表上認
列為資產。第二步則發生在收取利益時；此時，成本應從資產負債表
上挪到損益表裡，以費用認列。這種會計二步舞的舞蹈節奏各有不
同，取決於和成本相關的是短期或長期利益。和長期利益有關的成本
有時候得跳慢舞，此時這項成本要留在資產負債表上，慢慢認列為費
用（比方說，使用年限為 20 年的設備）。如果付出的成本要提供的是
短期利益，則要用較快的節奏來跳，因此兩個步驟基本上是同時進

行，亦即這類成本不會出現在資產負債表上，而是以費用認列（比方說，多數的營業費用，如薪水以及水電成本）。

企業可以運用影響力，決定要用哪種節奏來跳成本二步舞，而這樣的裁量權會對盈餘造成重大影響。勤奮的投資人應評估，管理階層是否不當地將成本凍結在第一步、一直放在資產負債表上，而沒有移到第二步、在損益表上認列成本。本章要說明的是，管理階層用來濫用二步流程的 4 大技巧，以不當地將成本留在資產負債表上，不因為這筆費用而降低盈餘。

●●● 把目前發生的費用挪到後期

1. 不當地將一般營業費用資本化。
2. 太慢攤銷成本。
3. 未以減損後的價值減記資產。
4. 未認列壞帳及貶值投資的費用。

1. 不當地將一般營業費用資本化

這裡要討論的是一種濫用二步驟流程的常見作法：必須跳二步時，管理階層只踩了一步。換言之，管理階層不當地把成本放在資產負債表上，以資產認列（或者，專業的說法是將成本「資本化」），而沒有即時轉為費用。

在 1990 年代的網路熱潮高峰，電信服務業巨人世界通訊和其他電信營運商簽訂了許多長期合約，以使用他們的線路。這些成本代表，世界通訊為了使用其他公司的電信網路而付出的費用。一開始，世界通訊適當地在損益表上將這些成本認列為費用。

隨著科技業在 2000 年崩盤，世界通訊的營收成長也慢了下來，投資人則開始關注公司裡龐大的營業費用。當時，線路成本是世界通訊最大的一筆營業費用。公司開始擔心，若是無法達成華爾街分析師的期望，肯定會嚇跑投資人。

因此，世界通訊決定使用簡單的小花招來維持盈餘。2000 年中，公司突然大幅更動其會計操作原則，藉此隱藏起一些線路成本。它不再將所有成本認列為費用，反而是把大部分的成本資本化，以資產的

名目放在資產負債表上。世界通訊用這種方式處理的金額達數十億美元，讓他們得以從 2000 年中到 2002 年初，低報費用、高報利潤。

顯而易見，當世界通訊開始把數十億的線路成本資本化時，損益表上提報的費用就低得多。就像我們在第 1 章點出的，仔細閱讀現金流量表，就可以發現公司的自由現金流（也就是營業現金流減去資本支出）惡化。表 6-1 顯示，自由現金流如何自 1999 年的 23 億美元（在線路成本資本化前一年），變成負 38 億美元（惡化幅度驚人，高達 61 億美元）。投資人應把這種變化視為麻煩的徵兆。

特別是，世界通訊的資本支出大幅增加，更應啟人疑竇。世界通訊年初的公司財測，原本顯示資本支出會相對平穩，結果證明是謊言一則，同時間企業的科技資本支出卻普遍大幅降低。確實，世界通訊提報的資本支出增加根本就是虛構的；實際上，這種情形主要是因為世界通訊更改會計操作原則，將一般營業成本（也就是線路成本）挪到資產負債表上，藉此浮報利潤。投資人看到資本支出跳漲 32%（從 87.16 億美元增為 114.84 億美元），應要質疑在科技業衰退、企業營業現金流大減 30% 時，這樣的支出怎麼會有道理。找出這筆大幅增加的支出，是發掘這椿會計醜聞最重要的第一步。

表 6-1　世界通訊自由現金流

（百萬美元）	2000 年	1999 年
營業現金流	7,666	11,005
減：資本費用	11,484	8,716
自由現金流	（3,818）	2,289

當心行銷及招商成本不當資本化。行銷及招商成本是另一種創造短期益處的一般營業費用範例。多數企業會花錢為自家產品或服務做廣告，會計原則一般要求把這類費用當成重複性的短期營業成本，但是部分企業卻激進地將這些成本資本化，並以多個期間來分攤。來看看網路界的先驅美國線上，如何在 1900 年代中期的重要成長期處理招商成本的會計帳。

1994 年之前，美國線上將招商成本認列為費用，帳目為「爭取用戶之遞延成本」（deferred subscriber acquisition cost）。但是就在 1994 年，美國線上開始把這些成本認列在資產負債表上的資產項下。如表 6-2 所示，美國線上一開始轉化成資本的金額為 2,600 萬美元（等於營收的 22%、總資產的 17%），之後再把這些成本分成 12 個月攤銷。

之後 2 年，「爭取用戶之遞延成本」餘額暴增。1996 年 6 月，資產負債表上的「爭取用戶之遞延成本」像吹氣球一樣，膨脹到 3.14 億美元，等於總資產的 33% 或股東權益的 61%。如果在發生成本時即認列為費用，美國線上 1995 年的稅前損失將為 9,800 萬美元，而不是 2,100 萬美元（後面的數字已納入截至 1994 年會計年底的減記

表 6-2　美國線上的爭取用戶之遞延成本

（百萬美元）	1996	1995	1994	1993
營收	1,093.9	394.3	115.7	52.0
營業利潤	65.2	(21.4)	4.2	1.7
淨利	29.8	(35.8)	2.2	1.4
總資產	958.8	405.4	155.2	39.3
爭取用戶之遞延成本	**314.2**	**77.2**	**26.0**	—

爭取用戶之遞延成本），而美國線上 1996 年提報的 6,200 萬美元稅前利潤，則會變成損失 1.75 億美元。按季來看，將招商成本資本化，效果是美國線上在 1995 年到 1996 年當中，有 6 季都可提報獲利。

當投資人在審查這些數字時應該有所警覺，理由包括：（1）公司開始改變認列費用的作法（2）未攤銷的爭取用戶之遞延成本大幅成長，代表這 3 年內大幅低報費用、高報利潤（3）美國線上只是把費用從當期挪到後期，這些成本將大幅減損未來的預期盈餘。

美國證交會不認同美國線上的處理方式，主張這家公司未達成登載財務狀況的第 93-7 條規範（這條規範是關於廣告成本），因為這種處理方式會造成不穩定的商業條件，有礙對未來淨利的預測。投資人根本不需要了解這條難以明白的會計規範，就可以知道有東西不對勁了。美國線上改用更激進的會計政策，再加上新政策對盈餘造成的嚴重影響，應該早已讓敏銳的投資人無福消受。

當心企業從以費用認列成本改為資本化。就像美國線上一樣，總部設在達拉斯的卓越通訊公司（Excel Communications）也改變政策，在

處理一般營業成本時，從以費用認列變成資本化，而且發動的時間點正是其企業發展史上的關鍵時期：就在 1996 年初，卓越通訊向證交會申請成為上市公司之前。

顯然這家公司認為，為了確保首次公開發行順利成功，需要美化一下平凡的盈餘表現。小事一樁，它決定改變和處理營業佣金有關的會計原則。1995 年之前，卓越通訊都直接以費用認列行銷成本；自 1995 年起，則開始改為資本化，並分 12 個月攤銷。此舉對於利潤的直接衝擊力道甚大。1995 年時盈餘成長 3 倍，從前一年的 1,590 萬美元（每股盈餘 18 美分）來到 4,440 萬美元（每股盈餘 46 美分）。激進的會計作法讓卓越通訊得以虛報 2,270 萬美元（占 1995 年盈餘的 51%）。換句話說，只不過是換了比較激進的會計政策，卓越通訊就以人工操作拉抬了 105% 的盈餘。

卓越通訊年報上的附註

本公司已採用會計攤銷慣例，將已資本化的行銷成本分 12 個月認列費用，以更符合成本和來自用戶的營收之間的長期關係。如本公司合併財務報表上所反映的；為了爭取新用戶而支付的部分佣金資本化，以及攤銷當期及前期資本化的金額，都會影響行銷服務成本。資本化以及攤銷部分佣金費用的淨效果，即是降低行銷服務費用。

有時候，將營業成本資本化的決策不是出於管理階層一時興起，而是為了遵循制訂規範者發布的新會計規則。管理階層若因此改變政

策卻遭到批評，顯然不公平也不合理。但是投資人還是要明白，任何盈餘改善若是來自於政策改變，都是短暫且和營運績效無關的。比方說，因應新會計規則的強制要求，朗訊開始將內部使用軟體的成本資本化，因此大大拉抬盈餘。

> **心法：** 不管改變會計政策是否合理，投資人都應該努力去理解變更對盈餘成長造成的衝擊。簡單來說就是：任何和政策改變相關的成長都不會重複出現。成長要能持續，必須有更佳的營運表現。

當心資產負債表上出現不尋常的資產帳目。在破產並因醜聞遭到調查的前一年，我們的老朋友高畫質電視機製造商新泰輝煌，就開始在資產負債表上提報奇怪的新資產項目，名為「模具」存款和「存貨」存款。新泰輝煌對於這些資產帳目少有說明，而且愈說愈迷糊；根據風險指標集團在 2007 年提出的報告，新泰輝煌說這些資產代表的是主要供應商歌林（Kolin）的存貨存款。古怪的是，這兩個帳目拉低了公司資產負債表上的存貨總金額。此外，歌林不只是新泰輝煌的最大供應商，同時也是關係人，持有超過 10% 的新泰輝煌股權，並和新泰輝煌合組合資企業。

投資人有理由對這些新的資產帳目存疑，不僅因為這些東西不尋常，且有關係人牽涉在內，更因為帳目裡的餘額增加太快。如表 6-3 所示，新泰輝煌在 2007 年 6 月時提報的「歌林存貨存款」高達 7,000 萬美元，但在前 3 季卻不見這筆存款的蹤跡。同樣的，2006 年 6 月

時也不存在所謂的「歌林模具存款」，但是在接下來的 2 季這個帳目的餘額卻持續成長，2007 年時達 6,530 萬美元。資產項目餘額像這樣不尋常大增，特別是其中又牽涉到關係人時，都在告訴投資人應該要逃命了。

表 6-3　新泰輝煌的不尋常資產帳戶

（百萬美元）	2007 年 6 月 第 4 季	2007 年 3 月 第 3 季	2006 年 12 月 第 2 季	2006 年 9 月 第 1 季	2006 年 6 月 第 4 季	2006 年 3 月 第 3 季
歌林存貨存款	70.0	—	—	—	5.1	8.0
供應商存貨存款	8.3	—	—	—	—	—
歌林模具存款	65.3	39.6	26.3	15.2	—	—

警示信號： 新的或不尋常的資產帳目（特別是餘額快速增加的項目），可能代表了不當的資本化。

將可轉化的項目資本化，但是金額過大。 會計原則允許企業將某些營運成本資本化，但是範圍有限或必須滿足特定條件。我們可以把這類成本稱為混合成本（hybrid），亦即部分認列為費用，部分認列為資產。

在資產負債表上常見一種混合營運成本，那就是為了開發軟體而發生的成本，科技公司尤其常出現。軟體研發早期成本一般來說會列為費用，後期成本（指專案具備「技術上可行性」時會發生的成本）一般都會資本化。投資人要特別留意，有些企業會將大部分的軟體開發成本都資本化，或是變更會計政策、開始將成本資本化。當按產業

慣例來看，這筆金額過於龐大時，尤應注意。

當心同一種產業內使用不同的資本化政策。同一產業的不同企業，可能會以不同方式採用資本化規則；因為對不同的業者來說，「技術上可行性」的定義也不同。性質相似的公司可能會認列不同程度的資本化成本，獲利能力也因此不同。企業愈早認定產品具技術上可行性，就能愈早將成本資本化，損益表上就不需再認列費用。

在同業用不同的態度處理成本這一點上，娛樂軟體業是一個絕佳範例。根據財務研究與分析中心在 2005 年針對大型娛樂軟體公司所做的研究顯示，每家公司在軟體開發及權利金成本資本化的處理上有諸多分歧。在 2005 年 6 月那一季，THQ 公司（THQ Inc.）領先群雄，資本化成本後的每股盈餘達 2.58 美元。在另一個極端的則是藝電公司（Electronic Arts），每股盈餘僅 0.38 美元。資本化成本程度的歧異，正是對於會計原則有不同詮釋造成的結果。藝電保守地以費用認列所有軟體開發成本，認定只有在專案大致完成時，才達成技術可行性（這樣的評估會傷害到現在的盈餘，但對未來是有益的）。反之，THQ 則認定在更早的階段就能達到技術可行性（這樣的評估有助於現在的盈餘，但會傷害未來）。

不當的成本資本化也會導致浮報營業現金流。聯繫電腦服務公司（Affiliated Computer Services）是一家位在達拉斯的委外服務供應商，在 2003 年將 4,400 萬美元的軟體成本資本化（占資本支出的 21%）；相較於 2002 年的 1,580 萬美元（占資本支出的 11%）及 2001 年的 770 萬美元（占 8%），這個數字代表了大幅跳升。軟體成本資本化速

度過快通常是一個警訊，代表把較多的成本留在資產負債表上，盈餘會因此而受惠。

　　一般營業成本反映的是營業現金流出，但將其資本化，則會讓一般營業成本變成現金流量表投資項目下的資本支出。透過將一般營業成本資本化，企業浮報的不只是盈餘，還虛報營業現金流。第 11 章會針對這個主題加以討論。

2. 太慢攤銷成本

　　請再把舞鞋穿好，我們準備要踏出二步會計舞的第二步了。我們現在已經結束第一步；我們將成本資本化，但是未收取相關收益。第二步牽涉到的是，要把這些成本認列為費用，從資產負債表上移往損益表。

　　一項成本的特質以及相關收益發生的時點，會決定這項成本要在資產負債表上停留多久。比方說，購買存貨或製造存貨的費用會一直放在資產負債表上，一直到售出存貨、認列營收為止。反之，購置機器設備或製造設備的費用，帶來的則是更長期的利益。這些資產在使用年限內會一直掛在資產負債表上，透過折舊或攤銷，這些成本慢慢變成費用。

　　如果以不尋常的攤銷期間作為後盾，導致成本掛在資產項目下的太久，投資人就應該心生疑慮。此外，如果管理階層決定延長攤銷期間，則代表了嚴重的警訊。

注意利用延長攤銷期間來拉抬利潤。還記得我們在美國線上的老友如

何灑大錢贏得新客戶嗎？美國線上在 1994 年改變會計政策，以激進的作法將廣告成本資本化，並決定將這些成本分 12 個月攤銷。如此激進的資本化作法完全誤導投資人，讓他們誤以為公司有能力獲利，但實際上它不斷在燒錢，一直承受著經濟損失。

　　不幸的是，美國線上不只玩弄一個花招而已。自 1995 年 7 月 1 日起，美國線上將攤銷這些成本的期間加倍，從原本的 12 個月延長到 24 個月。延長攤銷期間代表，這些成本掛在資產負債表上的時間也會拉長，在受影響的期間內，僅認列一半的費用。光是這項改變，美國線上就高報了 4,810 萬美元的利潤（從原本損失 1,830 萬美元，變成獲利 2,980 萬美元）。這種創新的會計手法有助美國線上藏起巨幅損失，不讓投資人看見。

　　但是，如果仔細審查美國線上的現金流量表，問題就會浮現。在 1996 年 6 月時，美國線上有 2,980 萬美元的淨利，遠比營業現金流出 6,670 萬美元的表現漂亮得多，兩者之間的差額驚人，達 9,650 萬美元。

　　財務研究與分析中心的報告顯示，美國線上改變攤銷會計政策造成重大影響。報告中針對行銷成本之資本化，而重編 1996 年營業利潤以及淨利，這是一次發聲振聵的提醒，點出很多投資人忽略的重點（見表 6-4）。若以較保守的態度來認列招商成本，美國線上就得提列鉅額的營業損失及淨損（分別為 1.548 億美元及 1.242 億美元），這樣一定會導致大量的投資人拋售持股。

　　透過將企業的折舊政策與產業慣例相比較，投資人便可以判定一

表 6-4　美國線上 1996 年的提報業績及調整業績

（百萬美元）	提報業績	調整業績
營業利潤	82.2	（154.8）
淨利	29.8	（124.2）

家公司是否以適當的期間來減記資產。當企業折舊固定資產的速度過慢時，投資人就該特別留意了。

　　一般認為，選擇過長的折舊或攤銷期間的企業，通常都有使用激進會計原則的嫌疑。然而更嚴重的犯行是，企業變更資產的可折舊年限。此舉通常代表公司業務陷入麻煩，因此認為必須要改變會計假設，以遮掩惡化情況。不論管理階層如何想盡辦法解釋這些改變，投資人都應該要留心警惕。

　　來看看時代華納電信（Time Warner Telecom）如何在 2007 年變更固定資產的可折舊年限。就像附註中對投資人的說詞，公司在 2007 年 3 月決定將某些資產的可折舊年限從 15 年延長到 20 年，當季利潤因此膨脹 490 萬美元，而且我們可以推定未來幾年，每季利潤都可以增加同樣的金額。這 490 萬美元幾乎已經等於公司當季的營業利潤，若換算成全年的利潤則為 1,960 萬美元，確實大大有助於公司改善財務報表；前一年提報的利潤為 1,630 萬美元。

　　企業一旦只是因為改變會計原則而創造利潤時，投資人應格外注意。多賣產品，並嚴格控制成本，才是創造利潤的不二法門。

當心以不適當的方式攤銷和貸款相關的成本。房貸巨人美國國家聯邦房貸公司〔Federal National Mortgage Association，即大家口中常說的房利美（Fannie Mae）〕，從 1998 年到 2004 年之間涉入一宗大型醜聞。2006 年時，房利美重編財報，減去 60 多億美元的盈餘，並繳交 4 億美元的罰款給證交會和美國財政部。房利美玩弄的招數之一，涉及未適當地攤銷和貸款有關的成本。

首先來看一些背景資訊。如果你在美國獲得當地銀行的房貸，房利美可以向你申貸的銀行買下這筆貸款。房利美支付的價格取決於你開始動用房貸起的利率波動。比方說，如果市場利率一直下滑，房利美就必須多付點錢買這筆貸款，稱為「溢價」（premium）；相反的，如果利率一直上漲，房利美就會少付一點，稱為「折價」（discount）。為了解其中原因，且讓我們假設原本的貸款要求你付的利率為 6%，但之後市場利率跌到 5%。你運氣不好，但人生就是這麼一回事。房利美可以輕易地把錢借給市場上的任何人，收取較低的新市場利率 5%。但是，如果它想要買下這筆貸款以及其附帶更具吸引力的 6%

報酬，房利美勢必得答應多付點錢給原貸款銀行。

《財務會計準則公報》（Statements of Financial Accounting Standards）第 91 條會計規則要求，這類溢價或折價，以及某些貸款的創始成本（origination cost），都必須以貸款年限來攤銷，作為利息利潤的減項。換言之，當房利美以溢價買下你這筆貸款時，必須在貸款的預估年限內攤銷這筆額外的費用。但是貸款年限有時需要調整，因為貸款人會比原估計的年限或早或晚償付貸款，稱為提前償付率（prepayment rate）。若情況如此，會計規則要求必須隨之做出「追趕」（catch-up）調整，以按時完成攤銷。

當 1990 年代利率大幅滑落時，許多住宅擁有人以較低的利率將房子再拿出來貸款，導致房利美必須進行追趕調整。1998 年 12 月，房利美算出必須認列的費用高達 4.39 億美元。但是這家公司決定只認列 2.4 億美元，留下以備不時之需的 1.99 億美元來拉抬稅前利潤。歲末年終來這一招，不僅讓房利美獲得華爾街的青睞，也幫助管理階層達成盈餘目標，拿到最高獎金。

小心企業太慢攤銷存貨成本。在多數產業，將存貨轉為費用的過程都非常直截了當：完成銷售時，存貨就轉變成費用，名目為銷貨成本（cost of goods sold）。但是對某些產業來說，要決定何時以及如何將存貨轉為費用，會比較困難一些，比方說電影業。在影片上映之前，拍電影或電視節目的成本都會以資本化處理；之後，根據收取營收基礎，這些成本會和營收互相搭配（以費用認列）。但因為營收可能會要花好幾年才會實現，電影公司必須推估好幾年的預期營收流程。如

果電影公司選擇的期間太長，就會高報存貨及利潤。

來看看以下這個範例：一家電影公司花了 2,000 萬的成本拍了一部電影。如果公司假設未來 2 年內可以收到營收，就會在每一年認列 1,000 萬費用。相反的，如果公司假設未來 4 年都會有營收進來，就會在每年認列 500 萬。但如果這部電影最後只在前 2 年創造營收，而非預估的 4 年，因此經過 2 年之後，這家公司可能還會留有毫無用處的存貨 1,000 萬元。由於此時公司已經無法創造營收了，這項存貨餘額要不然就要馬上認列費用，要不然就要「減記」。

奧利安影業（Orion Pictures）就是一個經典範例，這家公司在 1980 年代中期就面臨了電影業的會計問題。奧利安影業很難估計未來的營收情況，因此太慢攤銷其電影製作成本，而且也太慢才減記失敗電影的成本；在某些情況下，甚至等了好幾年才減記。比方說，1985 年時，奧利安提報了 3,200 萬美元的損失，其中一半就是來自於減記從 1982 年起陸續推出的 40 部電影。顯然，並非所有的損失都是從 1985 年才開始出現；這些損失代表的是，奧利安前幾年提報不實利潤的差額。

奧利安做的多項估計都讓人質疑，其中一項是和推估《美國警花》（Cagney and Lacey）影集有關的電視播映權收益。奧利安假設持續多年都可因為這部影集而有營收，並估計最終的總營收為 1 億美元。不幸的是，營收到 2,500 萬美元就到頂了，這代表奧利安將存貨成本認列為費用的速度真是太慢了。

3. 未以減損後的價值減記資產

目前為止，我們針對 2 種濫用二步會計原則的作法提出警告。第一部分討論的是，企業在必須跳二步時只跳了一步（也就是應以費用認列的成本，卻不當地以資本化的方式處理）。第二部分談的是太慢才踏出第二步（也就是以太長的期間來攤銷資產）。在這一節，我們要警告大家的是第三種不當作法：腳步停在第一步和第二步之間；也就是說，針對已經適當地以資本化處理、但在收到預期收益之前價值已經有所減損的成本，未以費用認列。

如果企業只是以固定的時程來折舊固定資產，並且假設發生任何事都無法動搖這套計畫，這樣是不夠的。管理階層必須持續審查這些資產是否出現價值減損的情況，並在未來利益低於帳面價值時認列費用。為了說明清楚，假定管理階層一開始預期某項生產設備可以持續使用 10 年，但是在第 5 年時卻壞掉了。一旦這套設備不能再運作，就應放棄原始的折舊時程，剩下的資產餘額必須隨即移到費用項下。如果公司繼續根據原 10 年計畫折舊資產，未來將無法勾銷已資本化處理、但金額已經減損的設備成本。無須意外，許多企業公布的鉅額重整費用，通常都因為未在適當的前期減記價值減損的資產，之後才試著「把家裡打掃乾淨」。

未減記過時存貨

企業自然會在還沒有把產品賣給客戶之前先累積存貨，但有時某些產品的需求卻未達企業的樂觀預期，因此公司可能就得降價，以拋售比較不討喜的貨品。或者，企業得完全剷掉存貨（減記）。管理階

層必須定期估計「過多且過時」的存貨，透過認列為費用〔通常稱為存貨陳腐化成本（inventory obsolescence expense）〕來降低存貨餘額。但是與折舊設備這類固定資產不同的是，到底應該用怎麼樣的速度來減記應降低價值的存貨，並無預設的數值。因此，這類調整會因為高階管理階層的裁量以及可能的操弄而受到影響。

藉由不對過多及過時的存貨認列必要的費用，管理階層可以浮報盈餘。但是這種行動將會回過頭來反咬企業一口，因為當存貨以大幅折扣售出（或是丟進垃圾場）時，就會對盈餘造成壓力。投資人應監督企業的陳腐化費用（以及相關的存貨準備），以確保公司不會因為改變估計值而浮報利潤。不論管理階層認列較低費用的理由是否合理，這種舉動造成的影響，都是以人工方式拉抬了盈餘。

維特斯半導體（Vitesse Semiconductor）即是便宜行事，在 2001 年與 2002 年分別認列 4,650 萬美元與 3,050 萬美元的存貨陳腐化費用之後，決定 2003 年不再認列任何相關費用。無疑地，維特斯在 2003 年時決定不認列存貨陳腐化費用，有助公司毛利從前一年的 4,160 萬美元倍增到 8,320 萬美元，而前一年的營業額僅成長 3%。

當心意外的存貨數量。投資人應監督公司的存貨水準，計算公司的存貨周轉天數（days' sales of inventory）。第 3 章介紹過的應收帳款周轉天數，是以標準化方式來處理應收帳款對營收之間的關係；同樣的，存貨周轉天數則是以標準化的方式來處理，期間內存貨餘額對已售出存貨之間的關係。這個數值可協助投資人判別，存貨增加的絕對數值是否和企業的整體成長一致，或者這是營利率將出現壓力的預兆。

存貨周轉天數一般來說會按照以下公式計算：

期末存貨銷貨成本 * 當期天數（以一季來看，標準天數將近為 91.25 天）

為了偵測出財務騙術，我們建議用期末存貨去計算存貨周轉天數，而不要用某些企業及教科書建議的平均餘額。期末存貨餘額是相關性更高的數據，能夠決定未來營利率是否會有壓力、是否有過時問題以及產品需求問題等。

有時企業會在進入旺季及銷售成長期前先囤積存貨，而且可能是再合理也不過的策略，但有些企業常拿這一點來當作擋箭牌，解釋為何存貨量無故成長。當有人用這種理由來解釋存貨的增加時，投資人就應找找看公司在囤積存貨之前是否規劃了任何策略，或者是否正在孕育一套防範性對策要來對付存貨的增長。

幸運的是，我們還有另一種替代方式可檢驗，以因應未來需求為由來增加存貨這個理由是否適當：只要拿存貨的絕對成長數字和企業的預期營收成長兩相比較即可。如果存貨成長遠遠超過預期的營收成長，那麼，存貨的成長可能真的是完全沒有道理，而且是投資人應該擔心的。

來看看女性品牌衣飾冷水溪（Coldwater Creek）的範例，這家公司的存貨在 2006 年 7 月那一季大幅膨脹。管理階層用好幾個理由安撫投資人，請大家不要擔心升高的存貨餘額，包括他們必須要填滿去年開幕的 60 家新店面貨架。但是，很快算一下存貨周轉天數（當時為 98 天，對照之下前一年為 78 天），顯示存貨成長速度已經超越近

期的業務成長，這是未來期間利潤將會下降的警訊。而且，如果和管理階層對 2006 年下半年營收成長的預期（24.3%）相比，這家公司按年度計算的存貨餘額成長率（67.2%）根本完全不合理。

當這家公司在 2006 年底及 2007 年提報難看的經營績效時，敏銳的投資人一定毫不意外。為了消除過多存貨，折扣不斷下殺的衣服堆滿冷水溪的店面（很多衣服甚至以 1 折出清）。冷水溪的盈餘表現也讓華爾街大感失望，股價從 2006 年初購物季時的每股 30 美元一路下滑，到 2007 年的購物季時已經跌到低於 10 美元。

4. 未認列壞帳及貶值投資的費用

讓我們來回想本章討論過的兩大資產類別：管理階層預期能創造未來收益而付出成本購入的資產（比方說存貨、設備與預付保險），以及用銷售量或投資換來的資產，如現金（比方說應收帳款和投資）。本章前三節的招數，著重在影響第一類資產進入資產負債表的過程，或者用我們的說法，是在操弄會計的二步舞。在本章最後一節，我們的焦點是瞄準另一類資產要弄的花招。我們要說明企業如何在資產出現明顯的價值損失時，卻未將這類資產轉為費用，藉此浮報盈餘。

有些公司運氣好，客戶永遠都把帳結清，而且這些客戶只持有價格不會減損的投資。實際上這樣的公司很少，多數公司都會有一些推拖拉賴的客戶，偶爾客戶的投資組合還會變得一文不值。唉，就連巴菲特不時都會被三振出局。

每當發生這種事，企業不能只矇上雙眼，祈禱最後所有應收帳款

都能收回。會計規則要求某些資產必須定期減記，以符合可變現淨值（net realizable value，指的是你預期出售資產時可以拿到的錢）。應收帳款也應該要每期減記，針對可能變成壞帳的項目認列預估的費用。同樣的，針對預期不會還款的貸款人，借款人每一季也應該認列費用（或貸款損失）。此外，價值出現永久性減損的投資也必須減記，認列減值費用。上述任何一件事沒有做，都會導致高報利潤。

未針對客戶壞帳預留適當的準備

企業必須定期調整應收帳款餘額，以反映出預期客戶違約的可能性。這代表企業必須在損益表上認列費用〔名目為「壞帳費用」（bad debts expense）〕，並減記資產負債表上的應收帳款〔名目為「備抵呆帳」（allowance for doubtful accounts）〕，這是應收帳款毛額的減項。未認列足夠的壞帳費用，或是未適當地回轉過去的壞帳費用，就會創造出假的利潤。

我們在維特斯半導體任職的老朋友，一定是轉眼就忘了何謂應計（accrue）費用。在這最後一節，我們要來看維特斯在前一年認列3,050萬美元的費用之後，在2003年時就沒有計入任何存貨陳腐化費用。此外，這家公司在前一年認列了1,430萬美元的壞帳費用之後，亦決定2003年只要認列1,900萬美元就好。再加上預估銷貨退回的費用減輕，2003年時，維特斯僅計入220萬美元的預估費用（2002年時，同樣名目的費用認列額度則為4,990萬美元）。如果維特斯以前一年的比率來認列這些應計費用，那它的營業利潤將會減少5,000萬美元左右。這家營收僅有1.56億美元的公司使出上述所有花招，

大幅扭曲投資人眼中的績效。因此,當調查委員會在 2006 年揭發一連串的會計問題時,無人感到意外;這當中有許多花招都牽涉到,以不當的會計原則處理營收和應收帳款。

警示信號: 當所有準備累計金額都往錯誤方向變動(比方說減少)時,就要當心!

當心備抵呆帳下降。在一般的商業情況下,企業的備抵呆帳會以等同於應收帳款毛額成長率的速度成長。備抵呆帳如果大幅降低,再加上應收帳款暴增,通常顯示公司未認列足夠的壞帳費用,因而高報盈餘。

學者出版公司(Scholastic Corporation)顯然就發生了備抵呆帳減少的情況。這家公司的應收帳款餘額在 2002 年會計年度成長 5%,但備抵呆帳卻減少了 11%。以比率來看(備抵呆帳占應收帳款的比率),備抵呆帳占應收帳款比從 2001 年的 24.1% 掉到 2002 年的 20.4%。如果學者出版公司的備抵呆帳占比仍為 24.1%,其 2002 年的營業利潤將會減少 1,130 萬美元。就像維特斯一樣,學者出版公司降低了其他好幾項準備餘額,包括存貨陳腐化準備、預付權利金準備以及和近期收購相關的準備。根據一份財務研究與分析中心在當時的研究,若沒有降低這些準備,學者公司 2002 年的營業利潤將會減少約 2,800 萬美元(幅度達 15%)。

放款人未適當地針對信用損失提列準備

金融機構及其他放款人必須持續評估，並估計無法回收的放款比率（稱為信用損失或貸款損失）。這套應計機制對應的是，因為壞帳而必須動用準備金的情況。放款人須在損益表上認列費用〔名目為「信用損失準備」（provision for credit loss）或是「貸款損失費用」〕，並降低資產負債表上的總應收貸款（稱為「備抵貸款損失」或「貸款損失準備」），以貸款毛額的減項呈現。

最理想的狀況是，貸款損失準備的總數，應足以涵蓋銀行據以編製財務報表當時的實際情況，例如認定目前已經或未來可能違約的所有貸款。每一年針對利潤認列的額外準備，應足以讓準備金維持在適當水準的金額。然而，當管理階層未針對損失提列足夠的準備，就會高報利潤。當貸款變成壞帳時，高報的利潤反而會回過頭來懲罰企業，因為企業得在準備不足的情況下減記貸款壞帳。

2007 年發生的信貸危機，正是因為這種情況升級為全球版的結果。根據風險指標集團在 2007 年中所做的研究，從 1990 年一直到 2006 年，美國大型商業銀行不斷地降低貸款損失準備的水準，這樣做膨脹了利潤，但是讓銀行嚴重處於準備不足的情況，並暴露在信用品質惡化的風險當中。如圖 6-1 所示，貸款損失準備跌落到僅占貸款總額的 1.21%，這是歷史新低，遠低於 1990 年代初的 2.50%。認為貸款大致上不會變成壞帳的這種樂觀主義，讓我們大為震驚，因為這完全不切實際。然而，這樣做讓各銀行擁有充分的彈藥，繼續浮報利潤。在 2006 年極低的準備水準時，整個銀行業不僅拉抬了盈餘，更

暴露在即將爆發的信貸危機當中，事實上更推波助瀾掀起了這股危機。

圖 6-1　美國商業銀行貸款損失準備占貸款總額的百分比

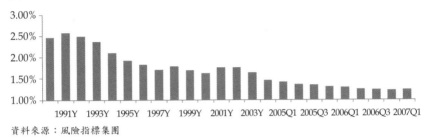

資料來源：風險指標集團

當心貸款損失準備減少。在 2006 年美國房市崩盤前，許多放款人都沒有針對貸款壞帳提列適當的準備，因此只好藏起損失，瞞住投資人。面對風險最高的客戶，也就是所謂的次貸市場（subprime market）的借款人，曝險程度尤深。次貸借款人雖然過往信用不佳、沒有收入證明且負債累累，通常也能借到大筆貸款。當大量信用品質不良的借款人無力償付貸款時，次貸市場最後終於崩潰了。

　　放款人看出借款人違約以及無力償付的情況不斷增加時，就應該據此提高準備額度。但是這些銀行猶疑未決，沒有認列提高準備金必要的費用（甚至連維持同樣水準的準備金都達不到），因為若要認列，代表要在看起來熱烈利多的牛市裡，提報較低的盈餘。

　　新世紀金融公司（New Century Financial）在 2006 年底的情況便完全違背邏輯；在面臨無力償付比率增加以及逾放款（nonaccrual loan，即呆帳）提高時，這家公司反而降低貸款損失準備。在 2006

年 9 月份那一季，新世紀金融更驚人地一舉將貸款損失準備從 2.1 億美元（占貸款壞帳的 29.5%）降到 1.91 億美元（占貸款壞帳的 23.4%）。管理階層可能知道此舉非常不恰當，因為他們在公布盈餘時，語焉不詳地陳述貸款損失準備相關事項，弄得看起來準備金好像還增加了。如果這家公司將貸款損失準備占逾放款的比率維持在前一季的水準，2006 年 9 月份的盈餘將會大幅削減 58%；從原提報的每股 1.12 美元降到每股 0.47 美元。

投資人若有監督新世紀金融的貸款損失準備變化，一定會警覺到公司即將邁向毀滅。2007 年 2 月，就在原預定公布第 4 季季報的前一天，這家公司宣布要重編 2006 年前 3 季的盈餘，股價因此一瀉千里；2 個月後，新世紀金融申請破產。法律訴訟行動展開，證交會指控管理階層犯下證券詐欺，在公司兵敗如山倒時還誤導投資人。

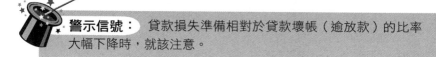

警示信號： 貸款損失準備相對於貸款壞帳（逾放款）的比率大幅下降時，就該注意。

未減記價值減損的投資

企業也必須審查已經一文不值的投資組合。如果在股票、債券或其他證券方面的投資出現嚴重且永久性的價值減損，公司就必須認列減值費用。這項原則和某些產業特別有關，比方說保險業和銀行業，因為這類投資在他們的資產中占比甚高。

當資產價值永久減損時，管理階層不能只是以虛報的價值把這些

資產掛在資產負債表上，假裝價值減損對於損益不會造成任何影響。相反的，企業必須認列減值費用，把資產價值減至適當的價值。投資人應留心在市場下跌期間未認列減值損失的企業；就像 2000 年代末時，幾乎每一種資產類別都發生過這類崩盤，造成企業的投資組合價值毀於一旦。

就像你想的，許多企業都會極力否認投資組合價值嚴重滑落，認為不必要提列減值損失。一開始，許多金融機構根本未針對市場下滑提列任何費用；然而，隨著下跌幅度愈來愈深，公司愈來愈難名正言順地以虛胖的價格，繼續把這些資產掛在資產負債表上。

來看看投資銀行暨房地產信託公司費比羅（Friedman, Billings, Ramsey），在 2005 年中時如何處理他們的投資。雖然費比羅持有的某些投資價值一落千丈，這家公司還是決定不要認列任何減值費用，以維持盈餘。管理階層一開始用千百種理由來說明，為何無須認列減值費用，但到了 2006 年 2 月，管理階層的態度出現一百八十度大轉變，宣布針對這些投資認列 2.62 億美元的減記及損失。

衡量資產的減值可能是管理階層最困難、也最主觀的決策之一。在信貸危機期間，關於何時必須認列減記費用，各家企業之間意見紛歧；藉著拖延認列費用，很多企業得以浮報盈餘，這麼做時，他們就是在投資人當中灑下不信任的種子，讓投資大眾懷疑企業資產的真實價值。

••• 回顧

••• 展望

本章以二步舞為喻，說明用來處理成本的會計帳。第一步要處理的是創造長期利益的資產成本；第二步要做的是實現利益時，要以費用認列這些成本。某些資產（例如存貨或是預付保險金）很快就能產生收益，而其他資產（例如工廠設備）則需要較長的期間來創造利益。不論如何，任何價值永久減損的資產必須立即減記。

下一章的焦點會放在僅能創造短期利益、遵循一步流程的資產。

就概念上而言，因為企業成長或要維持業務而發生的成本都會創造出某些利益（也就是說，這些成本有一段時間都是資產），但這些成本成為資產的期間很短，按照慣例，都只會以費用的形式出現。第 5 條騙術要說明的就是，管理階層用來矇住投資人雙眼、以隱藏這類成本的技巧。

第 **7** 章

操弄盈餘騙術第 5 條：
運用其他技巧藏匿費用及損失

　　如果你在報稅時沒有向國稅局申報所有費用，是完全沒道理的事，因為最後你得補繳更高的稅金。但如果你的目標是要展現更高的利潤來讓投資人讚嘆（並且欺騙他們），這一招就很有用。前一章說明管理階層如何費盡心力藏起資產負債表上的費用，假裝這些成本其實是資產；本章要說明一項投資者更難察覺的高難度財務騙術：管理階層有時會決定不要在帳上認列某些費用。有人會動用這種招數，已經讓人驚訝萬分，但更讓人吃驚的是，他們通常還不會因為這麼做而受到懲罰。

　　在前一章中，我們討論過某些創造長期利益的成本，這些成本一開始在資產負債表上是認列為資產，而其他創造短期利益的成本則馬上認列為費用。我們證明了，監督資產、費用以及資本化政策是很有用的作法，有助於揪出以不當手段把成本留在資產負債表上、藉此虛報盈餘的企業。相反的，僅創造短期利益的成本絕對不會出現在資產負債表上，因為這些項目會馬上認列為費用。本章的焦點放在，當管

理階層決定矇蔽投資人和這些短期利益有關的成本時使用的手法。在這一章裡，我們也會揭露一項被我們稱為騙術之王的招數。

●●● 藏匿費用及損失的技巧

1. 不認列當期交易的費用。
2. 不認列必要的應計費用或回轉過去的費用。
3. 使用激進會計假設，不認列費用或降低費用。
4. 從之前的費用中，挪出假的準備來降低費用。

1. 不認列當期交易的費用

本小節要討論的是，不認列交易中部分或所有費用，藉此隱藏費用。要隱藏費用有一個很簡單的方法，那就是假裝你根本沒看到供應商開出的發票，一直留到季度結束後才處理。比方說，不把 3 月底時收到的電費帳單認列為當月的服務費用，即能低報費用（以及相關的應付帳款），高報利潤。

在 1999 年會計年度結束前幾週，出租管道公司（Rent-Way）的會計部門就不再認列供應商送來的帳單以及相關發票，這樣一來，公司在 1999 年會計年度就低報了 2,800 萬美元的費用；2000 年又故技重施，短報了 9,900 萬美元。在 2001 會計年度初期，出租管道公司揭露了前 2 年低報 1.27 億美元費用的事實，股價隨之暴跌 72%，從每股 23.44 美元來到 6.50 美元。

這套陰謀之所以公諸於世，是因為當時的財務長渡假去了。新任的財務長發現，出租管道公司存貨系統裡顯示的店內商品數量，比會

計帳上反映的少很多。

另一個未認列期末費用的範例，則又牽涉到惡名昭彰的訊寶科技。訊寶科技在 2000 年 3 月那一季支付分紅給員工，但是沒有認列聯邦保險金提撥法案規定要支付的 350 萬美元保險費用。公司不當地決定要在之後才認列這筆費用，也就是一直到現金真正撥出時。由於未適當地在 3 月份認列應計費用，訊寶科技高報當季淨利多達 7.5%。

當心由供應商送出現金的不尋常交易。 有一項比較不常見的減少費用、浮報利潤招數，涉及假裝從供應商手上收到折扣退款（rebate）。當然，這招騙術需要供應商從旁協助，以下就是這一招的機巧所在。

你跟供應商說，你同意明年購買 900 萬的辦公室用品，而且你願意多掏點錢，總共付他 1,000 萬；但要能接到這筆大訂單，你要求供應商在簽約時先付你 100 萬的「折扣退款」作為交換。之後，你立

即認列這一筆折扣退款，作為辦公室費用的減項。利用這一招，你可以因為收到這 100 萬而多報盈餘；而之後，這 100 萬會認列為（以加價）向供應商購買辦公室用品的費用減項。

來看看日昇醫療用品公司（Sunrise Medical）和供應商之間的交易；在這當中，這家公司設計出一種交易，針對當年已經做的採購收取 100 萬美元的折扣退款。供應商有什麼好處？嗯，日昇醫療用品同意明年加價採購，以折抵今年的折扣退款。他們利用一封「附函」來操作，以隱藏這個騙局。日昇醫療用品將折扣退款認列為費用減項，不告訴投資人或審計人供應商用這筆退款綁住未來的採購加價。

> **心法：** 永遠都要對從供應商手上收取的現金存疑。通常企業的現金都是流出到供應商手上，而不會從供應商手上流入，因此，來自供應商的不尋常現金流入，可能代表當中存在會計騙術。

當心不尋常的供應商額度或折扣退款。新泰輝煌用完全不同的角度來應用供應商折扣退款的概念，而且用在非常不當的層次。這家公司從主要供應商（也就是歌林）手上獲得各式各樣的供應商「額度」；就像我們在前一章提過的，歌林也是這家公司的大股東。新泰輝煌以銷貨成本的減項認列供應商額度，這樣做自然而然會讓盈餘受惠。問題是，這些並非一般的額度。這些額度的金額大到嚇人，在新泰輝煌身為上市公司的簡短歷史當中，這些額度加起來遠超過公司的毛利。尤其在 2005 年 12 月到 2007 年 6 月之間，這家公司提報的 1.427 億美

元毛利當中，來自歌林的額度就高達 2.147 億美元。此外，新泰輝煌從未因為這些額度而收到現金；這些不過都是帳面數字而已。因此，新泰輝煌得以端出不錯的獲利能力，但事實上營業現金流卻嚴重呈現負值。就算是新手投資人，可能也看得出這套奸計。很快地檢查一下盈餘品質，就會發現現金流及淨利之間出現重大歧異。而且，附註處亦揭露了不尋常的大量供應商額度及重大的關係人交易。

未適當地認列股票選擇權回溯生效期費用。本書討論的多數騙術都有一個共同的主題：企業高階主管使出會計花招編造出讓人讚嘆的業績，希望藉此拉高股價；這樣一來，他們手中的持股及選擇權價值也跟著水漲船高。2006 年爆發的股票選擇權回溯生效期醜聞，則是完全不同層次的騙局。高階主管完全跳過使用會計花招、提報出色業績以拉抬股價的整個過程，而是直接抄捷徑，私自發給自己價值已經漲上來的股票選擇權。藉由這樣做，這些高階主管找到一個很簡單的好方法，得以掠奪公司金庫，而且根本不用告知任何人。他們認為這是超完美搶劫；沒錯，直到他們被逮到之前。

在衡量不誠實的天平上，如果你把回溯選擇權生效期放在其中一邊，在另一邊放上任何其他騙術，我們相信，回溯生效期這一招永遠都會比較重。因為其他設計來讓管理階層荷包滿滿的騙術都是複雜的、間接的手段，只有回溯生效期這一招完全不費吹灰之力。請看看恩隆的高階主管如何「費盡心力」成立多到嚇人的合資企業，好讓經營績效更好看一些！而為了創造有盈餘的假象，泰科從事多少收購活動，訊寶科技又迂迴轉進了多少次。不論這些公司施展出哪些騙術，

都無法保證股價一定會出現正面回應。但利用回溯選擇權生效期這一招，管理階層根本連手指頭都不用提起，就可以騙過全世界，而且這套流程保證一定可以創造出讓人滿意的結果。

回溯選擇權生效期騙局其實很簡單。在最後確認要發多少選擇權之前，管理階層會先拿出股價變動圖來看看，找出某個股價處於低檔的時點。之後，他們會念個咒語說「回溯生效期」，然後處理紙本文件作業，弄得好像發出選擇權的時間就是在選定的日期更早之前。當然，回溯選擇權生效期這一招在會計上也有其複雜之處，但是因為企業不用針對這些「價內」（in-the-money，指股票價格高於履約價格的選擇權）分紅提報獎酬費用，企業也得以對股東高報盈餘。

少有公司敢像半導體大廠博通（Broadcom）這樣明目張膽，濫用回溯選擇權生效期。博通委員會在 2006 年 5 月 18 日主動審查發放選擇權的相關作業；而就在 2 天前，財務研究與分析中心針對回溯選擇權生效期提出一份重要的調查報告，其中點名博通是「最有嫌疑發放回溯生效期選擇權」的公司之一（如圖 7-1 所示，其中有博通的回溯期股價變動圖）。歷經 2 個月的調查之後，博通最後承認自己的所作所為，並估計這一次濫用會計原則讓公司免報高達 7.5 億美元的獎酬費用。但是事情並未就此結束。隔年 1 月，博通對投資大眾投下震撼彈，因為公司宣布提列令人訝異的 22 億美元高額費用；這不僅比原先預估的數值高了 3 倍，也比前任衛冕者聯合醫療保健集團（UnitedHealth Group）預估必須重編的 15 億美元更勝一籌。

到目前為止，部分高階主管仍辯稱媒體對這項回溯生效期的醜聞報導太過誇大其辭，之所以會出現發放時間有誤，完全都是「紀錄疏

失」而造成的。才怪！這類醜聞風暴席捲幾百家企業，實際上代表許多高階主管根本覺得回溯生效期這一招是經營上市公司的福利項目之一。但不要光聽我們說，圖 7-1 提供了簡要資訊，點出這 3 家公司多次發放選擇權給高階主管的其中一個日期。真的有人能一臉正氣凜然，大言不慚地說都是因為紀錄疏失才造成這樣的結果嗎？

未認列和交易相關的部分費用

還記得英特爾和邁威爾之間的古怪兩步驟交易嗎？英特爾在 2006 年時把某個事業單位賣給邁威爾；同時間，邁威爾同意之後用高於市價的價格向英特爾購買某些產品（請見以下的邁威爾附註）。就像我們在第 3 章討論過的，英特爾同意進行這項交易，讓公司得以低報一次性的出售資產利得、高報大家比較喜歡的營收流入（來自於加價的產品銷售）。

圖 7-1 「回溯選擇權生效期——哪些公司最有嫌疑？」

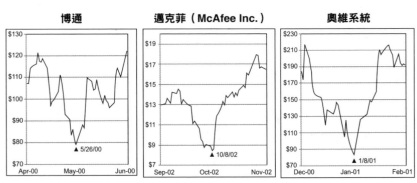

資料來源：財務研究與分析中心 2006 年 5 月 16 日之報告。

邁威爾 10-Q 季報針對和英特爾交易之討論

連同收購 ICAP 業務，本公司亦和英特爾簽訂供應合約。這份供應合約要求本公司在約定期間內，以約定價格向英特爾購買成品及經測試的晶圓；合約期間可因成品及經測試晶圓種類的不同而有差異。**英特爾提供給本公司的價格，高於本公司在多數情況下可在市場中獲得的一般價格。**根據會計原則，在簽署契約時，針對本公司負有契約義務必須購買的產品，**以英特爾提供的價格和一般市價之間的差異認列負債。**

現在，同樣讓我們檢視這一樁雙向交易，但這一次從邁威爾的觀點出發。邁威爾在收購時能少付一點頭期款，即是同意用加價向英特爾購買存貨作為交換條件。聽起來，這樁交易似乎會拉低邁威爾未來的盈餘，因為公司必須加價購買存貨；但實情並非如此。邁威爾認列整個加價部分的作法是在資產負債表上認列為負債（或準備），以銷貨成本的減項（藉此「抵銷」加價）慢慢攤銷。邁威爾不須提列準備的成本，因為在收購的會計帳中早已經提列了準備。基本上，邁威爾也創造了一項不必認列費用的「糖果罐準備金」，可以在公司認為適當時，提撥來抵銷加價付款的部分。的確，這樁交易讓邁威爾每一季都能擁有更多的盈餘裁量權。

2. 不認列必要的應計費用或回轉過去的費用

管理階層有時會不認列預期成本的必要應計費用。一般來說，這些應計費用是企業預估業務正常運作時會發生的定期負債，比方說製造商的保固。這些成本通常都是預估值，並且要到季末時才認列。在

前一章，我們介紹了應付費用（準備）的概念，並強調準備是以資產的減項入帳，比方說備抵呆帳或存貨陳腐化準備。在這個部分我們要來談的是，針對以負債形式出現的預計責任而提列的準備。

未針對這些成本適當地認列費用，或是回轉過去的費用，都會浮報盈餘。由於這些成本都仰賴管理階層的假設、由其審酌估計，如果想要多創造一些盈餘（並達成華爾街設定的目標），管理階層只要扭曲這些假設就行了。且讓我們來看看從 2003 年到 2007 年會計年度初期，發生在戴爾電腦（Dell Computer）裡的財務騙術。戴爾審計委員會於 2007 年展開特別調查，其發布的報告提供了驚人、豐富的細節，深究戴爾利用準備玩弄的把戲。

戴爾審計委員在 2007 年 8 月 8-K 報表中的發現事項
（8-K 報表為美國制式的重大事項說明報告）

本項調查找出多項會計議題相關的問題，多數涉及不同準備及應計負債帳目的調整，並找到證據證明某些調整背後的動機乃是因為必須達成財務目標。根據本調查，這些活動一般都發生在緊接著季末之後的那幾天，此時會計已經關帳，開始進行編纂季度業績的工作。調查發現的證據是，在這段期間審查帳目時，有時在資深管理階層授意或在知會他們之後，目標就變成要設法動手調整，以達成每季績效目標。本項調查獲得的結論是，有些調整極為不當，包括為了達成強化內部績效指標或提報的業績，特意提列及挪出應計項目和準備，以及將超額的應計項目從某個負債科目上移到另一個，並使用超額餘額抵減後期的不相關費用。

小心保固及保固費用的準備減少。許多企業都在產品當中附送價值高昂的保固，為產品之後可能出現的問題提供保障。假設你向戴爾電腦購買一台筆記型電腦，公司可能會附帶 2 年保固，保證在這段期間內會更換壞掉的零件或負責維修。

戴爾不能光坐在那裡等，看看最後要替這些電腦花掉多少保固成本，然後才認列費用。會計規則要求，戴爾電腦在銷售產品時就要認列未來保固成本的費用。而對於每一期要認列多少保固費用，管理階層自然握有極大的裁量權。如果他們選擇認列的額度太低，利潤就會飆高；如果選擇認列的額度太高，利潤就會下滑（或是為了未雨綢繆而這樣做）。

確實，戴爾之所以要重編報表，有一部分也牽涉到以不當的會計操作處理保固負債。同樣的，審計委員會的發現也充分點出問題，因此我們就直接讓委員會來說明。

戴爾審計委員在 2007 年 8 月 8-K 報表中的發現事項

這裡也有具體事例證明，公司留下了高於預估準備金負債（如準備金負債流程所預估）的超額保固準備，未在適當時挪至損益表。此外，某些保固債務估計流程對未來成本或故障率的估計也並不確實。

心法： 相對於營收的保固費用或保固準備減少，可能顯示企業利用低估保固責任而浮報盈餘，因此每一季都要監督這些指標！

當心應計員工分紅費用減少。員工會在每一年取得分紅，因此會計規則要求，就算員工收取的是一筆的總額分紅，企業也要在當年內分攤費用。如果管理階層未在特定的季度認列這筆應計費用，就會高報當期盈餘。而且，不當地回轉過去的應計分紅費用，也會高報盈餘。就像調查結果發現的，戴爾顯然很熟悉這個簡單的招數。

戴爾審計委員在 2007 年 8 月 8-K 報表中的發現事項

公司未正確認列員工分紅費用，其中也包括認列的時點不正確。此外，因為應計分紅款項有差異而導致的超額應計費用，這些應計費用也未予以適當調整。

當心未針對或有損失認列應計費用。偶爾，管理階層必須針對已經發生、但尚未和解的爭議提列或有損失（loss contingency）準備，並認列費用。會計規則要求在以下這 2 種情況，就可以針對或有損失（比

會計小百科： 估計或有損失

一旦滿足或有損失的 2 項要求（也就是：可能出現損失以及可以合理估計損失的金額），就應認列應計費用。假設一家公司可能會在法律訴訟中敗訴，而且已經具備認列應計損失的 2 項條件，因此必得付出約 6,000 美元，這家公司記載的分錄將如下所示：

增加：	敗訴損失	6,000	
增加：		預估負債	6,000

記錄這項交易會增加負債並降低淨利。相反的，未記錄這筆交易則會高報利潤。

方說和法律或稅賦爭議有關的預估費用）認列應計費用：（1）可能出現損失（2）可以合理估計損失的金額。

務必審查資產負債表外的購買承諾。來自過去交易的既有義務，在資產負債表上要提報成負債。此外，在某些條件下，應計為某些或有付款項目的負債。但是，對於公司可能要背負的未來義務以及或有義務，又該怎麼辦呢？比方說，公司可能之前同意在接下來 2 年採購某些存貨；或者，可能曾經承諾要為某項專案提供資金或租下房地產。

雖然這類購買義務通常無法撤銷，但一般來說它們都不會出現在資產負債表的負債項下，因此被當成是「資產負債表外」債務。然而，管理階層一般都會在附註揭露這些義務。這些義務雖然不會反映在財務報表上，但可能會毀掉整個企業。未注意到這類義務的投資人，可能會陷入重大危機。

非應計的或有損失

有些義務只須在附註中揭露，因此不會對於提報的盈餘造成任何影響。然而，投資人應注意財報的附註或是管理階層的討論及分析，小心任何提及承諾與或有義務的部分。有時候，未認列為負債的承諾以及或有義務可能會造成重大影響，超越資產負債表上提報的負債。

心法： 在財務報表的附註當中，企業通常會提供有用的細節，說明它們的購買承諾。投資人一定要檢視這些訊息，詳加了解企業的真實義務。

不老實的管理階層有時不會積極揭露這些購買義務，且讓我們來看看哥倫比亞天然氣系統（Columbia Gas Systems）的範例。當哥倫比亞天然氣系統公布 1991 年第 1 季的財務報表時，多數投資人都對於這家公司大表樂觀。幾週內，哥倫比亞天然氣系統突然丟出一顆炸彈：公司被合約綁住了，有義務用高於市場的價格購買價值好幾億美元的天然氣。投資人快速回應這個消息，股價拉低 40%，一天之內公司的市值就蒸發 7 億美元。之後沒多久，哥倫比亞天然氣系統就申請破產。

這家公司沒有揭露，未來有義務根據「無條件支付合約」（take or pay contract）向生產者購買大量天然氣，因此飽受抨擊。投資人之後才發現，在哥倫比亞天然氣系統承諾以固定價格購買天然氣之後，天然氣的價格大幅滑落，因此只好付大錢購買。雖然公司必須履行對生產者的承諾，但天然氣用戶可自由得很，可以向最便宜的來源購買天然氣。

3. 使用激進會計假設，不認列費用或降低費用

這項技巧要說明的是，管理階層選用的會計政策及其在估計上的彈性，可以變成隱藏費用的工具。提供員工年金以及其他退休後福利的公司，可以更動會計假設，以降低已經認列的費用。同樣的，租賃設備的公司也會做出各種不同的估計，影響提報的負債和費用。管理階層可以變更會計面或實際面的假設，藉此操弄盈餘（同時降低負債）。

利用變動年金假設來拉抬利潤

提供員工年金的企業，每一季都必須認列費用，以登載年金計畫下發生的累計成本。一般來說，年金費用不會單獨出現在損益表上，而是會和其他員工薪資成本歸類在一起（通常是銷貨成本的項目之一，或是一般管銷費用）。投資人應仔細檢查附註裡的年金會計假設，因為這些假設賦予管理階層莫大的裁量權，可以用來降低（甚至完全刪除）費用。

> **會計小百科：** **年金費用**
>
> 基本上，年金費用是按照以下的方式計算：（1）認列維持年金計畫的累計年度成本（2）減去年金計畫資產的預期投資報酬。針對這兩項數值的基本假設，管理階層都可以發揮極大的影響力。
>
> 年金計畫資產的投資報酬，並不只是當年賺得的實際報酬；會計規則說明所謂投資報酬，是包含以下 2 個元素的調整後平滑報酬率：（1）資產基礎的預期報酬率（這就是我們目前討論的估計）（2）攤銷預期報酬與實際報酬之間的累積差額（緩慢的「追趕」差額）。

在年金會計帳中最重要的估計值之一，就是年金計畫資產的預期報酬率。為了解其中緣由，讓我們很快地看一下年金會計帳其中一個面向的運作方式。如同上述會計小百科討論的，預期報酬的作用在於降低年金費用。如果管理階層選用激進的預期報酬率（比方說，當預估市場報酬率為 6% 是較合理的作法時，卻選用 10%），那麼認列的年金費用就會低一點，利潤就會高一點。因此，高估年金計畫資產投資報酬率的公司，即能隱藏他們對目前以及前任員工的相關義務成本。

這類激進假設可能行之有年，實際上的報酬早已遠遠落在期待值之下，導致企業年復一年低報年金費用、高報盈餘。此外，單單只是提高預期報酬率，就能小小補助企業盈餘。無論提高預期報酬率是否合情合理，這項改變都會降低年金費用，為盈餘帶來一次性的激勵。因此，投資人應密切監督預期報酬假設，看看是否有（1）提高投資報酬率（2）極高的假設性報酬。最具代表性的範例就是德爾福企業，他們在 2001 年及 2002 年市場下跌時，估計的報酬率竟高達 10%。

企業應該使用哪個數字作為預期報酬率？嗯，拿這個問題來問投資人很不公平，因為他們不知道年金投資組合的詳細組成元素。但是，投資人應注意投資報酬率假設高於同業的企業，並提出質疑。根據風險指標集團的一項研究，2007 年及 2008 年美國企業使用的預期投資報酬率平均為 8.1%。以此作為基準指標，很容易就能抓出不正常的企業。研究中有 2 家企業 2007 年時預估的報酬率高於 9%〔鈦金屬（Titanium Metals）為 10%，通用磨坊（General Mills）為 9.43%〕，有 25 家公司假設為 9%，包括美國鋁業（Alcoa）、卡特彼勒（Caterpillar）、禮來（Eli Lilly）、埃克森美孚以及嬌生（Johnson & Johnson）等。藉由使用更高的預期報酬率，這些公司得以認列較低的年金費用，盈餘因此提高。

當心其他估計值及假設出現變動。在計算年金費用時，必須使用許多精算假設，包括折現率、死亡率、薪酬成長率以及其他諸多指標。企業通常會在附註中揭露相關細節，只要讀一讀年金部分的附註，就能找到相關的變動。比方說，納維斯達國際公司（Navistar

International）在 2003 年時就揭露要重整年金計畫，在這當中，公司改變了領取人的領取年金壽命的假設，從 12 年延長為 18 年。藉著延長壽命假設，納維斯達用更長的期間來攤銷「未認列損失」，這麼一來，就把年金費用降低了 2,600 萬美元（同時拉高了盈餘）。

當心衡量日期的變動。只是變動日期、用不同月份作為年金計畫的衡量日，就可以浮報利潤。比方 2004 年時，雷神公司改變衡量年金計畫的時間，從 10 月 31 日改為 12 月 31 日。這個小小的變動，就拉抬了 4,100 萬美元的盈餘（每股 0.09 美元），約占雷神公司全年盈餘的 10%。

當心金額過大的年金收益。有時候，公司最後會做出看來一點都沒有道理的結果，比方說，年金費用為負值。當資產投資的預期利得大於年金計畫運作累積年度成本時，就會出現這種現象，最後的結果是帶來年金收益。在哪種條件下會出現這種結果？計畫資產龐大的公司獲得金額過大的利得，就可能帶來可觀的年金收益。通常來說，當年金計畫大到不像話、但是又少有（或沒有）新員工加入計畫時，就會出現這種現象。

比方說，朗訊在 2004 年時就認列了超過 11 億美元的年金收益，這個金額差不多等於公司的全部盈餘了（占了 91%）。此外，從 2002 年到 2004 年，朗訊的年金收益總額達 28 億美元，同時間公司提報的累積營業損失則為 60 億美元。就像多數企業一樣，朗訊選擇不要在損益表上把年金費用（或收益）獨立出來，因此沒有讀到年金附註的投資人，將會錯失非常重要的資訊。

利用變更租賃假設拉抬利潤

租賃會計為管理階層提供另一處按摩沙龍，讓他們可以在這裡拿捏、搓揉出有助於浮報盈餘的估計值。回憶一下我們在第 3 章討論過的，全錄在 1990 年代末期提早認列租賃營收。當這家公司使出這一招的同時，也拿捏出某些可以降低租賃費用的估計值。

全錄操弄的估計值之一是某些租賃資產的殘值（residual value）。殘值，指的是當客戶在租約結束後交回出租設備時，公司估計這項設備價值多少錢。當全錄出租設備給客戶時，公司認列了租金的營收以及提供設備的成本，後面這一項基本上是設備的折舊。因為設備會折舊到只剩下殘值的地步，因此如果提高殘值，公司就能拉抬利潤。全錄決定提高某些出租設備的殘值，讓它每一期能夠少認列一些費用。證交會宣稱，從 1997 年到 2000 年，全錄因為提高殘值而浮報了 4,300 萬美元的盈餘。

採用自我保險準備金的機制

有些公司不願意支付高額企業保費（比方說，為員工投保醫療保險或殘障保險），因此決定用「自我保險」（self-insurance）的方式來分散某些風險。採取自我保險方式的企業，本質上就像小型保險公司一樣運作：他們拿出一筆認為足以支付保險理賠的資金，每一期以費

用認列必要的金額。

然而，自我保險負債的規模應該多大，每一期應計的自我保險費用應為多少？嗯，答案都取決於估計。只要稍微扭曲一下估計值或是更動假設，管理階層就為自己創造出拉抬盈餘的大好機會。

出租中心（Rent-A-Center）是一家大型的出租後持有（rent-to-own）零售業者，針對員工的福利、一般負債以及汽車責任險採用自我保險制。2006 年 6 月，出租中心決定要變更用來計算當年應計自我保險的精算假設。出租中心揚棄之前僅用一般產業損失假設的作法，改為也納入內部根據自身損失經驗建立的假設。不論這項改變是否合情合理，這麼一來讓出租中心有機會以非重複性的方式拉抬盈餘。一份由風險指標集團提出的報告估計，光是這項改變，就讓盈餘從每股 0.24 美元成長到 0.30 美元，差不多創造了出租中心接下來 4 個季度的所有盈餘成長。

針對與其出租車有關的意外事件，省錢汽車租車公司（Dollar Thrifty）要承擔人身傷害以及財產損害的賠償責任。這家公司沒有支付高額的保費給保險公司，而是建立起自有的自我保險基金。就像出租中心一樣，2006 年時，因為更動理賠紀錄的相關假設，省錢汽車租車公司得以降低費用並拉抬盈餘。財務研究與分析中心估計，這次拉抬的盈餘數額約為每股 0.19 美元，在 2006 年的總營收成長中占了大部分，達 95%。省錢汽車租車公司也很順便地降低備抵呆帳，又為當年創造了每股 0.10 美元的盈餘。你還記得前一章提過，如果你看到許多準備科目都往錯誤的方向移動，就要留心，準備走人了嗎？

4. 從之前的費用中挪出假的準備來降低費用

認列特別費用有個優點，就是可以虛報未來期間的營業利潤，因為認列這項費用時就代表已經先減記了未來的成本。認列特殊費用的第二項好處是，因這項費用而提列的負債會轉成準備，後期可以輕易地挪到盈餘項下。

準備有各種不同的型態和規模，在資產負債表上處處看得到。在第 6 章，我們強調的是認列在資產負債表上作為資產減項的準備，包括備抵呆帳、貸款壞帳準備以及存貨陳腐化準備。在本章，我們也討論過認列為負債和目前義務有關係的準備，比方說應計保固。在這一節，我們要談的是另一類準備：管理階層在某個時候利用認列費用創造出來的一般性負債準備。這些「緩衝」準備對投資人來說特別讓人害怕，因為它們全都被掃入檯面下藏得好好的，有時甚至久到管理階層都忘了一開始為什麼要設置這些準備。

會計小百科： **貸方餘額**

負債就像利潤一樣，一般來說都是貸方餘額（credit balance）。對於有意虛報未來期間利潤的管理階層來說，這一點很重要，而且可能很有價值。這類計謀其實很簡單：先用假負債創造出想要的貸方餘額，之後等到有需要時，再創造一個會計分錄，將貸方餘額從負債移到費用項下。如此便能降低費用，同時也拉抬了利潤。

世界通訊挪出準備來降低線路成本。在前一章，我們討論過 2000 年時世界通訊如何將線路成本資本化，藉此浮報營收。管理階層針對線路成本玩弄的伎倆不只這一招；它們還回轉了各式各樣的一般性準備帳戶，以減項認列，降低線路成本費用。

日光企業把重整準備挪到利潤當中。日光企業是耍弄這招的箇中翹楚。當「鏈鋸艾爾」（ChainsawAl）出任執行長時，他就展開了一項大規模重整計畫。據此，公司認列了許多重整費用，因而創造出許多供未來和重整計畫使用的準備。然而，根據美國證交會所言，日光企業認列了許多不當的重整費用與其他「糖果罐」準備金，當成是整個計畫的一部分。這些不當的準備稍後回轉變成利潤，不僅浮報了營利率，還創造了重整成功的假象。

會計小百科：　挪出重整準備

假設公司宣布要裁掉 1,000 人，相關資遣費用總額為 1,000 萬美元。

增加：	重整費用	1,000 萬	
增加：		資遣費用負債	1,000 萬

6 個月之後，裁員作業完成，但只有 700 位員工失去工作。公司刪除剩下的負債，並因為降低費用而得以拉抬利潤：

減少：	負債	300 萬	
減少：		費用	300 萬

> **心法：** 在眾多負債準備當中（尤其是一般性的負債準備），許多常會歸類在「軟」負債科目下，有時候稱為「其他流動負債」或是「應計費用」。投資人應密切監督軟負債帳目，標示出任何相對於營收的大幅減少情況。企業通常都會在附註中討論這些軟負債，要確定你有找到這附註，並追蹤個別的準備項目。

●●● 回顧

警示信號： **運用其他技巧以藏匿費用及損失**

- 出現不尋常的大額供應商額度或退款折扣。
- 出現不尋常的交易，由供應商送出現金。
- 未認列必要的應計費用或是回轉過去的費用。
- 保固費用或保固費用準備不尋常地減少。
- 應計項目、準備或「軟負債」帳目金額減少。
- 營利率意外且無來由地成長。
- 分發股票選擇權的時點「幸運」到不行。
- 未認列應計損失準備。
- 未強調資產負債表外義務。
- 改變年金、租賃或自我保險的假設以降低費用。
- 年金收益金額過高。

●●● 展望

針對管理階層如何不當地拉抬當期利潤的討論，到第 7 章會完全告一個段落。管理階層可以利用 2 大不同方法完成這項任務：（1）認列過高的營收或一次性的利得（2）認列過低的費用。

在某些情況之下，管理階層可能會選用完全相反的策略：降低當期利潤，把這些挪到後期。接下來就要討論這項選擇背後的理由，以及用來達成這個目標的技巧。

第8章

操弄盈餘騙術第 6 條：
把現在的利潤挪到後期

　　問題搶答：為何上市櫃公司的管理階層會提報較低的利潤來欺騙投資人？許多人可能會以為，這樣做的目標在於少繳點稅。就未上市的私人公司來說，這是正確答案，因為它們比較在乎能否騙倒稅務人員。然而對上市櫃企業來說，它們當然也在乎能不能少繳點稅；但是這些公司更關心的是，能否用平順且可預測的應計盈餘成長模式來吸住投資人的目光。

　　回想一下第 3 章，我們在這裡介紹了「操弄盈餘騙術第 1 條：提前認列盈收」。你在這一章看到了管理階層使用的各種技巧；他們這麼做，是因為相信當期的業績比未來的表現更為重要，因此決定提早認列，把未來的營收挪進當期。

　　現在就讓我們轉個 180 度來看，試著想像一下某些時候管理階層會希望壓抑當期的業績，以挹注於未來的績效。假設有一家公司的成長態勢勢如破竹，但不確定明天會如何。或者，公司因為一大筆意外之財或拿到一張大訂單而受惠。投資人一定樂於見到這些豐碩甜美的

業績數字，但是他們自然也會預期管理階層在日後能複製、甚至超越目前的成就。要滿足投資人不切實際的高期待，基本上算是不可能的任務，也因而導致管理階層決定必須用上本章討論的相關技巧。

••• 把現在的利潤挪到後期的技巧

1. 提列準備，並在日後挪出來轉成利潤。
2. 不當地認列衍生性商品，以調整出平順的利潤模式。
3. 提列收購相關的準備，並在日後挪出來轉成利潤。
4. 日後才認列目前的銷售。

1. 提列準備，並在日後挪出來轉成利潤

就像我們在第 3 章當中的討論，企業應僅在以下的情況中認列營收：（1）有證據證明確實有相關的交易安排（2）已經交貨或提供服務（3）價格已定或是可確定（4）可以合理保證買方會付款。操弄盈餘騙術第 1 條的重點在於，未等到完全滿足上述條件，即過早認列營收，營收和淨利都因此而被浮報。

然而，當業務蓬勃發展、盈餘遠遠超乎華爾街的預期時，企業可能也會有動機不想完全提報營收。來看看以下這種情況：管理階層不想在當期就認列某些營收，反而把這筆錢和資產負債表上認列為未賺得的營收放在一起，一直到日後才認列。這件事很容易做到，而且審計人員對於這類的安排可能連問都不想問，因為他們會覺得這樣做「比較保守穩健」。這件事只需要用到一個會計分錄，增加資產負債表上名為當期遞延營收（deferred revenue）或預收營收（unearned revenue）的負債科目餘額即可；等到未來需要這筆遞延營收（以拉抬盈餘）時，就可以創造另一個分錄，把這筆錢轉為實質營收。

會計小百科：　建立遞延（或預收）營收

假設有一家公司現金銷售額為 900 元，正確的分錄為：

增加：	現金		900	
增加：		銷售營收		900

但是，如果管理階層決定今年僅認列 600 元營收，把其他部分存到明年去，公司的分錄就會做成：

增加：	現金		900	
增加：		銷售營收		600
增加：		遞延營收		300

到了明年，管理階層只要把「收起來」的遞延營收挪到營收裡就行了。

減少：	遞延營收		300	
增加：		銷售營收		300

晴天思存雨天糧

1990 年代末期，軟體巨擘微軟面臨了美國司法部及監管反托拉斯法規範的歐盟相關部門之嚴密查核，指其有壟斷嫌疑。可想而知，微軟最不想攤在陽光下的，就是公司節節高升的營收與利潤，但對監理人員來說，這卻可能是非常重要的參考資料。因此，公司當然會想

延後認列非預期中的高營收，以預收營收的形式放在資產負債表上。

如表 8-1 所示，從 1998 年 3 月到 1999 年 3 月，微軟的預收營收每一季都成長幾十億美元。而在這段期間，這筆準備的金額確實成長達 2 倍以上；從 1998 年初的 20.38 億美元，到 1999 年 6 月時的41.95 億美元。但在 1999 年 9 月那一季，這股成長力道忽然減弱，微軟增加的預收營收只有像過去一樣的水準。

有幾個因素可能都有影響力，造成微軟的預收營收大幅成長、之後忽然掉落；但當時有一種說法，指稱微軟想辦法累積準備，未雨綢繆。當營收在 1999 年 9 月那一季連續下跌 6.6% 時，投資人不禁質疑，是不是終於下雨了。另一個造成遞延營收減少的因素是，微軟在1999 年 6 月份更改營收認列政策，公司因此在銷售軟體時認列更高額的首筆營收。在適用新規則（登載財務狀況第 98-9 條規範）時，微軟決定調整估計值，提高在交運軟體時認列的營收金額，並降低認列為預收營收的數額（請見微軟的揭露事項）。不論這一次在政策上

表 8-1　微軟的預收營收（每季趨勢變動情況）

百萬美元，以百分比（％）計算者除外	1999 年9 月第 1 季	1999 年6 月第 4 季	1999 年3 月第 3 季	1998 年12 月第 2 季	1998 年9 月第 1 季	1998 年6 月第 4 季	1998 年3 月第 3 季
預收營收（期初餘額）	4,239	4,195	3,552	3,133	2,888	2,463	2,038
增加金額	1,253	1,738	1,768	1,361	1,010	1,129	885
減：使用金額	1,363	1,694	1,125	942	765	704	460
預收營收（期末餘額）	4,129	4,239	4,195	3,552	3,133	2,888	2,463
淨增加	（110）	44	643	419	245	425	425
連續變動幅度（％）	（2.6%）	1.0%	18.1%	13.4%	8.5%	17.3%	20.9%

的改弦易轍是否合理合法，最後的影響就是微軟挪出了一些原本「收起來」的遞延營收。

微軟 1999 年 10-K 年報營收認列的揭露事項

在 1999 年會計年度第 4 季適用登載財務狀況第 98-9 條規範的同時，本公司也必須變更劃分未交付項目公平價值的方法。未交付項目占總交易的比例下降，降低以預收營收處理的視窗（Windows）以及辦公室系列（Office）營收，但在交運時認列的營收金額卻提高了。**針對視窗桌上型作業系統，按比例認列未交付項目營收的比例值降低，從 20% 至 35% 降為 15% 到 25%。至於桌上型應用軟體，比例則從將近 20% 降低至 10% 到 20%**。認列比例的範圍，取決於授權的條款與細則以及項目的價格。這項改變對 1999 會計年度造成的影響是，提報的營收增加了 1.7 億美元。

將認列意外利得的期間延長數年

現實世界裡，少有企業能擁有所謂穩健持久的成長，足以讓他們信心滿滿地將目前賺得的幾十億美元營收存起來日後留作他用，同時達成華爾街的目標。比較常見的情況是，當企業突然收到一大筆利得時，才會用上本章所說的騙術。

來看看總部位在佛羅里達州的葛瑞斯化學礦業公司（W. R. Grace）。在 1990 年代初期，由於美國政府醫療保險計畫（Medicare）改變給付制度，使得葛瑞斯的醫療保健子公司營收大幅成長。管理階層提高或提列準備，藉此遞延一部分的意外利潤。到了 1992 年年底，這些準備的金額膨脹到超過 5,000 萬美元。利用提列準備、之後

再從中挪出一部分金額，這家子公司在 1991 年到 1995 年間都能提報穩定的盈餘成長，範圍落在 23% 到 37% 之間；然而，這家公司的實際成長率卻從負 8% 到 61% 均有。當葛瑞斯於 1995 年出售這家子公司時，也把所有超額準備挪入利潤當中，標示為「會計估計值改變」。警覺性高的投資人，應該看得出來這種盈餘成長無法持久。

將大額的交易利得挪到未來。在 2000 年到 2001 年之間，恩隆操弄加州能源市場，為公司的交易部門賺進大把意外之財。然而，這筆利潤的金額太大了，因此管理階層決定替未來幾季存一點起來；根據證交會的說法，恩隆之所以這麼做，是為了要隱藏意外交易利潤的規模以及波動幅度。與恩隆要弄的其他騙術相比，這項計謀還算直截了當：它只是遞延認列某些交易利得，先存在資產負債表上的準備科目下而已。這些準備來得正是時候，幫助恩隆渡過必須提報大幅損失的艱辛時刻。

到 2001 年初，恩隆未揭露的準備帳戶金額已經暴增到超過 10 億美元；恩隆藉由不當地從準備當中挪出好幾億，以確保能達成華爾街的目標。諷刺的是，之後再也沒有可供恩隆挪出這些準備金的季度了，因為恩隆在 2001 年 10 月倒閉，可能必須把所有為了「雨天」存下來的準備金全吐出來。2001 年 10 月時雨季確實來臨了，而且對投資人來說還是五級的大颶風，無人倖免！

利用準備調整收益模式是嚴重的犯行。調整收益模式並非管理階層罕見的慣用策略，因為華爾街會獎勵穩健且可預測的營收成長。但是，利用準備把利潤挪到後期是嚴重的操弄盈餘騙術，就像過早認列營收

一樣惡劣。在這兩種情況下，都會誤導財務績效。當企業過早認列營收時，就是把未來的利潤認列為當期利潤；相反的，藉由調整利潤模式，就是把當期的利潤挪到後期。

2. 不當地認列衍生性商品，以調整出平順的利潤模式

業務健全的企業也會參與調整利潤模式的騙術，以製造財務績效良好、穩定且可預測的假象。來看看房貸業的巨人房地美公司，以及它想要在利率大幅波動的環境下表現出平順盈餘模式的企圖。房地美試圖調整盈餘的企圖走到了極端，衍生出一場超過 50 億美元的騙局。

利率動盪的環境讓「穩健房地美」變得難以預測。房地美操縱盈餘的手段，大部分和公司以不正確的會計帳目認列衍生性金融工具、貸款創始成本以及損失準備有關。當房地美提出修正後的數據時，我們才發現這場醜聞中藏著一件讓人十分訝異的事：房地美實際上是低報了利潤；從 2000 年到 2002 年，房地美低報了將近 45 億美元的淨利。如表 8-2 所示，房地美使用調整利潤技巧，在 2001 年及 2002 年時提報的營收成長分別是 63% 和 39%；但實際上的營收成長模式波動幅度更大，2001 年為負 14%，2002 年為 220%。

表 8-2　房地美針對錯誤重編之報表

（百萬美元）	2002 年	2001 年	2000 年	總計
提報的淨利	5,764	4,147	2,547	12,458
重編的淨利	10,090	3,158	3,666	16,914
重編效果	4,326	（989）	1,119	4,456

什麼原因導致房地美走上這條路？一直以來，華爾街都期待企業提報穩定且可預測的盈餘模式，但因為 2000 年時實施一項新的會計規則（財務會計準則公報第 133 條），導致這家公司和衍生性金融商品相關的投資活動出現大幅度的波動，挑戰因此而起。管理階層很快就明白，這項會計變動會為公司創造一大筆意外之財；這筆利得一開始估計有幾億美元，但很快膨脹為幾十億。對我們多數人來說，天外飛來幾十億美元可是天大的好消息，但是對房地美來說卻是個問題。這家公司穩若磐石的股價，是奠基在它有能力創造穩健且可預測的盈餘上；公司確實因此博得一個美名叫「穩健房地美」（Steady Freddie）。房地美在意名聲的程度更勝於取悅華爾街，因此私下密謀攔下一大部分的意外利得，必要時候才挪出一部分，以調整盈餘模式。

　　和恩隆及世界通訊的醜聞不同的是，房地美騙局的核心不在於粉飾惡化的業務，而是要維持其身為盈餘預測者的形象。換言之，最終目的不是為了創造盈餘，而是要進行調整。這 2 類騙術顯然都違背了會計原則，對投資人不當表述公司的經濟現實。憑空變出盈餘的公司和調整盈餘模式的公司間的最大差異，是後者比較可能是體質健全的公司，因為它們只是想要創造出更能預測的盈餘模式。

房利美操弄利潤的道行比房地美更勝一籌。房地美最大的競爭對手房利美，同樣也想在動盪且難以預測的房貸市場中展現穩定的營收成長模式。根據聯邦住屋企業督察局（Office of Federal Housing Enterprise

Oversight，這是監督房利美的監理單位）的說法，房利美的管理階層也極欲達成利潤目標，以便啟動最高額的分紅，而這也就是房利美一路走上耍弄會計花招之路的理由。

一如房地美，房利美的業務也會大幅受制於利率風險，因此這家公司廣泛利用衍生性金融商品來管理這些風險。房利美會計醜聞中最大的一部分，就牽涉到以不當的會計帳目處理這些衍生性金融商品。為更深入了解房利美如何濫用會計操作，先讓我們來討論一下衍生性金融商品的會計原則。

企業常會利用衍生性金融商品來為某些資產或負債的曝險部位避險。比方說，如果一家公司收取外幣，那它就可能會利用衍生性金融商品來做匯率避險；這樣做時，就可以「鎖住」（lock in）公司最後能夠收取的現金數額。衍生性金融商品的會計原則（財務會計準則公報第 133 條）提供了基礎架構，將避險工具根據不同的特性（比方說目的和效果），歸類成不同的類別。

這項分類非常重要，因為會決定衍生性金融商品的波動是否會影響盈餘。比方說，因為被視為「無效」（ineffective）避險的價值變動（例如根據市價調整）而導致每一季的損益發生變動，這些損益應認列為當期損益。但是，另外有一些有效（effective）避險，其價值的變動完全不會影響盈餘。你可以想像得到，避險分類是非常敏感且重大的決策。

房利美不當地評價及分類其避險投資，且因為不理會會計原則而陷入麻煩。簡而言之，房利美未適當地認列衍生性金融商品的價值減損；當某些衍生性金融商品應被視為無效避險（會影響盈餘）時，

公司卻認列為有效避險（不影響盈餘）。這一招讓房利美的管理階層握有裁量權，可在任何他們認為適當的時點認列衍生性金融商品的利得或損失，藉此繼續調整營收。房利美重編財報的總金額達 63 億美元，大部分都是來自於不當的避險會計。事實上，房利美低報的衍生性金融商品損失總額達 79 億美元。

會計小百科：　衍生性金融商品的會計原則

衍生性商品是金融工具，其價值是衍生自某些經濟變數的改變。比方說，沃爾瑪的股票選擇權讓持有人可以選擇以固定價格購買沃爾瑪的股票，而股票選擇權的價值衍生自沃爾瑪股價的變動。除了選擇權之外，各式各樣不同的衍生性商品繁多，包括期貨（future contract）、遠期外匯（forward）、交換（swap）以及抵押債務債券（collateralized debt obligation），種類眾多，無法一一列名。到目前為止，創新財務工程師（這些人有時候被稱為「科學怪人」）仍不斷推出複雜的新式衍生性商品。

會計原則要求每一季都要按市價評價衍生性金融商品，而按市價調整值（亦即公平價值的變動）通常會提報為當期的盈餘（或損失），除非這項避險工具是未來交易的有效現金流避險。如果某項衍生性商品有效針對資產或負債避險，避險價值的變動會和資產或負債價值的變動方向恰好相反，因此，確實有某些類別的有效避險公平價值變動不會影響盈餘。

奇異濫用衍生性商品會計原則以維持盈餘。就像許多大企業一樣，奇異也發行商業本票（commercial paper）；這是一種變動利率的短期債券。為了針對利率變動曝險部位避險，奇異購買了所謂利率交換的衍生性金融商品（利率交換一詞指的是，奇異想要拿自家的支付變動利

率債券來「交換」另一種支付固定數額的債券）。如果做得對，商業本票的利率交換商品可根據財務會計準則公報第133條歸類成有效避險，表示這些衍生性商品價值的變動不會影響盈餘。

2002年底時問題出現了，當時奇異似乎有「過度避險」的狀況，或者說購入的交換商品超過商業本票利率風險的必要避險部位。自然地，根據財務會計準則公報第133條，奇異過度避險的金額應被視為無效避險，這表示每季價值的變動都會影響盈餘（這些避險之所以無效，是因為它們沒有沖銷任何資產或負債）。奇異很快明白，這些無效避險商品，導致公司必須認列2億美元的稅前費用。

在2002年12月那一季，奇異急急忙忙地想要解套，避免認列這筆2億美元的費用。2003年1月初，就在季度結束之後、公司要提報盈餘的幾天前，奇異針對這些避險商品端出了一套全新的會計作法，完全能創造出公司想要的結果；奇異成功維持不敗紀錄，達成華爾街的盈餘預期。但這裡還是有一個問題：新作法違反了一般公認會計原則。幾年後，證交會因為這次的會計醜聞而嚴懲奇異。

當心無效避險的高額利得。當企業提報高額的避險活動利得時，投資人就要當心，因為這些無效避險（有時也稱為經濟避險）可能實質上是不可靠的投機交易活動，未來同樣可能造成重大損失。此外，投資人應小心無效避險利得大幅超越標的資產或負債損失的情形。來看華盛頓互惠公司（Washington Mutual），以及其提報歸類為避險商品的利得歷史。

2004年，這家公司提報了16億美元的「經濟避險」利得，對應

的是未避險房貸服務權利（mortgage servicing right）資產的 5 億美元虧損。換言之，華盛頓互惠公司避險活動創造的利得，在規模上比標的資產損失還高 3 倍。若「避險」和標的資產或負債同方向變動時，投資人也要提高警覺，因為這可能代表管理階層利用衍生性商品來套利，而非避險。

3. 提列收購相關的準備，並在日後挪出來轉成利潤

就像我們之前指出的，從事收購的企業會為投資人帶來最艱鉅的挑戰。其一，企業結合在一起，一夕之間就使分析更加困難，很難以同性質為基礎做比較。其二，我們會在第 3 部「現金流騙術」討論，收購會計原則會如何扭曲營業現金流的表達。最後，從事收購的公司有很強烈的動機先保留被購併的公司在交易結束前賺得的盈餘，以供日後認列。而我們接下來的故事也就從這裡開始。

如何讓新朋友心滿意足？

假設你最近簽下了新合約要賣掉你的事業，而且在 2 個月之內就要結案。你也收到指示，先不要認列任何營收，一直等到購併完成為止。雖然你有些為難，但你還是照做了。這麼一來，你交到了一位終生摯友，因為你擋下來的這 2 個月營收，收購方日後可挪出來用。

要在收購結束後虛報營收，技巧非常簡單：一宣布購併，指示被收購的公司先保留營收，一直到購併交易完成為止。這樣一來，合併後新公司提報的營收，就可以不當地納入被購併公司在購併之前賺得的營收。

來看看 1997 年三康（3Com）和美國機器人學（U.S.Robotics）兩家公司的合併案。因為這兩家公司的會計年度結束點不同，於是出現 2 個月的匯報期末端（stub period）。顯然，美國機器人學公司壓下了鉅額的營收，在購併之後供三康公司使用。三康公司 1997 年 8 月當季的營收當中，看起來已納入美國機器人學公司在匯報期末端遞延的營收。這裡有一些「罪證確鑿的證據」：在那 2 個月的匯報期末端，美國機器人學公司提報的營收 1,520 萬美元（約為每個月 760 萬美元）少到可憐，和公司前一季提報的 6.902 億美元（約為每個月 2.3 億美元）相比，可以說是微不足道。美國機器人學公司沒有在一般的商業期間認列營收，顯然壓下了超過 6 億美元的大筆金額（見表 8-3）。

表 8-3　美國機器人學公司在收購前的匯報期末營收

（百萬美元）	1997 年 4 月和 5 月	1997 年 3 月第 2 季	1996 年 12 月第 1 季	1996 年 9 月第 4 季	1996 年 6 月第 3 季
營收	15.2	690.2	645.4	611.4	546.8

當心標的公司在被收購前營收下降

還記得我們在組合國際電腦公司任職的老朋友嗎？他們操弄數字以協助管理高層把 10 億美元分紅帶回家。要達成本項使命需要用到多項技巧；我們之前介紹過一些，包括把一個月延長為「35 天」，以及立即認列 10 年分期銷售契約的營收。就像三康公司一樣，組合國際也從收購前被壓下來的營收當中獲益良多。

來看看組合國際於1999年時買下白金科技（Platinum Technologies）時的情況。在1999年3月那一季，也就是這筆交易結束前的最後一季，白金科技的營收來到7季以來的新低點，減少幅度高達1.44億美元；與去年同期相比，則減少超過2,300萬美元（見表8-4）。白金科技將這種大幅滑落的現象歸因於客戶結案時間延後，而這正是組合國際指導而造成的後果。

然而，不論真實原因為何，因為無法完成這些銷售，讓白金公司得以為新買主提供造假的營收。進一步分析，如果白金科技的業績滑落並非壓下營收的結果，投資人仍舊應該要擔心，因為組合國際買下了一家營收迅速衰退的企業。

4. 日後才認列目前的銷售

最後這一節和前一節關係緊密：壓下營收，一直等到後期才認列。前一節是在收購的情況下來討論這項花招；在這一節，我們要討論的是比較沒有這麼巧妙的作法：管理階層早就決定要在日後才認列銷售活動，因此壓下營收，一直放到後期。

假設公司目前正處於強力成長期間的末端，管理階層已經達成所有必須達成的盈餘目標，可以拿到當期的最高分紅。銷售成長的

表8-4　白金科技被組合國際收購前的營收低點

（百萬美元）	1999年3月第一季	1998年12月第4季	1998年9月第3季	1998年6月第2季	1998年3月第1季	1997年12月第4季	1997年9月第3季	1997年6月第2季
營收	170.1	314.7	250.3	217.4	193.4	242.7	190.8	164.2

腳步仍輕盈迅速，但管理階層有個妙計，可以確保後期也能享有高額分紅：從現在起不再認列任何營收，將這些金額挪到下一季。要這麼做很簡單，連審計人員都很難察覺這個花招；客戶也一定不會反對，因為他們收到帳單的日期會比預期更晚。但是對投資人而言，這種作法既不誠實也有誤導之嫌，因為這會造成高報後期營收。而更重要的是，這證明管理階層並非根據穩健的商業慣例做出決策，而是想辦法修飾財務報表後才拿給投資人看。

••• 回顧

警示信號： 　**把現在的利潤挪到後期**

- 提列準備，並在日後將準備金挪到利潤。
- 將認列意外利得的期間延長好幾年。
- 以不當的會計原則處理衍生性金融商品，以調整利潤。
- 在收購結案前先壓下營收。
- 提列和收購相關的準備，並在日後挪到利潤裡去。
- 日後才認列當期營收。
- 遞延營收突然且意外減少。
- 認列營收政策改變。
- 在波動期間竟然意外創造出一致的盈餘。
- 被購併的公司在收購結案前壓下營收。

●●● 展望

　　本章說明管理階層用來壓下正當營收、以便在日後認列會有的作法。如果把當季利潤挪到後期可以造福營收，那麼提前在早期認列費用也可以辦得到。第 9 章要說明一些用來提早認列費用的技巧，這麼做能把當期的績效表現弄得一團糟，以凸顯明天的美好。

第**9**章

操弄盈餘騙術第 7 條：
把未來的費用挪到前期

　　還記得孩提時代一個很有趣的遊戲叫「相反日」（opposite day）嗎？小孩子在玩這個遊戲時，規則是要用相反的方式來做平常做的事。在這一章，就讓我們大人透過費用來重溫相反日的樂趣吧。請回想一下操弄盈餘騙術第 4 條和第 5 條，整個重點要不就是把費用挪到後期，要不然就是讓它們完全消失。現在，讓我們仿效一下相反日的精神，用會計來表現一點創造力。

　　首先，2 條基本規則如下：（1）不要讓成本在資產負債表上放太久（操弄盈餘騙術第 4 條），而是要把這些東西馬上丟進費用垃圾桶裡（2）不要試圖藉由不認列發票來隱藏費用（操弄盈餘騙術第 5 條），而是現在就要認列（愈早愈好）；就算你要因此而編造一些費用也沒關係。這聽起來有點瘋狂是嗎？且聽我慢慢道來，你很快就會了解管理階層如何在這場遊戲當中獲得好處，而且各家公司還蠻常玩這一招的。

　　本章的重點在於，管理階層用來把未來的費用挪到前期的兩大常用技巧。

●●● 把未來的費用挪到前期的技巧

1. 不當地減記當期資產，以避免在未來期間發生費用。
2. 不當地認列提列準備的費用，而這些準備的用處在於降低未來的費用。

1. 不當地減記當期資產，以避免在未來期間發生費用

讓我們快速回想一下從資產到費用的德州二步舞。做得對的話，第一步會把成本以資產項目放在資產負債表上，因為這些成本代表的是長期利益。第二步則牽涉到，在收取利益之後要將這些成本丟到一般所說的垃圾桶（也就是費用）。第 6 章「操弄盈餘騙術第 4 條：把目前發生的費用挪到後期」，說明的是搞砸二步驟的第一種方法：太慢才從第一步挪到第二步，或是根本完全少了第二步。本章要說明的是另一種錯誤的二步舞舞步，基本上和第 6 章的討論相反：這一次，馬上就從第一步跳到第二步。換言之，是比正常時點更早認列費用，藉此減記資產。

適用「二步流程」的典型成本：

第一步：認列為資產	第二步：認列為費用
遞延行銷	行銷費用
存貨	銷貨成本
工廠與設備	折舊費用
無形資產	攤銷費用

不當減記遞延行銷成本

你可能還記得，當我們最後一次在第 6 章看到美國線上的老朋友時，他們正辛辛苦苦地要拿出利潤，開始將行銷及招商成本資本化，好把公司業績推進黑字區。對於他們將資產負債表上的一般成本資本化藉此虛報利潤，我們曾經嚴厲批評。之後，我們又責備他們延長這些成本的攤銷期間，把原本的 1 年變成 2 年；這樣一來，又進一步減少費用、膨脹利潤。我們就把故事說到這裡，結果是美國線上在遞延爭取用戶成本這個資產科目下累積了超過 3.14 億美元（見表 9-1）。但這家公司還是有個大問題：這些成本代表的是未來的費用，他們得在未來 8 個季度裡攤銷完畢，因此每一季的盈餘受到的衝擊大約4,000 萬美元。如果考慮美國線上黯淡的盈餘水準（1996 年的營業利潤為 6,520 萬美元），每季要認列 4,000 萬的費用，這也是讓人不快的事。

因此，3 個月後，當遞延爭取用戶成本暴增至 3.85 億美元時，美國線上就端出 B 計畫，開始玩他們自己的相反日遊戲。美國線上不繼續跳完二步舞，把行銷成本分在接下來的 9 個季度攤銷，反而改變

表 9-1　美國線上遞延爭取用戶成本

（百萬美元）	1996 年	1995 年	1994 年	1993 年
營收	1,093.9	394.3	115.7	52.0
營業利潤	65.2	(21.4)	4.2	1.7
淨利	29.8	(35.8)	2.2	1.4
總資產	958.8	405.4	155.2	39.3
遞延爭取用戶成本	**314.2**	**77.2**	**26.0**	**—**

方向，宣布用「一次性費用」一下子減記所有的金額。當然，公司也想出一個說服審計人員的合理藉口，即這些資產的價值忽然之間「遭遇減損」，未來已經無法創造任何益處。美國線上因此宣稱有必要減記，以反映商業模式的改變，包括當公司開拓出其他營收來源時，要降低用戶費用的占比。

　　為了要清楚說明這家公司的厚顏無恥以及其計謀涵蓋的範圍，讓我們整理一下重點。首先，美國線上決定把一般的招商成本放到資產負債表上，讓投資人誤以為這是一家有能力獲利的公司，實際上他們不只賺不了錢，還不斷地在燒錢。再來，公司把原本的攤銷期間從 1 年延長為 2 年，因為當要攤銷的費用減少了一半，又會多拉抬一些利潤。就在此時，公司也已經知道仍有一個非常重大的挑戰：因為使用激進的會計操作原則，美國線上成功地把超過 3 億美元的費用往後挪，但是它卻沒有辦法讓這些費用就此永遠消失。別擔心，美國線上的魔術師衣袖裡還有乾坤，這可是精彩大結局；在一項行之有年的幻術之下，管理階層用一筆 3.85 億美元的費用消去所有即將發生的費用，並把這項費用稱為「會計估計值改變」的費用，藉此淡化事情的嚴重性。你一定同意，這些都是放肆到了極點的行動。

不當地以過時為由減記存貨

　　存貨成本和美國線上多年來以不當手法資本化的招商成本不同，前者大部分都是必然應該要資本化的成本，必須等到後期產品銷售出去或是因為過時而減記之後再轉為費用。在與存貨會計原則相關的騙術當中，最常見的就是未即時將成本從資產科目下轉為費用；這種花

招自然可以低報費用、高報利潤。但因為我們現在要玩的是相反日遊戲，因此讓我們假設管理階層決定要認列費用、減記存貨成本，而且是在銷售活動實際發生之前就這麼做。

思科減記幾十億美元的存貨。2000 年網路泡沫破滅時，許多企業適當地減記受損的資產，包括存貨、工廠與設備，還有無形資產。然而，思科（Cisco Systems）雖然在 2001 年 4 月份減記了 22.5 億美元的存貨，卻仍然因為太與眾不同而搶盡風頭。單獨來看，這筆存貨費用就已經非常龐大，但如果進一步詳查，並和最近幾季的銷貨費用相比，我們才能真正了解這個數目有多大：被減記的金額超過一整季銷售出去的存貨，且幅度超過 100%！

　　為什麼我們要驚聲尖叫？且讓我們把時間往後快轉 1、2 個季度，來到經濟情況開始好轉，思科的營收回到正常水準之時。假設思科在認列一次性費用時，選擇不要把所有價值已經減記的路由器（router）通通丟進垃圾桶裡，那麼思科就可以虛報營收以及營利率。為了說明清楚，以下有幾個簡單的數字：思科花 100 元製造存貨，並以 150 元售出，創造了 50 元的毛利（毛利率為 33.3%）。如果在更早的期間，這 100 元已經減記至 0，但之後又以 150 元售出，思科就可以認列 150 元的利潤（毛利率為 100%）。或者，就算思科只把存貨價值減記到 75 元，也可以認列 75 元的利潤（毛利率 50%）。並沒有任何一翻兩瞪眼的證據可證明，思科曾出售已完全減記或部分減記的存貨，並因此提報高額的毛利率。但是這當中還是讓人有理由去質疑，主要是因為以下兩點：（1）公司在發表盈餘報告的說明會中表示，不

會完全丟棄被減記的存貨（2）後面幾期的毛利率成長過快。

玩具反斗城累積了太多存貨。 玩具反斗城（Toys 'R' US）的因應對策是，宣布將要認列一筆 3.966 億美元的（稅前）重整費用，以支付「策略性存貨重置」（就是要把賣不太動的存貨從貨架上搬走）以及關閉店面和經銷中心的成本。當時財務研究與分析中心提出的報告警告，玩具反斗城可能會把一般營運成本混在其中，而這類成本通常應該納入未來的營運費用。存貨重置相關的費用達 1.84 億美元，公司對此的解釋是，必須把存貨搬走，並且透過另類的經銷管道以較低的價格銷售。一般來說，存貨會減記到可變現淨值，這個數值和帳面價值之間的差異，就認列為營業費用。

不管我們討論的是美國線上提早認列遞延行銷成本、思科減記沒有丟掉的存貨，還是玩具反斗城一次性地認列大筆費用，看來每一個案例的結果都相同：提早把未來的費用挪到目前，並把這種減記行動當成和一般營業活動無關的作為，放在非經常項目之下。這種行動不僅能虛報未來的利潤，而且不會傷害當期的營業績效。

會計小百科： **重整費用創造了跨期及期內利益**

本章的騙術同時為管理階層創造出跨期及期內利益。首先，未來的費用已經提早認列，因此未來要負擔的費用就減少了。其次，這些被提早認列的費用通常會歸類在「重整費用」或「一次性費用」下，並出現在非經常項目裡面，替公司創造了一個雙贏的局面：認列費用期間的營業利潤（屬經常項目）未受影響，因為這項行動的衝擊力被歸到非經常項目之下；未來的營業利潤得以浮報，因為應付的一般費用已經被先拿出來納入前期的費用裡了。

不當減記工廠與設備認列減值

第 6 章介紹過牽涉到工廠與設備的騙術,對於管理階層利用太長期間來折舊資產,或是當價值已經永久受損卻未完全減記,藉此浮報利潤時,我們慎戒恐懼。但讓我們繼續相反日遊戲,且換個方向想一想:在所有資產都完好如初的情況下,管理階層如何縮短折舊期間及宣布針對某些工廠及設備認列減損費用,藉此提早認列費用。如果這類騙術對應的是新任執行長,而且面對大筆的股票選擇權誘惑,或者管理階層不尋常地定期使用這套招術時,投資人更要特別當心。

你有沒有想過,一個人要做哪些準備才能承擔上市公司執行長的重責大任?當然,這一類研討會到處都有,還附加各類書籍以及其他訓練資料。在這些教育訓練課程當中,必上的一課是:上任後 90 天要做的事。想想看以下這個場景出現的頻率有多高;如果以下這項策略出現在「新任執行長教戰手冊」中,我們絕對無須訝異。

在新官上任的前幾週,你一定會宣布幾項大膽的作為,以清理前人留下來的爛攤子,並試著表現得像是一位堅毅、果決而且掌握一切細節的領導者。還有,一定要宣布一套提高營運效率的策略,以及大量減記資產〔通常這叫做「洗大澡」(big bath)〕。減記金額愈大愈好,投資人將會眼睛一亮,而且這樣絕對可以讓你更容易凸顯日後期間的盈餘成長;你把未來的成本挪入今天的費用,就是降低了今天的基準。在你的宣言當中,一定要提到必須減記過度的膨脹存貨和工廠資產這件事。投資人甚至不會為了這項短期損失而不悅,因為這些東西都會打包好放到非經常項目之下。當明天來臨時,你可以提報更漂

亮的利潤數字，因為許多原本屬於明天的成本早已經被當成特別費用減記掉了。

「鏈鋸艾爾・鄧勒普」的傳奇。日光企業惡名昭彰的執行長鄧勒普就是用這種方法讓自己看起來聰明絕頂；至少，有一陣子是如此。在鄧勒普於 1996 年 7 月份就任當時，日光企業是一家搖搖欲墜的公司。鄧勒普正以身為扭轉乾坤的專家而聞名。

在領導史考特紙業公司（Scott Paper Company）的前 18 個月，鄧勒普的騙術協助這家公司的股價上漲 225%，並讓市值增加 63 億美元。史考特紙業後來以 94 億美元賣給金百利克拉克（Kimberly-Clark），鄧勒普則拿了 1 億美元入袋，作為臨別禮物。在他於史考特紙業任職的短短期間，鄧勒普解雇了 11,000 位員工，在改善工廠及研發上面花大錢，然後把公司賣給原本的最大勁敵。當史考特紙業成為自 1983 年以來被鄧勒普出售或分割的第 6 家公司時，華爾街響起一片歡呼。

當日光企業宣布鄧勒普要擔任新執行長那天，股價因此跳漲60%，是公司歷史上單日最大跳漲幅度。在接下來這一年，明顯的重整行動開始讓投資人大感佩服。在宣布聘用鄧勒普的前一天，公司股價為每股 12.50 美元；1998 年初來到每股 53 美元的歷史高點，鄧勒普也因此拿到新合約，底薪加倍。

之後的事情大家都知道了。1998 年 4 月 3 日，當日光企業揭露季度損失時，股價暴跌 25%。2 個月後，媒體報導日光企業激進的銷售作法，促使日光企業的董事會展開內部調查。調查揭露了大批不當

的會計作法，導致公司停止鄧勒普和財務長的職務，並重編財報，時間從 1996 年第 4 季一直到 1998 年第 1 季。重編後的財報刪掉日光企業在 1997 年提報的淨利約達三分之二，而公司最後也申請破產。

不當地減記無形資產。大部分的無形資產（例外是商譽）和工廠與設備等有形資產一樣，也是要在管理階層決定的期間內攤銷成本。利用操弄盈餘騙術第 4 條，把攤銷期間延長可以降低每一季的攤銷費用，以造假的方式拉抬利潤。當然，縮短攤銷期間則會影響利潤。這正是操弄盈餘騙術第 7 條的目標，因此投資人應該要注意無形資產使用年限縮短的現象。

當心恰好在收購結案前發生的重整費用。還記得前一章提過，美國機器人學公司壓下幾億美元的營收當作禮物，讓三康在購併作業完成後能挪出來用嗎？美國機器人學公司還利用操弄盈餘騙術第 7 條中的一項技巧，創造出了第二項歡迎大禮。就在合併之前，美國機器人學公司認列了一筆 4.26 億美元的「合併相關」費用，讓三康公司在合併完成之後，無須把這些費用當成一般營運費用認列。在總費用當中，有 9,200 萬美元和減記固定資產、商譽以及購入的技術有關。減記這些資產會降低未來的折舊及攤銷費用，因此提高淨利。這真是讓新朋友開懷大笑的好方法！

在經濟情況惡劣時，為了提高營業效率及控制成本而認列重整費用，通常是有道理的。但是重整不應該是每年來一次的活動。就像我們在第 5 章討論過的，有些公司每一個期間都認列「重整成本」或「一次性項目」，濫用企業能把費用放在非經常項目之下的權利。最切

中核心的範例就是阿爾卡特，多年來幾乎每一季都認列重整費用。一段時間過後，投資人一定會開始質疑，這些公司到底懂不懂非重複性和重複性活動之間的差異。如果某家公司每一年都會出現某一類成本，就應該和其他重複性營業項目放在一起。

2. 不當地認列提列準備的費用，用處在於降低未來的費用

在本章一開始，我們討論了企業如何提前認列費用，以避免已經發生的開支變成未來的費用。在這一節，我們要討論另一項類似的花招，企業在今天認列費用，好讓未來的開支不須以費用提報。利用這一招，管理階層把成本加到當期來，不僅減掉一部分未來的費用，甚至還加碼，等到未來要認列費用時，則（1）營業費用將被低報（2）假造的費用與相關的負債將會被回轉，導致低報營業費用、高報利潤。讓我們來詳細檢視 2 個範例。

利用今天的重整費用來虛報明天的營業利潤

就像美國線上急著移除遞延行銷費用、不要變成未來要攤銷費用的作法，許多公司也會認列可填入減記的重整費用（如資遣員工的費用），以降低未來的營業費用。因此，今日被資遣員工的薪資費用到了未來的期間就會減少，因為未來的資遣費會被併入今天的一次性費用裡面。結果是：未來期間的經常營業費用消失了，而當期的非經常項目重整費用會增加。但請記住，投資人一般都會忽略重整費用，因此公司把愈多的費用丟進這個一次性的項目愈好。非經常性費用愈高、經常性費用愈低，被許多人當成是雙贏的局面。

當心重整期過後財務數字大幅改善。讓我們再回到日光企業的範例，看看這家公司前期的重整費用替後期的盈餘帶來多大影響。如表 9-2 所示，在認列重整費用之後的 9 個月，日光企業的營業利潤成長到 1.326 億美元，前一年同期則為 400 萬美元。再來看看鄧勒普接下執行長大位不久後改變會計政策造成的衝擊；在 1996 年 12 月那一季，日光企業記錄了一筆 3.376 億美元的重整特別費用，還有一筆 1,200 萬美元的媒體廣告活動，以及「一次性市場研究開支」的費用。根據美國證交會提出的訴訟，這筆重整費用至少浮報了 3,500 萬美元，而日光企業也以不當的作法提列了一筆 1,200 萬美元的訴訟準備。

　　想認列大筆費用，可能沒有比市場處於衰退時更好的時機了。此時投資人會把焦點放在企業如何從衰退中奮起，因此很少會對大筆的費用皺眉頭；確實，投資人通常將這些費用視為正面訊號。令人訝異的是，在 2002 年市場下跌時，美國前 54 大公用事業公司中有 40 家認列了「非常態」費用。就像我們之前討論過的，管理階層想要利用

表 9-2　日光企業的營運表現

（百萬美元）	1997 年 9 月之後 9 個月的績效表現	1996 年 9 月之後 9 個月的績效表現	變動比率（％）
營收	830.1	715.4	16%
毛利	231.1	124.1	86%
營業利潤	132.6	4.0	別提了
應收帳款	309.1	194.6	59%
存貨	290.9	330.2	（12%）
營業現金流	（60.8）	（18.8）	（223%）

這些費用不當地減記仍有生產力的資產，藉此提列假的準備，可不是什麼難事。

提列遠超過必要程度的重整準備，並藉由挪出準備來虛報未來期間的盈餘

前一章解釋過，企業如何執迷於提報穩定且可預測的盈餘。還記得房地美留存了一大筆錢，以便日後再把這超過 40 億美元的利得挪出來嗎？提列準備、之後再挪出來的這套招數，對於玩弄相反日遊戲的管理階層來說也很好用。

如果一家企業認列適當金額的重整費用（例如當公司準備資遣 100 名員工時，就僅針對這 100 名員工認列費用），薪資費用將會被挪到較前期，並歸類在非經常項目之下。這種移到非經常項目下的期內變動，對於大部分人來說都有利，但是有些管理階層太過貪婪，還搭配使用第二項招數。作法是，當管理階層規劃要資遣員工時，認列金額大到非常不適當的重整費用；例如，假設裁減 100 人已經足夠，卻提報要裁減 200 人並認列 200 人的費用。藉由這麼做，管理階層得以加倍認列重整費用與負債。讓我們假設，每一位被資遣的員工可以拿到 25,000 美元的資遣費，如果管理階層按良心辦事，總費用就是 250 萬美元；相反的，如果把資遣 100 名提報為資遣 200 名，那管理階層就可以認列 500 萬美元的費用，如以下的分錄所示：

重整費用	5,000,000	
資遣費負債		5,000,000

公司按照承諾，支付每人 25,000 美元給 100 名被資遣的員工，並做成以下的分錄：

資遣費負債	2,500,000	
現金		2,500,000

當然，其他 250 萬美元還以負債的形式留著，但未來已經不再有支付資遣費的義務了。因此，管理階層以身試法，挪出負債科目下的造假準備，藉此降低薪酬費用。對於需要更多銀彈來達成華爾街目標的不良公司來說，這必然是深具誘惑力的妙招。我們把這招稱為「從不斷給予當中獲得的禮物」。

資遣費負債	2,500,000	
補償費用		2,500,000

來看看朗訊如何在 1990 年代末期，集中火力使用重整費用相關準備。這家公司認列的金額遠超過支付重整費用必要的範圍；之後，超額準備就可以幫助公司美化高低起伏的盈餘模式。據稱朗訊 3 年多以來，從準備科目中挪出 4.42 億美元，藉此壓低費用、拉高盈餘。

當心在收購期間提列各項準備科目的企業。在 2000 年 12 月時，訊寶科技在收購競爭對手特爾頌上認列了 1.859 億美元的費用。訊寶科技當時提出的理由是，這些是為了重整營運、處理資產（包括存貨）減損，以及支付整合成本必要的費用。到頭來，這些費用裡卻不當地納入了用來提列準備金的假費用，幫助公司在日後虛報營收。這些費用也高報了存貨減值的金額，當日後相關的存貨銷售出去時，也漂亮地

拉抬了毛利率。

　　同樣的，在 1997 年 6 月，全錄買下自家歐洲子公司 20% 的股權；這家公司之前的擁有者是總部設在英國的朗克集團（Rank Group）。關於這一次的收購行動，全錄針對因交易而產生的「未知風險」提列了 1 億美元的準備，但這違反了一般公認會計原則。因此，全錄開始把這個準備帳戶拿來當成自家的小豬撲滿，當公司的經營績效達不到華爾街的預估目標時，就把裡面的資金挪進利潤裡面。全錄每一季持續不斷善用這筆準備，用在跟收購八竿子打不著的項目上，一直到 1999 年底把錢用光為止。從 1997 年一直到 2000 年，全錄也利用同樣技巧，把其他近 20 項超額準備的金額挪動到利潤裡面，美化的帳面盈餘總計達 3.96 億美元。

在豐足時提列準備。聖經裡說，約瑟夫（Joseph）擁有獨一無二的能力，可替法老解釋讓人不安的夢境。在聽過法老描述夢境的細節之後，約瑟夫警告飢荒將會來臨；經歷 7 年的豐足後，將會出現嚴重的短缺。於是約瑟夫成為法老的僕役長，馬上展開一套方案，撥出一些食物和生活用品作為準備。7 年後，飢荒果真來了，但法老和埃及都準備好了。

　　企業也應放眼未來，合理地預測未來的景氣循環，以及會對整體經濟造成影響的動盪。如今，聰明的管理階層都知道約瑟夫和法老學到了什麼教訓：三年一運，好壞照輪。在這種環境之下，如果企業已經達成當期的營收預估，就可能會試著把明年度的費用早點挪過來。亨氏食品（H.J. Heinz Company）就有預感壞年冬就快來臨了，於是

先把成本挪過來，好拉抬下一年的盈餘。其中一家子公司也加入這場騙局，比方說錯估銷售成本、不當地向供應商徵求廣告發票，並針對根本沒有接受的服務支付費用。

••• 回顧

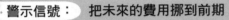

警示信號： **把未來的費用挪到前期**

- 當期不當地減記資產，以避免在未來要認列費用。
- 不當地認列提列準備的費用，而這些準備的用處在於降低未來的費用。
- 新執行長上任時伴隨大筆的減記費用。
- 恰好在收購結束之前認列重整費用。
- 存貨減記後沒多久毛利率就開始成長。
- 不斷認列重整費用，藉此將一般費用轉變成一次性的費用。
- 在經濟情況波動期間卻出現不尋常的平順盈餘模式。

••• 展望

第 8 章和第 9 章說明，管理階層為達以下目的而經常玩弄的花招：（1）為了調整盈餘模式（2）把表現特殊期間的利潤挪到積弱不振的時間（3）清空惱人的費用，以求在未來能創造投資人目眩神馳的盈餘績效。

在看完這兩章的同時，我們也完成了本書的第 2 部以及對於 7 條操弄盈餘騙術的討論。就像操弄盈餘騙術第 1 條到第 5 條顯示的，管理階層擁有一整箱的技巧，可以計誘投資人相信公司創造出比實際情況更高的利潤。而如果管理階層想要讓明天的成果看來亮麗出色，操

縱盈餘騙術第 6 條和第 7 條可以幫他們達成目標。

如果你讀的是 2002 年版的《識破財務騙局的第一本書》，你要上的課也就結束了。在當時，我們認為管理階層在財務報告上耍弄的花招，就只有不當表述盈餘。雖然今天的管理階層仍花掉大把的時間，想變出各種操弄盈餘的新花招，但玩弄財務騙術的範圍已經大幅擴張，遠遠超過只有操弄盈餘。隨著管理階層不當表述財務績效的策略和戰術持續演進，投資人也必須接受新的訓練以應付這些花招。

第 3 部就從傳授這些新課程開始，重點在於企業如何不當地表達營業現金流。我們把這類花招稱為現金流騙術。管理階層在尋找新招數方面可算魔高一丈，投資人必須加倍努力才能追得上，並有機會了解這些財務數字背後暗藏的玄機。那麼，就讓我們開始上課吧！

第三部

現金流騙術

有許多財務騙術都愈來愈神不知鬼不覺，引得投資人愈發質疑損益表上以應計基礎認列的數字到底有沒有價值。一次又一次，企業藉由過早認列營收或隱藏費用的花招來欺騙投資人。某些較老練的投資人說，他們明白盈餘是可以被操弄的，因此比較相信「單純」的營業現金流。

這當然是方向正確的一步，但現在你就像站在十字路口一般，要從應計基礎盈餘走到到現金流數字時，一定要加倍謹慎。當你讀完本書第 3 部之後就會非常清楚，之所以要這麼小心翼翼，背後自有其道理。

第 3 部要說明 4 類特定的現金流騙術，討論管理階層用來提高營業現金流的伎倆；營業現金流是一個非常重要的指標，投資人要仰賴這個數據來評估企業創造現金的能力，以及其「盈餘品質」。我們也會拿出一些可以快速偵測出現金流騙術的策略，並提供資料說明企業如何調整提報的數據，以計算出更持久穩健的現金流數值。

●●● 4 項現金流騙術

應計基礎會計與現金基礎會計

在探究特定技巧之前，我們要先確實掌握應計基礎會計與現金基礎（cash-based）會計之間的關係，以及現金流量表的價格。會計原則規定，企業要用應計基礎來提報盈餘績效。對於非會計專業背景的人來說，這個意思就是你必須在賺到錢時提報營收（而不是在真正收到現金時），並在收取利益時認列費用（而不是在真正付款時）。換言之，在應計基礎會計原則之下，現金的流入和流出扮演的是次要角色。對投資人來說，還好的是企業也必須提供獨立的現金流量表，以強調來自以下 3 大來源的現金流入和流出：營業活動、投資活動以及融資活動。營業部分包含的資訊，可以當成輔助應計基礎淨利的其他績效衡量指標。

就像我們在前面各章中談過的，精明的投資人常常會把淨利拿來和營業現金流相比對，當營業現金流落後淨利時，就應提高警覺。確實，淨利高但營業現金流低，通常代表著當中存在某些操弄盈餘的騙術。

讓我們來比較一般損益表和現金流量表營業部分的形式和結構。根據會計原則（財務會計準則公報第 95 條），企業可以用「直接法」或「間接法」來呈現營業現金流。直接法是直接顯示現金流流入的主要來源（例如來自於客戶），以及流出的主要去處（例如流到供應商和員工手上）。反之，間接法就要從應計基礎的淨利開始，彙整協調納入營業現金流。對投資人來說，直接法當然比較順應直覺一點，而制訂規則者也特別表明他們偏愛使用這種作法的企業。然而，制訂規則單位的敦促無法說服企業認同這套方法，大部分的公司還是僅以

間接法來表示現金流量。（當我們在寫作本書時，制訂標準者已經往前邁了一大步，定下新規則要求企業必須以直接法表達現金流量。）以下我們就要來說明損益表（應計基礎）、營業現金流（以直接法表示），以及營業現金流（以間接法表示）。

表 P3-1　損益表：應計基礎

銷貨營收	1,000,000
減：營業費用	850,000
營業利潤	150,000
減：非營業費用	50,000
稅前利潤	100,000
減：所得稅（稅率為 35%）	35,000
淨利	**65,000**

表 P3-2　營業現金流：直接法

收取客戶現金	750,000
減：	
支付供應商款項	550,000
支付員工薪資	600,000
支付稅款	35,000
支付利息	40,000
營業現金流	**（475,000）**

表 P3-3　營業現金流：間接法

淨利	65,000
為與淨現金一致之調整項目	
折舊與攤銷	40,000
備抵呆帳	10,000
營業資本（working capital）變動	
應收帳款	（820,000）
存貨	（80,000）
預付費用	50,000
應付帳款及遞延營收	260,000
營業現金流	**（475,000）**

　　雖然淨利和營業現金流代表的意義稍有不同，但同樣都是評估企業績效的有效指標，一般來說，投資人應預期這兩個指標會同向移動。這也就是說，如果有一家公司對股東提報淨利成長，假設此時其營業現金流反而萎縮，那就會讓人感到忐忑不安。請看剛剛的這個範例，營業現金流落後淨利的幅度高達驚人的 540,000 美元（負 475,000 美元再減 65,000 美元）。就像我們之前討論過的，面對這樣的結果，投資人應該要擔心這家公司用上了操弄盈餘騙術。

從盈餘到現金流

　　管理階層必定了解，投資人重視的是「高品質的盈餘」。他們知道投資人會以營業現金流為基準來檢驗盈餘品質，就像我們在之前各個範例中所做的那樣。他們也知道，許多投資人認為營業現金流是衡量企業績效最重要的指標；有些人甚至完全不理會盈餘，轉而主要專

注於分析公司創造現金的能力。管理階層完全明白，這些投資人被無稽之談給哄住了，誤以為現金流是不能被操弄的。

因此，當企業在提報財務績效以及揭露相關作法時愈變愈聰明，也就沒什麼好訝異的了。許多公司都已經找到新方法來誤導投資人，而這是採用傳統盈餘品質分析根本無法察覺的。就像你將在第 3 部學到，有許多花招都牽涉到操弄營業現金流。

營業現金流：天之驕子

在深入探究現金流騙術之前，要先了解現金流量表的基本架構。現金流量表代表企業在期間內的現金餘額變動，表達所有的現金流入和流出，針對期初餘額進行調整，得出期末餘額。所有現金變動都要歸入 3 大類其中之一：營業活動、投資活動以及融資活動。圖 P3-1 說明，現金流量表中每一大項的一般流入和流出情況。

投資人不會認為現金流量表中的 3 大部分同樣重要；相反的，他們認為營業現金流是「天之驕子」，因為這代表公司從實際業務營運

圖 P3-1　現金流量表的 3 大類項目

	營業活動	投資活動	融資活動
現金流入	收取客戶款項 收取利息 收取股息	出售投資 出售工廠 / 設備 處分業務	銀行借款 其他借款 發行股票
現金流出	支付供應商款項 支付員工薪資 支付稅款 支付利息	資本支出 購入投資 購入財產 收購業務	償付貸款 購回股票 支付股息

中創造的現金。許多投資人不太在乎公司的投資或資本結構，有些甚至更極端一點，完全忽略其他部分。畢竟，營業部分已經能完全傳達企業的營業活動，對吧？

嗯，並非真的如此。在表達現金流時，企業可以使用極大的裁量權。許多普遍的現金流騙術可以說成是期內拼圖遊戲（intraperiod geography game）；這是自由派企業的說法，用來描述在現金流量表上「要把什麼東西放在哪裡」。比方說，某項現金流出應該放在營業項下還是投資項下？顯而易見，管理階層的答案會嚴重影響提報的營業現金流以及投資人對企業績效的評估。其他牽涉到管理階層主觀決定的騙術則會影響現金流時點，以編造出過度美化的經濟面假象。

羅賓漢的把戲

你可以把期內拼圖遊戲想成「羅賓漢」（Robin Hood）的把戲：劫富濟貧，從現金流量表上比較富有的部分挪出一點，放到比較貧窮的那一部分。在多數情況下，比較「窮」的那一部分都是營業，而這是投資人會密切追蹤的項目；比較「富有」的通常是投資和融資項目，這些是投資人常會忽略的。

就像你將會看到的，這種羅賓漢劫富濟貧的把戲實際上很簡單也很常見。要企業編出理由把好東西（現金流入）放到最重要的營業部分、把壞東西（現金流出）搬到比較不重要的投資和融資部分，並非難事。圖 P3-2 說明了某些招數，比方說不當地把實際上為銀行借款的現金流入挪到營業項目，或是把不想要的現金流出挪出營業項目之外、標示為資本支出。

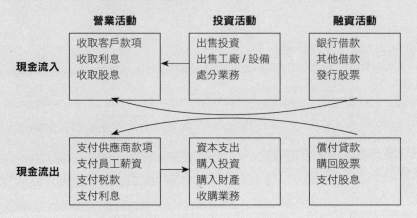

圖 P3-2　現金流騙術：羅賓漢的把戲

	營業活動	投資活動	融資活動
現金流入	收取客戶款項 收取利息 收取股息	出售投資 出售工廠／設備 處分業務	銀行借款 其他借款 發行股票
現金流出	支付供應商款項 支付員工薪資 支付稅款 支付利息	資本支出 購入投資 購入財產 收購業務	償付貸款 購回股票 支付股息

諾丁漢郡長人在何方？

就像諾丁漢郡長（Sheriff of Nottingham）無法阻止羅賓漢劫富濟貧一般，目前的會計原則似乎也無法防止企業涉入這類現金流騙術。這是因為，當制訂規則的單位在撰寫現金流量表的會計原則時，未能適當地處理許多關鍵議題。確實，在處理現金流量表「什麼東西該放在哪裡？」這個問題上面，會計原則講得很籠統，讓管理階層得以享有很大的裁量權。

事實上，有時候這些會計原則被當成是羅賓漢劫富濟貧把戲的「共犯」，因為實際應用時，這些原則在某些情況下無法捕捉到交易的經濟實質面。因此，就算企業遵循規則，他們提出的營業現金流量數值，仍無法有效衡量企業的有機成長。當然，不應指控遵守規則的企業有詐欺之嫌，但照章行事不見得一定能創造出準確反映基本經濟現實的財務報表。

好消息與壞消息

現在，該來說說好消息和壞消息了。壞消息是，有很多技術都能讓企業編造出有誤導之嫌的現金流量。而且，在現金流量表相關的會計原則當中，有很多面向會讓人困惑，懷疑企業對投資人提報的營業現金是否真的站得住腳。

但好消息是，你懂了這些事；確實如此，因為你正在讀這本書。你將會學到如何快速偵測出這些技巧，並獲得必要的知識和技術，能成功地和試圖用現金流騙術來誤導你的那些公司互相較勁。

接下來的 4 章將提供一趟導覽，簡介 4 條現金流量騙術，包括管理階層用來將不想被看見的現金流出從營業項下挪走，把大家搶著要的現金流入推進來的種種技巧。我們也會和大家分享一些祕訣，了解如何偵測出這些騙術的徵兆。

第 10 章要先介紹，如何將來自融資活動的現金流入挪到營業活動項下。

第**10**章
現金流騙術第 1 條：
將來自融資活動的現金流入挪到營業活動項下

　　在 1998 年賣座喜劇片《龍兄鼠弟》（*Twin*）裡面，阿諾 · 史瓦辛格（Arnold Schwarzenegger）和丹尼 · 狄維托（Danny DeVito）湊成了一對不太可能搭在一起的拍檔。一項為了創造出完美小孩的祕密實驗結果，就是讓他們兩個出生在同一個基因實驗室。眾家醫生博士操弄生育流程，以過濾出大家都想要的特質並放在一個小孩身上，然後把「基因垃圾」全丟到另一個身上。這些生物科技專家能夠創造出天資聰穎的美男子（史瓦辛格飾）；但在此同時，他們也創造出身材五短、相應而生的攣生兄弟（狄維托飾）。

　　就在那一年，新的現金流量提報準則（財務會計準則公報第 95 條）生效，正式規定現金流量表以及其 3 大部分（營業活動、投資活動以及融資活動）的格式。看來，某些企業高階主管在審視新規則的同時，也看了《龍兄鼠弟》一片中的操弄生育流程場景。他們可能就是從這裡想出操弄現金流量表的瘋狂主意，把所有大家喜歡的現金流入放到最重要的部分（營業活動），並把所有大家不要的現金流出放

到其他項下（投資和融資）。

近年來，許多企業看來都擁有自己的《龍兄鼠弟》基因實驗室。但他們的意圖不是要創造出完美的孩子，而是要編造出完美的現金流量表。在本章中，我們要探討這些實驗室所用的最重要祕密程序之一：將大家都喜歡的資金流入從融資交易挪到營業部分。

●●● 將來自融資活動的現金流入挪到營業活動項下的技巧

1. 把一般銀行借款認列為營業現金流。
2. 在收帳日前出售應收帳款，藉此膨脹營業現金流。
3. 假造出售應收帳款以虛報營業現金流。

這 3 種技巧所代表的內涵，都是企業把淨現金流入從融資活動安排挪到營業活動項下，藉此虛報營業現金流，如以下的圖 10-1 現金流流向所示。

圖 10-1　現金流流向

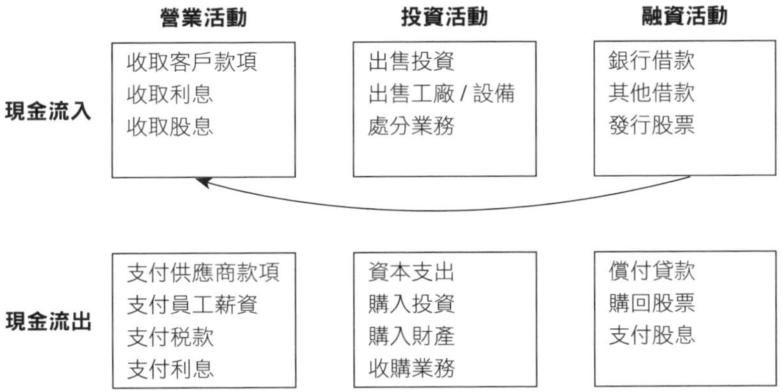

	營業活動	投資活動	融資活動
現金流入	收取客戶款項 收取利息 收取股息	出售投資 出售工廠／設備 處分業務	銀行借款 其他借款 發行股票
現金流出	支付供應商款項 支付員工薪資 支付稅款 支付利息	資本支出 購入投資 購入財產 收購業務	償付貸款 購回股票 支付股息

1. 把一般銀行借款認列為營業現金流

2000 年底，德爾福企業發現自己落入困境。這家公司一年前從通用汽車裡面分割出來，管理階層很努力要展現公司體質強健，有能力獨當一面。然而，雖然管理階層雄心萬丈，但是這家汽車零件供應商的營運狀況並不太妙。自分割出來之後，德爾福設計出許多計謀來虛報財務績效。當時汽車產業風雨飄搖，整體經濟狀況也愈來愈糟。

德爾福的營運狀況在 2000 年第 4 季持續惡化，公司面對可能得對投資人吐實的窘況，表明當季的營業現金流嚴重惡化。這樣可能會帶來致命的一擊，因為德爾福常常在發布盈餘時以斗大的標題凸顯其現金流，以此作為企業績效及其優勢的重要指標。

因此，早已身陷謊言之中的德爾福，只好捏造出另一套計謀，以挽救這個季度。在 2000 年 12 月最後幾週，德爾福去找它的往來銀行壹銀行（Bank One），提議要出售價值 2 億美元的貴金屬存貨。無須訝異，壹銀行一點都不想買存貨。請記得，我們談的買方可是一家銀行，而非汽車零件製造商。德爾福了解這一點，並擬了一份特別合約，讓壹銀行能在幾週後（即隔年）把這些存貨「賣」回給德爾福。為了換取壹銀行願意「擁有」存貨幾週，德爾福將會用稍高於原價的價格把東西買回來。

讓我們退一步想一想，這其中到底發生了麼事。這樁交易的經濟面對你來說應該一清二楚：德爾福向壹銀行短期貸款。就像許多銀行放款的案例一般，壹銀行要求德爾福提供擔保（即那些貴金屬存貨），如果德爾福決定不償還貸款，這些擔保品就會由銀行沒收。德

爾福本來應把從壹銀行借來的 2 億美元認列為借款（增加融資活動的現金流入），因此在德爾福的資產負債表上，交易結果應該是增加現金及負債（應付貸款）金額。但顯然，目前的借款和日後的還款無法創造出營收。

德爾福並未以切合交易雙方經濟實質與意圖（也就是當成貸款）的方式來認列這筆交易，反而膽大包天地認列為銷售 2 億美元存貨。這麼一來，就像我們在操弄盈餘騙術第 2 條討論過的，德爾福同時虛報了營收和盈餘。此外，當這家公司宣稱以「銷售」存貨而換得 2 億美元時，營業現金流也以相同幅度增加。如表 10-1 所示，若少了這 2 億美元，德爾福全年只能認列 6,800 萬美元的營業現金流（而非提報的 2.68 億美元），其中包括第 4 季嚴重的 1.58 億淨現金流出。

營收造假可能也意味著現金流造假。在操弄盈餘騙術第 2 條當中，我們討論過諸多企業用來認列假營收的技巧，包括介入毫無經濟實質意義，或雙方之間未拉開合理距離的關係人交易。當投資人了解假造營收以及其他盈餘操弄騙術之後，大徹大悟，決定要完全忽略應計基礎的財務數字，完全以現金流量表取而代之。我們認為這個決策相當不智。投資人應了解，營收造假可能代表現金流也造假。我們之前討論

表 10-1　德爾福的營業現金流

（百萬美元）	2000 年會計年度
營業現金流	268
減：不當認列為營業現金流的借入現金	200
調整後的營業現金流	68

的德爾福企業，情況正是如此。因此以下這點可視為一條規則：出現營收造假的跡象，可能也意味著虛報營業現金流。

> **心法：** 如果你懷疑某家企業認列假營收，務必想到它也有可能認列假的營業現金流。

當心圍繞著營業現金流量指標打轉的招數。德爾福企業把投資人的注意力帶離公司提報的營業現金流，反而凸顯一個他們自己定義、而且名稱令人混淆的「營業的現金流」（Operating Cash Flow）。投資人通常會交替使用營業現金流以及營業的現金流這兩個詞，但是德爾福對這兩個詞卻有截然不同的定義（第 4 部「重要指標騙術」會詳談這個問題）。

在 2000 年會計年度，德爾福在現金流量表上提報了 2.68 億美元的營業現金流，但是他們自行定義的「營業的現金流」（在公布盈餘時提報）確有 16.36 億美元。沒錯，我們並沒有開玩笑；這當中的差異，是驚人的 14 億美元！謹慎的投資人應會注意到這招騙術，並立刻對這家公司產生懷疑，因為這套花招牽涉到的範圍實在太出人意表了（請把這項超過 14 億美元的差異記在心裡，我們在第 14 章中還會有更多討論）。當然，就算他們提報的營業現金流達 2.68 億美元，其中有一大部分都是虛報的，因為其中包含了之前提過的假裝出售存貨給銀行。當證交會要弄清楚德爾福的所有騙局，並用詐欺的罪名指控這家企業時，他們必然得拿出各項偵察看家本領。

德爾福不僅編造出一個用來替代營業現金流的誤導指標,更經常把這個指標放在每季盈餘報告的標題中,對投資人大肆宣揚他們在這方面的長處。當管理階層大大地將焦點放在公司自創的指標,而偷偷摸摸重新定義重要的制式營業現金流時,投資人就應該要小心了。管理階層拿出創意來應用指標,不盡然暗示其中有詐,但投資人仍應提高警覺,抱持高於一般時候的懷疑態度。

複雜的資產負債表外結構會提高虛報營業現金流的風險

我們已經提過恩隆涉入的好幾宗騙術,特別是這家公司使用如特殊目的實體等資產負債表外媒介。恩隆創造出來的某些機巧計謀,有助於公司提出充滿誤導性的漂亮營業現金流。比方說,恩隆會創造出實體機構作為工具,透過聯合簽署貸款的方式幫助這家實體機構借錢。這家由恩隆控制的工具,之後就用收到的現金向恩隆「購買」商品;恩隆更將這筆現金認列為「出售」商品收到的營業現金淨流入。

這樁交易的結構可能看來複雜,但其經濟實質面很單純:恩隆設計了一些合約,把商品賣給自己。問題在於,這家公司僅認列了半樁交易,即可以創造現金流入的那半樁。說白一點,恩隆以營業現金流入認列「出售」商品收到的金額,但是忽略了要抵銷向媒介工具「購買」商品而付出的現金流出。如果恩隆以切合經濟實質的方式來認列交易,現金流入就會被視為貸款,因此必須以融資現金流入認列。這套把戲讓恩隆挹注了幾十億美元營業現金流,美化了帳面,但卻損害了融資現金流,也損害了投資人。

2. 在收帳日前出售應收帳款，藉此膨脹營業現金流

在前一節，我們討論了德爾福和恩隆端出了危險的計謀，創造出讓他們能隨心所欲假造營業現金流的《龍兄鼠弟》基因實驗室。在這一節我們要來討論，企業如何利用大家眼中完全正當、而且實際上非常普遍的交易來拉抬營業現金流：出售應收帳款。管理階層在財務報表上表達這類交易的方式，經常會讓投資人摸不著頭緒。

企業經常會出售應收帳款，將這種作法當成有用的現金管理策略。這類交易實際上很單純：公司希望在應收帳款到期前就能收到錢。公司可以去找願意配合的投資人（通常是銀行），出售某些應收帳款的所有權給對方；這裡要交換的是，公司可以收到等同於應收帳款金額的現金，但要減去一筆費用。

讓我們想一想基本的交易目的以及對方的利益。這樣的安排聽起來是融資交易或是營業交易？很多人都同意，銀行根據某種安排開支票給你，像極了傳統式的貸款，因為這不過是另一種形式的融資；尤其是，收取現金的時點和金額都是由管理階層決定。因此，大家會認為這類交易不會影響營業現金流。但是會計原則的說法不同。因為出售應收帳款而收到的現金，適當的認列位置是放在營業項下，而非融資現金流入。為何是營業項目？因為這筆收到的現金可以視為因過去的銷售活動而收到的款項，這確實是讓最機敏的投資人存疑的眾多「灰色地帶」之一。

重點在於，要認得出企業在出售應收帳款，因為這類交易全都歸在營業現金流入當中。企業可以用很多不同的管道來出售應收帳款，包括應收帳款承購（factoring）交易以及證券化（securitization）。請在財務報表中找一找這些關鍵字。

- **應收帳款承購業務：**單純地只指應收帳款出售給第三方，通常是銀行或特殊目的實體。

- **證券化：**把應收帳款出售給第三方（通常是特殊目的實體），目的在於利用重新包裝應收帳款現金流入，創造出新的融資工具（也就是「證券」）。

出售應收帳款：以不持久的作法促進現金流成長

2004 年時，藥品經銷商卡地納保健集團（Cardinal Health）必須生出更多現金，因此管理階層決定把所有的應收帳款賣掉，幫助公司能在短期內獲得大量現金。在第 2 季末（2004 年 12 月），卡地納保健集團賣掉 8 億美元的客戶應收帳款；和前一年底相比之下，公司現金流大增了 9.71 億美元，而主要的推動力量就是這一批交易。

卡地納保健集團當然有權出售任何應收帳款以換得現金，但投資人應該要明白，這是不持久的營業現金成長來源。卡地納保健集團所做的事基本上是在收取應收帳款（向第三方收取，而非客戶），而這些通常在未來幾季就收得到了。在早於預期時間收取應收帳款的同時，這家公司基本上也就是把未來期間的現金流入挪到當期，在未來期間的現金流入上挖了一個「大洞」。把現金流挪到前期的結果，很可能造成公司未來在營業現金流這一方面表現不佳；當然，除非管理

階層又找到另一種現金流騙術來補洞。（企業總是汲汲營營找尋新伎倆，也因此，沒多久一定會需要出新版的《騙術與魔術》。）

當心現金流量表出現突如其來的變化。就算是投資新手，可能也會發現卡地納保健集團的應收帳款出現重大變化，而這項改變大幅拉抬營業現金流的成長。來看看這家公司的現金流量表，如表 10-2。請注意，營業現金流增加 9.71 億美元（從 5.48 億增為 15 億），大部分的影響力都是在交易應收帳款中出現的 11 億美元「變動」。具體來說，截至 2004 年 12 月的 6 個月期間內，交易應收帳款的變化表示現金流入 6.22 億美元；而在去年同期，應收帳款的變化造成的貢獻，則為現金流出 4.88 億美元。無疑地，這大筆的應收帳款銷售金額對於卡

表 10-2　卡地納保健集團的營業現金流（提報數字）

（百萬美元）	6 個月期間	
	截至 2004 年 12 月 31 日	截至 2003 年 12 月 31 日
持續經營業務盈餘	421.6	697.1
折舊與攤銷	198.2	143.2
資產減值	155.8	4.8
備抵呆帳	0.8	（2.7）
交易應收帳款	622.3	（488.3）
存貨	（707.5）	（841.4）
銷售類租賃	（95.3）	22.0
應付帳款	794.1	964.3
其他應計負債與營業項目（淨值）	129.2	49.4
營業活動提供的淨現金	1,519.2	548.4

地納保健集團的核心業務沒有幫助，但大幅改善營業現金流。再強調一次，投資人不僅應聚焦在營業現金流成長了多少，也要看看它成長的方式。

像卡地納保健集團這樣突如其來的「變動」，代表投資人必須進一步探究詳情。在這個案例中，你會發現企業開始出售更多應收帳款。要發現這一點很容易，而且顯然公司也沒有為非作歹。事實上，這家公司還熱心得很，在發布盈餘以及 10-Q 季報中都揭露了出售應收帳款相關事宜。懶散的投資人很容易對卡地納保健集團的現金流量成長能力刮目相看，但機敏的投資人一定明白，這個成長是來自非重複的來源。

暗中出售應收帳款

卡地納保健集團在揭露相關事宜時相對有誠意，但有些企業不太一樣；當他們利用出售應收帳款來嘉惠營業現金流時，卻竭盡全力瞞住投資大眾。就讓我們來看看一家電子製造業的案例。新美亞電子製造服務公司（Sanmina-SCI Corporation），在 2005 年 11 月初時提報 9 月第 4 季的財務績效。在公布盈餘時，新美亞決定凸顯其強健的營業現金流，作為第 4 季的「重點項目」之一。應收帳款減少了，而且新美亞也自豪地點出應收帳款減少這件事，把這個消息放在幾乎是新聞稿最前端的地方。

但是新美亞在公布盈餘時並沒有把整件事講清楚。2 個月之後，就在許多投資人還在歡度 2005 年 12 月 29 日的佳節時，新美亞在當日提出 10-K 年報，並揭露了事情的真相：推升第 4 季營業現金

流成長的主要驅動力是出售應收帳款。新美亞根據一份風險指標集團的報告說明，公司出售的 2.24 億美元應收帳款在季末時仍可追索（recourse，應收帳款買斷分為可追索及不可追索，在可追索的情況下，如果客戶在發票到期時不付款，購買應收帳款的買方可以追索之前支付給賣方的款項；反之，不可追索式的買賣則由買方承擔風險）。相較於前一季提報的 8,400 萬美元，這可以算得上大幅成長。新美亞在過去幾季以來就悄悄地出售應收帳款，但金額從不曾像這次這麼大。如表 10-3 所示，若少了這一筆出售應收帳款增加的現金，新美亞的營業現金流會減少 1.39 億美元，跌至剩 3,600 萬美元，而非原提報的 1.75 億美元。

表 10-3　新美亞 2005 年 9 月第 4 季提報的營業現金流
（扣除銷售應收帳款後調整數字）

（百萬美元）	2005 年 9 月第 4 季
營業現金流	175
減：出售應收帳款的季度變化	139
調整後的營業現金流	36

心法：　當調整營業現金流、扣除出售應收帳款造成的影響後，請使用期末尚未收回應收帳款銷售量變動值這個指標，這樣一來，你就能算出這一季收回了多少上一季的應收帳款。

注意季報資料上的各類安排。當然，完整閱讀 10-K 年報必能揭露出售應收帳款拉抬了營業現金流的事實。但你有沒有想過，事情可能是在編製 10-K 年報之前就發生了？沒錯，答案是「肯定的」。敏銳的讀

者會去讀前一季的 10-Q 季報，注意到新美亞討論出售應收帳款這件事不下 4 次；他們也會注意到，公司在 2 季前的發布盈餘視訊說明會中提過這項安排。因此，當第 4 季營業現金流因為應收帳款大幅減少而成長時，投資人就該當心了。相信他們一定能連點成線，看出整體情況。

當企業在提報像出售應收帳款這類敏感且影響力高的結構型安排時，如果態度曖昧不明，顯然非常不當。要是企業無法為投資人提供詳細資料，請提高警覺，並質疑他們不願意清楚說明如何用應收帳款換回現金的理由；或許管理階段的目標，就是要美化現金流量表。最糟糕的情況是，他們欺瞞投資人公司實際上有現金短缺的問題。這類粉飾太平的舉動顯然不只是美化帳面，而是指向公司要掩飾業務出現嚴重的衰退。網路泡沫時期一飛沖天的全球交點公司（Global Crossing），在 2002 年申請破產的前 6 個月就出售了 1.83 億美元的應收帳款。同樣的，全錄在 1999 年底時也悄悄出售 2.88 億美元的應收帳款，好在當年底時能提報 1.26 億美元的現金餘額，但此舉也惹惱了證交會。

3. 假造出售應收帳款以虛報營業現金流

在前一節，我們討論了一般出售應收帳款對於營業現金流有何意義，並且指出在許多情況下，出售應收帳款不僅非常合宜，甚至還是明智的商業決策。但是投資人也必須了解，這筆錢本來是預期在未來收取的，但現在卻已經先收了，而且這類現金流入應視為不長久的來源。在本節我們要往前邁進一步，進入更險惡的境地。我們將會遭遇

另一項在企業《龍兄鼠弟》實驗室裡經常玩的極機密花招：假造銷售
應收帳款。

財務騙術界的水門事件

　　因為試圖掩飾水門大飯店的非法侵入事件，尼克森總統最後灰頭
土臉地辭職。短短 18 分 30 秒的水門飯店錄音是確鑿的證據，卻被人
隨手刪掉，以掩飾罪行。同樣的，百富勤也用了一套瞞天過海招數，
以隱藏公司的會計騙局。就像我們在第 4 章討論過的，百富勤多年來
不斷美化營收，最後導致公司在 2002 年破產；這家公司使用的欺瞞
招數，包括認列假營收以及簽訂雙向交易。這些假造的營收導致，資
產負債表上永遠收不到嚴重膨脹的應收帳款。百富勤非常擔心這些天
文數字應收帳款會變成假造營收的鐵證，因此他們開始急切地用假造
銷售應收帳款來掩飾。

　　在隱瞞的過程中，百富勤把應收帳款轉給銀行以交換現金；當
然，託收風險非常高，因為這當中根本沒有客戶，很多相關的應收帳
款銷售都是假的。然而損失風險還是無法轉移；當應收帳款最終無法
回收時，百富勤還是必須得乖乖把現金還給銀行。

　　由於應收帳款實際上並未轉移，這樁交易的經濟實質意義比較近
似於有擔保貸款，就像我們在前一章看過的德爾福範例一樣：百富勤
向銀行借錢，以應收帳款作為抵押擔保。在現金流量表上，應以融資
現金流入來表達這筆交易，但是百富勤完全忽略所處情境的經濟現
實，反而把這樁交易認列為銷售應收帳款，厚顏無恥地將收到的現金
認列為營業現金流入。

注意揭露風險因素改變的部分。許多投資人會忽略企業報表的「風險因素」部分，因為這些東西看起來是照本宣科的法律用語。敬告投資人：忽略風險因素的話，你要自己承擔痛苦。雖然這個部分的內容每一季大同小異，但投資人應謹慎，試著找出措辭的變化。如果之前提過的風險有所改變或增加了新風險，而且公司或審計人認為這種改變值得揭露，那你也必須知道這件事。

比方說，在 2001 年、也就是百富勤騙局爆發的前一年，企業加入了一項應可以趕跑投資人瞌睡蟲的新風險揭露事項。百富勤實際上二度更動風險因素揭露事項，第一次是 2001 年 6 月，告知讀者百富勤和新客戶從事融資安排，包括貸款融資及租賃解決方案。這家公司也提報說某些客戶無法履行責任。一件事如果出現在風險因素揭露事項當中，唯一的事實就是告訴你這件事很嚴重。

2001 年 6 月百富勤新風險揭露事項

此外，包括來自於總體經濟環境的間接因素等，可能會在特定季度或好幾個季度期間對我們的營運績效造成負面影響。比方說，在當前的經濟環境下，我們面臨某些客戶對客戶融資需求大增，包括貸款融資，以及租賃解決方案。我們預期此一客戶融資需求將會持續，而我們也在有利於爭取業務的情況下參與客戶融資。雖然我們已經設置方案以監督及減緩相關風險，但仍無法保證這些方案必能有效降低相關的信貸風險。我們已經因為客戶無法履行責任而面臨損失；如果出現更嚴重的損失，可能會傷害我們的業務，並對營運績效和財務狀況造成實質的負面影響。

之後在 2001 年 12 月，百富勤又在 6 月份揭露說明結尾加上一小句話。雖然僅有短短幾十個字，讀起來卻像是嚴重火警：

2001 年 12 月百富勤新風險揭露事項

本公司可能會偶爾以不可追索（non-recourse）的方式，出售某些客戶的應收帳款金額。

百富勤的所作所為，不只是為客戶找到新融資管道；這家公司也試著出售自家的應收帳款。這句新加的話當中的隱含本質，再加上別處全無提及、只在風險因素部分揭露的說明，十分讓人擔憂。百富勤顯然隱瞞投資人，不告知重大事項，只是想辦法滿足最低的揭露要求。

> **心法：** 花點時間看一下每一季揭露事項的變化，尤其是在這些報告文件中的重要部分。多數研究平台及文字處理軟體都有「字詞比對」以及「標重點」等功能。將兩份報告攤開逐一比對，並沒有聽起來這麼費功夫。

組合國際做出會計「決策」

組合國際 2000 年會計年度的 10-K 年報，揭露了公司當年營業現金主要的來源，其中之一是因為公司在最近的第 4 季「決定」把應收帳款讓渡給第三方，其他細節付之闕如。投資人完全無法看透這樁安排的細節、「讓渡」的操作方式或這樁安排所造成的衝擊。

> ### 組合國際在 2000 年會計年度 10- K 年報中的應收帳款揭露事項
>
> 　　本年度的主要現金來源，是因為調整非現金費用而獲得更高的淨利。其他的現金來源包括加強收取尚未結清的應收帳款，以及**本公司在第 4 季做出決策，要將某些現有的分期應收帳款讓渡給第三方**。公司可能會持續運用融資作為加速降低債務、減緩利率風險以及降低分期應收帳款餘額的方式。

警示信號： 企業公然地宣稱做出某項會計「決策」。

　　回顧一下第 3 章「操弄盈餘騙術第 1 條：提前認列營收」，證交會指控組合國際從 1998 年到 2000 年間提早認列超過 33 億美元的營收。嗯，就像百富勤一樣，組合國際也需要掩護來遮蓋假營收，這家公司找到一招妙計，就是要把應收帳款甩掉，而且他們一定也想盡辦法要把這件事蓋起來。只要公司揭露使用神祕的安排來拉抬營業現金流（或是其他任何重要指標），投資人就應該設法去搞懂這項安排的運作機制。只有重大變革才必須列入新的揭露事項，因此當你發現有新東西時，要把這當成一件大事。以嚴重性的程度來看，這件事可能落在其中的一端，代表可能會對你的分析造成重大影響的非重複性收益；但若是落在另一個極端（請想一想組合國際的範例），這可能是重大警訊，代表當中有嚴重的不當行為。

心法： 新揭露事項中應提供更多答案，而非更多問題。務必避開情況相反的公司。

維特斯半導體仿效同業作為

　　維特斯半導體也承認，公司把從銀行收到的現金歸類在銷售應收帳款項下，而不是借款。這樁遭受指控的騙局，牽涉到維特斯半導體在季末「出售」應收帳款（當中有很多是無法收款或是假造的營收）給矽谷銀行（Silicon Valley Bank），好讓維特斯的應收帳款維持在相對穩定的水準。維特斯從未真正擺脫這些應收帳款造成的損失風險，因為銀行保留要求維特斯回購這些應收帳款的權利。

　　當公司董事會指派特別委員會調查維特斯的股票選擇權回溯生效期相關作法時，這樁計謀意外曝光。委員會發現，要是套用「蟑螂理論」（當你看見一隻蟑螂時，肯定還有更多），問題還不只是選擇權回溯生效期這一件而已；他們發現駭人的證據指向不當的會計操作，並提出了一份讓人膽寒的嚴重過失清單，其中有 2 項牽涉到操弄現金流的作法，包括：（1）以不當的會計作法將某些交易認列為銷售應收帳款，而非借款（2）未揭露導致現金餘額增加的作法，而這些金額無法代表整個報告期間的營業現金餘額。

●●● 回顧

警示信號：　將來自融資活動的現金流入挪到營業活動項下

- 將一般銀行借款認列為營業現金流。
- 在收款日期前出售應收帳款來拉抬營業現金流。
- 揭露可追索的銷售應收帳款交易。
- 假造銷售應收帳款藉此虛報營業現金流。
- 財務報表中重要揭露項目的用詞改變。
- 提供的揭露事項少於前期。
- 在存貨減記不久之後毛利率大幅成長。

●●● 展望

在管理階層用來虛報營業現金流的聰明妙計當中，第二招是把「壞東西」（指現金流出）從營業項下丟到現金流量表的其他地方。下一章要說明，企業要將現金流出丟到乏人問津的投資項下有多容易。

第 11 章

現金流騙術第 2 條：
將一般營業現金流出挪到投資
項下

　　吉米・霍法（Jimmy Hoffa）是全美卡車司機工會（Teamsters Union）的貪污會長，1975 年 7 月 30 日他走出一家底特律的餐廳，從此不知去向。一般相信他是在一次黑手黨的襲擊當中被「做掉了」，聯邦調查局過去 35 年來不斷尋尋覓覓，卻一直無法找到他的遺體。城市裡的傳說四起，針對他最後的安息地有多種不同說法，包括紐澤西一處垃圾掩埋場、密西根一處廢棄物處理廠、佛羅里達大沼澤區（Florida Everglades），甚至是舊的巨人隊球場。只有一件事是確定的：不管是誰埋了霍法，都不想讓任何人找到他。

　　就像處理掉霍法的人一樣，許多公司也有祕密掩埋場，好埋掉他們不想讓人找到的現金流出，這個掩埋場就是現金流量表上的投資項目。企業運用很多漂亮的手法，把一般的營業現金流出埋進投資項下，希望這些東西永遠消失。多數投資人就像追蹤霍法的聯邦調查局一樣，少有線索，根本不知道要從何找起。

可惜我們無法幫助聯邦調查局搜尋霍法，但我們可以幫忙投資人找尋蛛絲馬跡，找出哪裡有隱藏的現金流出。本章就是要告訴大家該去哪裡找；管理階層非常喜歡把這些東西埋進投資項下，就算這些根本就是和營業有關的現金流也照做不誤。此外，我們也會討論以下這3大主要技巧；這些都是企業將營業現金流出挪到投資項下的常用手法。

●●● 將一般營業現金流出挪到投資項下的技巧

1. 以迴力標式的雙向交易來虛報營業現金流。
2. 不當地將一般營業成本資本化。
3. 將購買存貨認列為投資現金流出。

以上3種方法，是企業把一般營業成本丟進投資項目、藉此虛報營業現金流的範例，如圖 11-1 所示。

圖 11-1　現金流流向

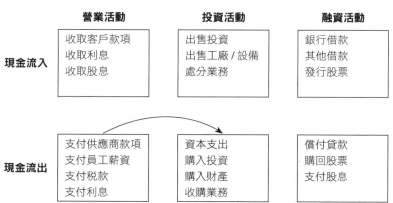

1. 以迴力標式的雙向交易來虛報營業現金流

全球交點公司是 1990 年代網路泡沫期間飛得最高的科技公司之一，這家公司建造海底光纖電纜網路，連起 4 大洲超過 200 個城市，大好前景讓投資人看得一片頭昏眼花。然而，隨著計畫在 2000 年即將完工時，在 2001 年初，評論聲音卻漸起，開始有人懷疑全球交點公司能否出售足夠的網路產能，以支付計畫的鉅額成本及償付公司的大額債務。

遭受質疑時，全球交點公司總是有一套很棒的抗辯藉口來堵這些潑冷水的人：「請看看我們創造出來的現金流。全球交點公司簽訂了很多大型契約，據此出售未來的網路產能，並向客戶預收現金；而且，公司提得出營業現金流以茲證明。」2000 年時，雖然這家公司的盈餘為負 17 億美元，但對投資人提報的營業現金流卻為 9.11 億美元（見表 11-1）。

一般來說，投資人對於一家公司能創造出遠高於淨利的營業現金流這件事都會興奮不已；上述差異確實有部分可以合理解釋為從客戶手上預先收到現金，但是其中也有一大部分和操弄營業現金的迴力標式詭計有關。

表 11-1　全球交點的營業現金流與淨利

（百萬美元）	2001 年 6 月上半年	2000 年會計年度	1999 年會計年度	1998 年會計年度
營業現金流	677	911	732	349
淨利（淨損）	（1,246）	（1,667）	（111）	（88）
調整後的營業現金流	1,923	2,578	843	437

當科技產業面臨衰退時，全球交點公司以及其他電訊業者想出了一套計畫，有效地互相銷售自家產品，這樣一來，就可以拉抬營收。從純經濟觀點來看，這就像是從你的右邊口袋把錢掏出來，放進左邊口袋裡；一切都沒有改變。

這套計謀是這樣操作的：全球交點公司把大批的未來網路產能銷售給電訊產業客戶；同時間，這家公司也向相同的客戶購買金額相等的產能。換言之，全球交點公司把產能賣給一家客戶，而且同步買入不同網路、但金額相近的產能。這是典型的迴力標式交易。你幾乎可以想見，全球交點的高階主管對公司的客戶說：「你幫我一個忙，我也幫你一個忙。」

那麼，這樣做和現金流何干？全球交點認列這些迴力標式交易的作法，會大幅浮報營業現金流。這家公司把在這些交易中從客戶手上收到的現金認列為營業現金流，但是同時要支付給同一位客戶的現金，卻認列為投資現金流出。基本上，全球交點是降低投資現金流以浮報營業現金流。這樣一來，公司就可以展現遠遠超越交易經濟實質面的亮麗營業現金流。高報的營業現金流是否會因為低報的投資活動現金流而抵銷，這件事不太重要，因為營業現金流才是讓投資人聚焦的關鍵現金流指標。

小心注意以找出迴力標式交易。這些是會讓你懷疑交易經濟實質意義到底是什麼的鬼鬼祟祟交易。努力做功課的投資人大部分時候都能偵測出這類交易；你可以在 10-Q 季報以及 10-K 年報中，找到相關的揭露說明，但千萬別期待企業會真的用上「迴力標」一詞。當然啦，企

業鐵定會讓投資人得大費周章才找得到這些東西。然而，報表中通常會針對這類交易提供諸多細節，當這些交易規模可觀時更是如此。來看看全球交點在其 2001 年 3 月 10-Q 季報中揭露的迴力標式交易：

全球交點在 2001 年 3 月 10-Q 季報中揭露的迴力標式交易

3 月這一季，在 4.41 億美元重複發生之調整後未計入利息、稅項、折舊及攤銷前盈餘、同時也是 16.13 億美元的現金營收當中，**有 3.75 億美元的金額是向重大營運商客戶收取的金額；這些客戶在本季度都簽署購買全球交點網路 5 億美元的網路產能，而本公司在本季也承諾這些客戶要投入大量資本投資。**

此外，在本季內，本公司也和多家營運商客戶簽訂幾項協議，購買網路產能及共同據點空間。之所以要執行這些交易，是為了在某些市場裡，針對新建設計畫提供具備成本效益的替代方案；本公司預計在這些市場裡將會有產能短缺的情形，而這也是為了在建立全球網路架構時能提供更多的實體多元性。**這些新的投資資本總估計值約為 6.25 億美元**，包括可能建構之前提過的加勒比（Caribbean）系統必須之成本。

光是這則揭露事項，就應該會讓投資人倒抽一口冷氣。在季報中，全球交點揭露在 4.41 億美元未計入利息、稅項、折舊及攤銷前盈餘中，有 3.75 億美元是來自於「公司在本季承諾要投入大量資本投資」的客戶。文中也揭露，全球交點向客戶購買產能，並宣稱「新的資本投資總估計值約為 6.25 億美元」。

一旦你找到一椿迴力標式交易，一定要深入挖掘相關內容，了解

這項安排真正的經濟意義，並找找看其他揭露事項。打電話給公司，請公司替你解釋這項安排，搞清楚這樣做對公司的績效有何貢獻。不管公司是故意避免揭露或是把揭露事項弄得很複雜，都要慎思明辨；公司可能不想讓你知道它的迴力標式交易如何運作。如果你對於迴力標式交易隱隱覺得不安，請遠離這家公司。

你可能會想，全球交點在季報中強調的古怪指標「現金營收」以及「重複發生之調整後未計入利息、稅項、折舊及攤銷前盈餘」到底是什麼。這家公司在文件刊物上常使用這些指標，並大力推廣說這些是比一般公認會計原則下的營收和盈餘更好的衡量績效指標。你可能想到了，公司定義這些指標時，就是在規避一般公認會計原則。自家的定義讓全球交點可以因為從迴力標式交易收到現金而加分，而這些收入在未來之前都不可能理直氣壯地認列為營收。管理階層有意脫離一般公認會計原則以誤導投資大眾，這件事本身就有很強烈的警示意味，是投資人一定要了解的重要大事。在本書第 4 部「重要指標騙術」當中，我們就會以此為主題，詳加討論。

2. 不當地將一般營業成本資本化

將一般營業成本認列為資產而非費用，聽起來很簡單，而且做起來也很容易，但這卻是最讓人害怕、最危險的騙術。怎麼說？因為這個簡單的花招不僅美化了盈餘，同時也虛報了營業現金流。

> 心法： 如果你懷疑某家公司從不當的資本化當中獲得盈餘利益，別忘了通常這也會拉抬營業現金流。

犯下有史以來規模最大、且最讓人震驚的會計騙局之一的世界通訊，不斷地使用這種仙丹妙藥，絕非偶然。藉由把幾十億美元的一般營業成本認列為購買資本設備，世界通訊不僅拉抬了利潤，同時也高報了營業現金流。

將一般營業成本認列為資本資產而非費用

還記得我們討論過世界通訊如何將線路成本（這顯然是營業費用）認列為資產而非費用、藉此不當地虛報營收嗎？這個簡單的招數幫助這家公司把自己描繪成有獲利能力的企業，而不告訴投資人麻煩其實正在醞釀中。

這步棋也讓世界通訊可以提報亮眼的營業現金流。購買資本資產（稱之為「資本支出」）的費用，被歸在現金流量表中的投資活動之下。藉由將線路成本歸類為資本資產，世界通訊把大量的現金流出從營業項下挪到投資項下。

根據該公司重編的財務報表，在 2000 年及 2001 年，這套線路成本計謀讓世界通訊假造了將近 50 億美元的營業現金流。若再加上其他以不當作法資本化的成本以及造假拉抬的營業現金流，世界通訊在這 2 年以來浮報的營業現金流，高達驚人的 85.88 億美元（如表 11-2 所示，上述數字是提報的 156.60 億美元與重編的 70.72 億美元之間的差額）。

在操弄盈餘騙術第 4 條當中，我們討論過有幾種方法可辨識企業是否涉入激進的資本化作法。不誠實的企業高階主管可以找到各種方法，以不當的作法將任何一般營業費用資本化；但是，多數常見的花

表 11-2 世界通訊 2000 年及 2002 年營業現金流（包括提報與重編）

（百萬美元）	2001 年會計年度	2000 年會計年度	總計
提報的營業現金流	7,994	7,666	15,660
減：以不當作法資本化的線路成本	2,933	1,827	4,760
減：其他假造的營業現金流	2,216	1,612	3,828
重編的營業現金流	2,845	4,227	7,072

招一般都和長期的安排有關，比方說研發費用、和長期計畫有關的勞動及管銷成本、軟體開發以及爭取合約或客戶的成本。若能監督這些帳目，最有機會辨識出激進的資本化作法。

> **心法：** 快速成長的固定資產帳目或「軟」資產帳目（也就是所謂的「其他資產」），可能是激進資本化作法的徵兆。若能建立以季為單位的一般規模資產負債表（也就是以總資產的百分比來計算所有資產和負債），可以幫助你快速識別哪些資產的成長速度快過其他項目。

也要注意自由現金流。當一家公司不當地將成本認列為資產而非費用時，營業現金流也會因此被高報。然而，就像我們在第 1 章討論過的，自由現金流可能不會受到影響，因為這個指標衡量的是減去資本支出後的現金流。如表 11-3 所示，只要計算世界通訊的自由現金流，就可以知道這家公司的問題嚴重性：從 1999 年到 2000 年，自由現金流減少達 61 億美元。

表 11-3　世界通訊的自由現金流

（百萬美元）	2000 年	1999 年
提報的營業現金流	7,666	11,005
減：資本支出	11,484	8,716
自由現金流	（3,818）	2,289

會計小百科：　自由現金流

自由現金流衡量的是企業創造出來的現金，在考慮支付出去、用來維持或擴張資產基礎的現金影響之後。一般計算自由現金流的公式如下：

營業現金流 — 資本支出

3. 將購買存貨認列為投資現金流出

「銷貨成本」這個名稱，貼切地說明公司為了獲得或生產要銷售給客戶的存貨，而發生的直接費用。在損益表上，營收減去銷貨成本的結果就是企業的毛利，這是衡量企業產品獲利能力的重要指標。

現金流量表有時候沒那麼直接。就經濟實質面來看，應把這些購買費用歸在現金流量表上的營業活動項下，通常情況也是這樣。令人好奇的是，有些公司居然把這些購買費用當成投資現金流出。

購買 DVD 算營業還是投資？

來看看線上影片出租公司網影（Netflix）的案例。這家公司最大宗的費用之一，就是購買出租給客戶的 DVD。DVD 基本上算是網影公司的存貨，因此網影在資產負債表上將 DVD 影片庫認列為資產。這項資產會攤銷（新片以 1 年攤銷，已發行過的舊片則以 3 年攤

銷），在損益表上會以銷貨成本來表示這項攤銷成本。2007 年，網影公司攤銷的 DVD 影片片藏費用為 2.03 億美元，營收則為 12 億美元。

網影公司的損益表適當地反映了其 DVD 成本的經濟意義，但現金流量表則不然。你可能認為，購買 DVD 的費用在現金流量表上應提報為營業現金流出，就跟購買其他存貨的情況一樣（尤其是購買一年內就要攤銷完畢的新發行影片）。但是網影不這麼看，這家公司反而把購買 DVD 的費用當成購買資本資產，因此這些現金流出要放在投資項下。這種處理方式有效地將大筆的現金流出（購買 DVD）從營業項下挪到投資項下，從而浮報了營業現金流。

有趣的是，網影的競爭對手、也就是並非以會計保守主義聞名的百視達（Blockbuster），2005 年底也改變了處理購買 DVD 費用的會計作法。百視達過去的作法和網影一樣，用已投資現金流出來表示購買 DVD 的費用。但是在徵詢證交會的監理人員之後，百視達開始將購買 DVD 的費用歸類為營業現金流出，並重編歷史資料。

由於網影把購買 DVD 的費用放在投資項下，而百視達把這些費用放在營業項下，若不做些調整，投資人很難去比較這兩家公司的營業現金流。如表 11-4 所示，2007 年時，網影的營業現金流數據比百視達來得漂亮，但是如果調整購買 DVD 的費用，差異就沒有這麼顯著了。

雖然許多分析師宣稱，閱讀現金流量表是分析中不可或缺的工作，但很多人根本沒仔細詳讀營業項下的內容。簡單掃視一下網影的投資項目，就會發現這家公司把「取得 DVD 片藏費用」歸類在投資活動當中。就算投資人只是粗淺了解網影的業務，也足以認知到購得

表 11-4 　網影及百視達的營業現金流（2007 年會計年度）

（百萬美元）	網影	百視達
營業現金流（提報值）	291.8	（56.2）
取得 DVD 影片片藏成本	（223.4）	（709.3）
同基礎比較（以百視達的會計處理為基準）	68.4	（56.2）

資料來源：風險指標集團。

DVD 的費用對網影來說應是一般營業成本。

> **心法：** 針對購入商品後將之出租給客戶的企業，請小心尋找是否有這種現金流花招。

購買專利或新開發的技術

　　部分職業球隊會用他們物色、徵召或自行培養的人才來補充團隊戰力，部分則仰賴「自由經紀」市場，簽下表現掛保證的球員。同樣的道理，部分企業會仰賴自家內部研發專案，以有機成長的方式來壯大業務，部分則選擇非有機成長管道，購買處於發展階段的技術、專利和授權。雖然不同的業務策略都代表了相同的目標，但是這些費用在現金流量表上的處理方式卻大不相同。具體來說，為了內部研發而支付給員工以及供應商的現金，通常會提報為營業現金流出，但是有些企業卻把購入已完成研發產品的費用認列為投資現金流出。

　　在某些產業，購買處於發展階段的技術，是稀鬆平常的作法。比方說，小型生技研發公司通常會開發新藥，一旦食品藥物管理局快要

核准時，就把權利出售給大型製藥廠。之後，大型製藥廠以藥品所有人的身分賺取所有利潤。在分析製藥廠的業務時，你一定要考量到為了獲得藥品權利而付出去的現金。但因為這些款項都被歸類在投資項下，許多投資人根本不知道有這些帳目的存在。

> **心法：** 針對個別專利或權利協議會對其業務造成重大影響的企業，小心檢查這方面的處理方式，比方說製藥及科技公司。

來看看生物科技製藥公司瑟法隆（Cephalon）的案例。為了能延續其快速成長的步伐，瑟法隆在 2004 年及 2005 年投入了 10 億美元，四處搶購和幾種新開發藥品有關的專利、權利和授權。瑟法隆將這些付出去的現金提報為「收購」，並把這些費用掃進現金流量表的投資項下。如果這些款項被歸類為營業活動，這兩年的營業現金流量就會大幅減少、變成負值（見表 11-5）。

另一個有趣的案例是，加拿大最大製藥廠百威公司（Biovail Corporation），這家公司藉由非現金交易購得權利，因而握有某些藥品的所有權。百威不是在交易時支付現金，而是利用發行票據來補償賣方；基本上，這就是一張長期的借條，公司未來會根據這張借條支

表 11-5 瑟法隆營業現金流（含減去購買藥品費用後的調整值）

（百萬美元）	2005 年	2004 年	2003 年
提報的營業現金流	185.7	178.6	200.2
減：「收購」藥品專利、權利和授權	599.7	528.3	—
調整後的營業現金流	（414.0）	（349.7）	200.2

付現金。由於交易當時並無任何現金易手，因此不影響現金流量表。而因為百威是長期償付票據，因此付出去的現金在現金流量表上，會以償付債務現金流出表示，這是一種融資現金流出。

　　百威用票據來購買產品權利的作法，可以放在和瑟法隆購買專利及網影購買 DVD 相同的脈絡下來看。從經濟實質面來看，這些購買費用和一般業務營運相關，但是這些項目卻以十分不同的方式反映在現金流量表上。在分析百威創造現金的能力時，一定不可忽略這些購買費用。

尋找「現金流量資訊之補充揭露」。企業常會在財務報告揭露事項中提供和非現金活動相關的資訊，這個部分稱做「現金流量資訊之補充揭露」。這部分的揭露有時候會直接放在現金流量表之後，但是偶爾企業也會把這個揭露事項埋進註腳。比方說，百威就在現金流量表註腳處揭露其非現金購買活動（放在離現金流量表 30 頁處）：

百威現金流量資訊之補充揭露

　　在 2003 年，百威的**非現金投資及融資活動**包括收購安定文（Ativan®）以及愛速得（Isordil®）相關的長期責任 17,497,000 美元，以及申購可靠公司（Reliant）D 系列優先單位（Series D Preferred Unit）的 8,929,000 美元，以此償付一部分可靠公司的應收帳款。在 2002 年，非現金投資及融資活動包括收購依納普利（Vasotec® 及 Vaseretic®）的 69,961,000 美元與相關的 99,620,000 美元長期責任和收購威博雋（Wellbutrin®）與耐煙盼（Zyban®）相關的 69,961,000 美元長期責任，以及修訂熱威樂素（Zovirax®）經銷協議相關的 80,656,000 美元長期責任。

●●● **回顧**

警示信號： 　**將一般營業現金流出挪到投資項下**

- 利用迴力標式交易虛報營業現金流。
- 不當地將一般營業成本資本化。
- 出現新的或不尋常的資產帳目。
- 軟資產相對於銷售大幅跳升成長。
- 資本支出意外增加。
- 將購買存貨費用認列為投資現金流出。
- 投資現金流出聽起來像是一般營業成本。
- 購買專利、合約以及處於發展階段的技術。

●●● **展望**

　　如本章所示，對於希望以亮麗的現金流來征服投資人的管理階層來說，將營業現金流出挪至投資項下這招充滿誘惑。看起來，好東西永遠不嫌多。第 12 章即是要說明，透過變更收購會計原則，管理階層如何挪移大量的營業資本，把這些通常會減損營業現金流的項目移到投資項下。

現金流騙術第 3 條：
利用收購或處分膨脹營業現金流

　　在美國人民眼中，感恩節過後的週五通常被視為非正式的購物季起點。傳統上，這段購物季就算不是一年當中最重要的，也絕對是最重要的時段之一。很早以前大家就把這一天稱為「黑色星期五」（Black Friday），因為這一天正是當年零售商開始「進入黑色世界」（指開始獲利、遠離赤字）的日子。每一次當黑色星期五降臨時，各零售商無不飛奔出來提醒我們，佳節是拼命購物的好時機。各大商店大打折扣，電視電台和報章雜誌上不斷放送「瘋狂血拼直到倒下」的廣告，目的都在引誘我們走進他們的店裡。

　　泰科和世界通訊似乎也完全服膺「瘋狂血拼直到倒下」這句箴言，但是他們買的可是整家企業，而且多年來，他們可是一年到頭都在歡度購物季。在 1990 年代末期和 2000 年代初期，這兩家公司大把大把灑錢，買下一家又一家的公司，以加油添醋的方式端出讓人驚豔的績效。但是，泰科和世界通訊的有機成長狀況遠遜於投資人的理解，他們大量收購公司並玩弄會計作業以展現驚人的業績，藉此把問

題壓下去。泰科和世界通訊不斷血拼，一直等到規模龐大的會計騙局爆發出來，終究兵敗如山倒。

在他們瘋狂血拼的歷程當中，這兩家公司不斷提報穩健的營業現金流，用這一點來杜投資者之口。但是實際上，他們的現金流完全不是營運優勢的象徵；相反的，這些現金流是來自於隨心所欲運用本章的騙術：利用收購或處分膨脹營業現金流。

在本章中，我們會討論 3 大技巧；泰科、世界通訊以及其他利用收購或處分來強化、浮報營業現金流的公司，就是運用了這些手法。

●●● 利用收購或處分膨脹營業現金流的技術

1. 在進行一般業務收購時接收營業現金流。
2. 以收購的方式爭取契約或客戶，非靠企業內部開發。
3. 以有創意的方式設計銷售交易以拉抬現金流。

1. 在進行一般業務收購時接收營業現金流

本章介紹的挪移現金流技巧，和我們在前一章討論過的相似，都是營業項下及投資項下之間來來去去的操弄。然而在本章，我們會將焦點放在和收購及處分有關的挪動上；前 2 項技巧，牽涉到把營業現金流出挪到投資項下，如圖 12-1 所示。

以泰科和世界通訊這類熱衷收購的公司為例，他們季復一季不斷提報令人嘆服的營業現金流，而當不同公司的多套財務報表忽然之間要整合在一起時，相關投資人就得面對這類複雜難解的情況。因此，他們開始大量仰賴公司創造營業現金流的能力，把這當成是業務優勢

圖 12-1　現金流流向

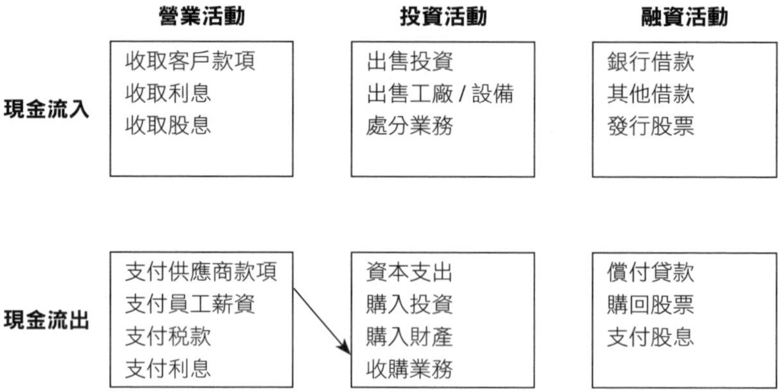

	營業活動	投資活動	融資活動
現金流入	收取客戶款項 收取利息 收取股息	出售投資 出售工廠／設備 處分業務	銀行借款 其他借款 發行股票
現金流出	支付供應商款項 支付員工薪資 支付稅款 支付利息	資本支出 購入投資 購入財產 收購業務	償付貸款 購回股票 支付股息

及盈餘品質的象徵。不幸的是，就收購型公司而言，大量仰賴營業現金流並非好建議，因為這些公司在深處藏著一個不想讓投資人知道的祕密。

　　這個祕密和會計規則的古怪規定有關，讓收購型的公司可以只因為收購其他公司，而季復一季拿出漂亮的營業現金流。換言之，光是收購企業這項行動，就能讓營業現金流受惠。怎麼會有這種事？這是會計規則將現金流分成 3 大區塊所造成的特殊效果。這一招其實很簡單，也很容易懂。

　　假設你有一家公司，現正準備收購另一家公司。當你為了收購而付錢時，你這麼做並不會影響營業現金流。如果你用現金買下標的公司，你付出去的款項會認列為投資現金流出。反之，如果你的付款方式是提供股票，那當然沒有現金流出的問題。

　　一旦你獲得標的公司的掌控權，被收購企業的所有現金流入和流

出，就變成合併公司營運中的一部分。比方說，當被購入的公司完成一項銷售交易時，你自然而然會在損益表上認列一筆營收。同樣的，當被購入的公司從客戶那裡收到款項時，你也會在你的現金流量表上記一筆營業現金流入。想一項在這種情況下的現金流量意義。其一，你可以在不動到原始營業現金流出的情況下，從被收購的公司創造出新的現金流。反之，想要以有機方式來拓展業務的公司，一開始必須先有營業現金流出，才能創造新業務。

此外，如今你承襲了被收購公司的應收帳款和存貨，你可以透過快速地將這些資產變現（亦即去收取款項與把存貨賣掉），來創造不持久的營業現金流。通常，應收帳款來自於過去的費用（例如為了購買或製造存貨而付出的現金）。換句話說，要能從應收帳款獲得現金流入，之前你必須先付出一筆現金才能創造這筆應收帳款。但是，當你收購一家公司並承襲其應收帳款，及創造這些應收帳款相關的現金流出時，這些項目在收購之前已經在被收購公司的帳上認列過了。這表示，當你收取應收款項時，你將會只收到營業現金流入，但不用記錄之前對應的營業現金流出。同樣道理也適用於存貨。即便之前並沒有發生營業現金流出，但是在收購活動中從銷售存貨承襲到的收益，還是會認列為營業現金流入。

你可以這樣想：花在購買存貨的現金以及其他銷售相關的成本，都是發生在收購之前；當你完成收購交易時，你必須付錢給標的公司以獲得存貨、應收帳款等，但這些現金流出都反映在投資項下。而在收購交易結束後，你可以從客戶手上收到白花花的銀子，並以營業項目中的現金流入表示。利用把這些資產變現並且不要補充這些資產

（也就是說，讓被收購公司的存貨維持在低水準），你就可以在現金流方面展現不持久的利得。漂亮！在收購的情況中，現金流出從來不會進入營業項下，但所有流入卻都匯集到此處。

持平來說，當企業承襲營業資本負債（比方說應付帳款）時，收購方也就必須擔負起責任，付錢給被收購公司的供應商，而這筆錢應該是營業現金流出。但是多數收購案中的公司，都擁有正值的淨營業資本（應收帳款及存貨金額高於應付帳款）。

會計小百科：　收購會計對營業現金流的影響

會計規則裡的古怪規定，讓許多公司可以僅因為從事收購就讓營業現金流受益。以有機方式成長的企業要先有營業現金流出（付錢製造及行銷產品），才能創造營業現金流入（向客戶收款）；但是，利用收購作為成長管道的企業，卻可以在無須動用營業現金流出的情況下創造成長。

為了收購而付出的現金會出現在現金流量表的投資項下（當然，如果是用發行股份的方式來取得融資，那就根本不會影響到現金流量表），因此當企業買下另一家公司時，就會在無須付出營業現金流出的情況下承襲全新的現金流量。此外，若把被收購企業的營業資本變現，公司還可以替自己創造出不持久的營業現金流量。這些會計上的機巧規範，正是為何利用收購成長的企業通常能擁有更亮眼的營業現金流，超越那些有機成長的公司的原因。

重要的是，因為這類營業現金流可是完全合法的，因此就算是最童叟無欺的企業，也會因為收購案後的膨脹營業現金流而受惠。而且，這類拉抬方式還可能改善「盈餘品質」指標（比方說，營業現金

流減去淨利）；當企業在收購當時並無涉入任何盈餘操弄騙術時，效果尤其明顯。

連續收購可以重複拉抬營業現金流

到目前為止，我們說到因為性質的關係，收購會有利於拉抬營業現金流。想一想，有些每一年都從事大量收購活動的企業會受到多大的影響，比方說像我們的老朋友泰科及世界通訊。許多投資人也批評，收購型的企業只能藉由「聚總」（roll up）收購，以非有機的方式創造營收和盈餘成長。

這些「聚總」收購型企業通常會駁斥這樣的批評，指出他們的營業現金流正是明證，證明他們能如何將收購來的企業經營地有聲有色，並發揮加總後的綜效。許多投資人相信這種空話，是因為不了解這些亮麗的營業現金流，只不過是每年收購多家企業造成的會計附加效果而已。不要誤會了，我們還是鍾情於那些能創造穩健營業現金流的公司；我們不愛的是，大量收購二流企業、並利用爆大量的現金流向投資人誇大基本優勢的公司。這些企業知道真相是什麼：大量的現金流基本上和他們的業務績效毫不相關，而只是占了收購會計規則漏洞的便宜。

記得在集團前面加上「詐欺」二字

對有些公司來說，光是拉抬營業現金流還不夠；他們希望能從收購當中榨出更多好東西。來看看以下這個場景，其中的內容是根據司法部門對泰科在收購流程中所作所為的指控。

想像你在某家公司的會計部門工作，公司剛剛宣布已經被另一家

公司買走了。這樁收購案還未正式展開，但這是一次友善收購，條件很優厚，交易可能會在本月底拍版定案。新的買主想要先開始整合營運。

收購方一位財務部門的高階主管走了進來，他和團隊一起召開了一次會議，討論某些他說將有助於過渡期的後勤支援。他指向一堆支票，而那是你從客戶那裡收來的款項，打算今天稍晚存進銀行。「看到這些支票了嗎？我知道你通常都會在下班時存入銀行，但現在讓我們暫時緩一緩，先把這些支票放進抽屜，幾個星期後再存進去。先通知一下那些最重要的客戶，告訴他們這幾個星期可以先不要付錢給我們。我知道這聽起來有點怪，但是這樣做會替我們加分，並且能保證客戶在過渡期間仍然保有忠誠度。」

「看到這些帳單了嗎？我知道你通常都會等到付款截止日接近時才付錢，但是現在先盡快付清。事實上，請檢查一下，看看能不能先付錢給供應商或店家；我確定他們一定很願意先收到錢，甚至還會給我們一些折扣。我們在銀行裡的現金一定夠讓我們善加利用。」

在收購案結束後隔天，這位高階主管又回來了。「現在我們是同一家公司了，也該回到一般的作業流程了。馬上去把這些支票存進去，開始向客戶收款。還有，不要再提早付帳單了，我們要等到接近付款期限時才付錢。」

想一想這個場景裡的現金流意義。在快要被收購的前幾週，因為不向客戶收款再加上快速付清帳單，導致被收購公司的營業現金流水準低到不正常。然而，一旦完成收購，就會有大量可收款的應收帳款，以及金額小到不尋常的尚待付清帳單。這會讓你部門的營業現金

流在收購之後高到不正常。

　　這位財務主管耍弄袖裡乾坤，他之所以不向客戶收款並預付費用給供應商，和表現善意八竿子打不著。他設計這個局是為了在收購後的第 1 季，替合併後的公司創造高額現金流。當然，這種益處帶來的效果很短暫，但是這位主管知道，只要公司每一季不斷地聚集愈來愈多收購案，這一招就可以繼續拿出來施展。

泰科：聚總收購之母

　　以上場景和泰科在收購時被控在檯面下進行的事非常相似。而且，泰科也從事大量收購；從 1999 年到 2002 年，泰科買下超過 700 家公司，總收購金額大約為 290 億美元。部分收購對象是大公司，但大部分的公司規模都很小，小到讓泰科認為它們「不重要」，因此選擇完全不揭露。想一想這場牽涉到 700 家企業、合併價值為 290 億美元的騙局造成的影響力有多大！如表 12-1 所示，泰科在這些年得以創造出亮麗的營業現金流，但是這些成績絕對不是來自於蓬勃發展的業務！

用不同的眼光來看待收購型企業的營業現金流。用收購來拉抬營業現金流是不持久的方法，因此，投資人不應盲目地仰賴營業現金流作為企業績效表現的指標；要使用收購後的自由現金流（free cash flow

表 12-1　泰科的營業現金流

（百萬美元）	2002 會計年度	2001 會計年度	2000 會計年度	1999 會計年度
營業現金流	5,696	6,926	5,275	3,550

after acquisition），以評估收購型企業創造出來的現金。表 12-2 顯示，泰科在收購後提報的營業現金流為正值，但在收購之後認列的自由現金流均為負值；這是一項警訊，說明營業現金流的實際情況不如表面上這麼風光。

表 12-2　泰科收購後的自由現金流

（百萬美元）	2002 會計年度	2001 會計年度	2000 會計年度	1999 會計年度
提報的營業現金流	5,696	6,926	5,275	3,550
減：資本支出	1,709	1,798	1,704	1,632
減：在建工程	1,146	2,248	111	—
自由現金流	2,841	2,880	3,460	1,918
減：收購	3,709	11,851	4,791	5,135
收購後的自由現金流	（868）	（8,971）	（1,331）	（3,217）

> **心法：**　在分析收購型企業時，「收購後的自由現金流」是很有用的指標。你可以利用現金流量表輕易地計算出這個指標：以營業現金流減資本支出，以及為了收購而付出的現金。

審查被收購公司的資產負債表。如果拿得到這些報表，你不管如何都要認真審閱；這樣做應可以幫助你衡量出收購公司承襲了多少營業資本利益。要精準地做好這項分析可能有難度，但是你依然可以評估出潛在益處的「範圍」。企業通常會在資產負債表上揭露重大收購案，有時候，總合資產負債表上的附註也會揭露較小型的收購案。如果被收購公司有公開發行股票或債券，你應可以從公開資料當中拿到公司的資產負債表。

2. 以收購的方式爭取契約或客戶，非靠企業內部開發

在前一節，我們討論了因為收購的性質關係，因此能拉抬營業現金流。這項優惠不是來自於非法的會計詐術，而是會計規則古怪的規定。我們看到了泰科濫用這些規則，悄悄地吃掉了幾百家小公司，想盡辦法從這些收購案中榨出更多的營業現金流。

在這一節，我們要進一步深入惡地，探索企業如何將收購會計動用在非收購的情境下，以將一般營業現金流出挪動到投資項下。

來看看泰科（又是這家公司）以及其電子保全監視業務。1990年代家用保全監視業務快速成長，泰科的子公司安達泰（ADT）提供市面上最受歡迎的產品之一。泰科透過 2 個管道爭取新的保全系統合約：自家業務人員直接銷售，以及透過外部經銷網路。因為有經銷商，讓泰科能將一部分的業務人力外包出去；這些人不列入泰科的薪資帳裡，但是他們也銷售泰科的保全契約，每簽下一份新客戶，泰科就支付他們約 800 美元的佣金。

奇怪的是，泰科的高階主管沒有按照一般的經濟邏輯，將這些支付給經銷商的 800 美元佣金當成爭取客戶成本；相反的，他們把這些款項當成「收購」契約的買價。因此，在經銷商為泰科掙來幾份合約、並因此收取款項之後，泰科以詭異的方式認列這些「契約收購」，就像認列一般公司的收購一樣：把這些費用當成投資現金流出。

泰科企業文化以及體質當中的收購心態根深柢固，在這項前提下，你大概可以想像這家公司的高階主管有多麼徬徨困惑。這些爭取客戶成本和一般營業費用的相似度，遠高於和收購公司成本的相似

度。因此，對他們來說，更合情合理的作法，應該是在現金流量表上以內部業務人員佣金的方式來認列這些成本：也就是認列為營業現金流出。藉由將這些營業現金流出歸類為「收購」並放在投資項下，泰科也就另開闢了一條高報營業現金流的方便管道。而且，這家公司並沒有就此罷手！

從激進會計操作原則邁向騙局

藉由把投資項目變成藏匿爭取客戶成本的掩埋場，泰科激進且有創意地扭曲會計規則。但這家公司得寸進尺，甚至策劃一套全新的虛報營業現金流（即盈餘）的騙局；此舉已經超越了激進會計操作原則的界線，邁入了詐騙。證交會指控，從 2002 年到 1998 年，泰科使用「經銷商連線費」以欺騙的手段創造出 7.19 億美元營業現金流。以下說明這一招的運作方式。

泰科每向經銷商買一份合約，經銷商就必須預付一筆 200 美元的「經銷商連線費」。經銷商當然不樂意支付這項巧立名目的新費用，因此，泰科同樣多付 200 美元來購買每一份新合約；也就是說，從本來的 800 美元提高為 1,000 美元。最後結果對交易的經濟實質面並無影響：泰科向交易商購買契約的費用仍為 800 美元。

但是泰科可不是這樣看，如果公司不是認為這樣做可以帶來益處，一開始也就不會立下這麼複雜的規矩了。現在，泰科將購買合約的 1,000 美元認列為投資現金流出，用來抵帳的 200 美元則認列為營業現金流入。基本上，藉著降低投資現金流，泰科得以創造出 200 美元的假營業現金流入（見表 12-3）。以 5 年的期間來計算，再加上成

表 12-3 泰科的創意經紀商淨支付款分類

	原始情況	取巧作法	泰科的現金流量表分類
泰科向經銷商購買契約	800	1,000	投資現金流出
經銷商「連線費」	—	200	營業現金流入
泰科付給經銷商的淨支付款	800	800	—

千上萬份的契約,這樣做對於營業現金流可是貢獻良多!

3. 以有創意的方式設計銷售交易以拉抬現金流

在前兩節中,我們說明企業如何利用收購,將現金流出從現金流量表上的營業項下挪到投資項下。在接下來這一節,我們要討論一體兩面中的另一面:企業如何利用處分,將現金流入從投資項下挪到營業項下,如圖 12-2 所示。

圖 12-2 現金流流向

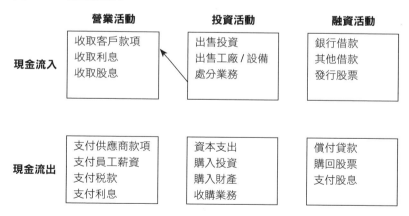

將出售業務利益認列為營業現金流

2005 年，軟體銀行和同業日本電信公司雙子座寬頻公司（Gemini BB）建構出一套很有意思的雙向安排。軟體銀行把自家的數據機出租業務出售給雙子座寬頻；在同一時間，這兩家公司又簽訂「服務合約」。在這項合約之下，雙子座寬頻必須根據未來數據機出租業務的營業額支付權利金給軟體銀行。在出售業務時，軟體銀行從雙子座寬頻手上拿到 850 億日圓現金。但是根據風險指標集團的報告，軟體銀行並未將這筆金額當成和出售業務相關的現金，而是決定拆成從兩方面收取：450 億日圓歸為出售業務所得，另外的 400 億則當成未來權利金營收的「預付款」。（你可能想起來了，我們在操弄盈餘騙術第 3 條中，提過這樁交易提供的虛報盈餘。）

看來，這樁交易的經濟實質面是軟體銀行以 850 億日圓的代價出售數據機出租業務。但是公司設計交易的方式，讓軟體銀行能夠在呈現現金流時拿出裁量權。軟體銀行沒有把這 850 億日圓認列為出售業務投資現金流入，而是認列：（1）450 億日圓為出售業務的投資現金流入（2）400 億日圓為未來營收預付款的營業現金流入。這 400 億日圓現金流，在軟體銀行當年全年的 578 億日圓當中，占了 69%。

當心現金流量表中出現的新類別。投資人只要查一下現金流量表，應能輕易地看出軟體銀行拉抬營業現金流。來看一下表 12-4，請注意 2006 年出現了一個新的項目：「遞延營收增加」。這份現金流量表揭露的項目，以及交易對營業現金流造成的重大影響，對於敏銳的投資人來說，理當要深入探究一番。

表 12-4　2005 年至 2006 年軟體銀行的現金流量表

（百萬日圓）	2006 年	2005 年
稅前盈餘	**129,484**	**（9,549）**
折舊與攤銷	80,418	66,417
其他非現金利得（淨值）	（136,455）	（115,659）
交易應收帳款	（23,333）	（15,854）
交易應付帳款	4,331	2,373
遞延營收	**40,000**	—
其他應收帳款	（9,865）	（70,813）
其他應付帳款	（26,774）	97,096
營業現金流	57,806	（45,989）

業務賣掉，但好東西留著

特納醫療保健公司（Tenet Healthcare）是一家擁有並經營醫院及醫學中心的公司，近年來，特納賣掉了一些醫院，以強化流動性及獲利能力。在設計出售醫院的交易時，特納通常會玩一點強化營業現金流的把戲：整個醫院都賣掉，但應收帳款留著。

讓我們來討論一下該怎麼辦到。你可以把每一家醫院想成一間小公司，各自有營收、費用、現金、應收帳款、應付帳款等，就像任何一家公司一樣。在出售醫院時，特納會把應收帳款從這家醫院裡分離出來。換言之，假設一家醫院有 1,000 萬的應收帳款，特納就保有這些應收帳款的所有權，但把其他東西出售。當然，這樣做會讓醫院的售價降低 1,000 萬元，但特納才不在乎，因為等之後收到款項就可以補上了。

這樣的安排對於現金流有何意義？嗯，通常出售醫院的所有收

益都會認列為投資現金流入（就像出售某些部門或固定資產一樣）。然而，因為在出售前先把應收帳款分出來，特納把售價（以及投資現金流入）壓低了 1,000 萬；不過不要緊，因為公司很快就會從客戶那裡收到這筆錢，而此時最棒的事就來了：這些款項都會認列成營業現金流，因為這筆錢和收取應收帳款有關。這個小花招讓特納得以把 1,000 萬的現金流入從投資項下挪到營業項下。

投資人如果認真閱讀特納的財務報告，很容易就會發現這個騙局。特納在 2004 年 3 月的 10-Q 季報中已經明確揭露了這件事，說它打算保留和出售 27 家醫院有關的 3.94 億美元應收帳款。謹慎的投資人不會被誤導，被這個小把戲創造出的現金流給騙了。

2004 年 3 月 10-Q 季報特納出售醫院的相關揭露事項

因為我們**不欲出售資產群內的應收帳款**（除了一家醫院以外），這些應收帳款減去相關的備抵呆帳之後，將會納入隨附的簡明合併資產負債表中，為合併淨應收帳款。截至 2004 年 3 月 31 日，**待出售醫院的淨應收帳款總額為 3.94 億美元。**

••• 回顧

••• 展望

下一章就可以替企業虛報營業現金流的騙術下個總結。下一章的招數和前面 3 條不同，會牽涉到把「壞東西」丟出去、「好東西」丟進來。我們將討論如何用一次性不持久的作法來拉抬營業現金流；不再是在不同的項目之下東挪西借，而是單純的一次性拉抬老方法，讓投資人永遠都不會再看到不想看的東西。

第 **13** 章

現金流騙術第 4 條：
利用不持久的活動提高營業現金流

美國熱門影集《百萬大富翁》（*Who Wants to Be a Millionaire?*）在全球 100 餘國都有發行，是全球最成功的經典電視影集之一。這個遊戲簡單之至：參賽者會被問到至多 15 道包羅萬象的題目，只要能正確回答所有問題，就可以贏得大獎，但是只要答錯一題，那就得打包回家。

如果參賽者覺得某一題很困難，根據規則，可以使用「救命繩」（lifeline）。比方說，參賽者可以要求專家提供協助，或是請攝影棚內的觀眾票選答案。這些救命繩非常寶貴，通常可以讓辛苦奮戰的參賽者逃過一劫。但是，一定要經過謹慎的判斷才使用救命繩，因為使用救命繩的機會只有 3 次。

同樣的，搖搖欲墜的企業通常也會使用寶貴的「救命繩」，幫助他們把營業現金流拉抬起來。就像電視節目裡的益智遊戲一樣，企業通常都是以明智且必定合法的方式來使用這些救命繩。但跟電視節目不同的是，某些企業卻沒有揭露他們如何使用這些現金流救命繩。你

必須靠自己來識別，因為一旦它們溜走了，就是溜走了。

在本章，我們要討論 4 種企業用來拉抬營業現金流的不持久救命繩。

••• 利用不持久活動來提高營業現金流的技巧

1. 利用延遲付款給供應商來拉抬營業現金流。
2. 利用提前向客戶收款來拉抬營業現金流。
3. 利用減少購買存貨來拉抬營業現金流。
4. 利用一次性的利益來拉抬營業現金流。

1. 利用延遲付款給供應商來拉抬營業現金流

今年想要多存點現金嗎？你可以使用「延遲付款」救命繩：等到隔年 1 月才付 12 月的帳單。如果你把要付的錢往後推一個月，那年底的銀行存款餘額就會高一點，表面上看起來像是你在這一年裡創造更多現金。但是你一定不會陷入錯覺，誤以為自己找到一種可重複使用的方法，每年都用這種辦法來提供現金流；相反的，你明白這種好處不過只能維持一個月而已。若你明年要再拉抬現金流，你必須把 2 個月的帳單一起擠到隔年 1 月。

你的「延遲付款」救命繩可能有助於現金管理策略，而把錢多放在自己身上一個月也沒有什麼不對。同樣的道理，企業延長付款給供應商的時間，並善用當中立即出現的現金管理益處，也是很適當的作法。但是就像你一樣，企業不能把付款期限一直無限期延後。因為延遲付款（也就代表應付帳款增加）而創造出的現金流，應視為一次性

的活動，不代表公司找到可長可久的方法。雖然這聽起來只是常識，但如果你知道有多少公司打著現金流優勢做幌子，忘記提到他們的小祕密，你一定會很驚訝；他們忘了說：營業現金流的增加，是來自於欺騙供應商，沒有按照講好的時間付款。

家得寶壓榨供應商

鮑伯 · 納德利（Bob Nardelli）在企業內部接班戰中失利，無法取代奇異電子傳奇人物傑克 · 威爾許（Jack Welch），但在幾天之後，他卻領到安慰獎，變成家得寶（Home Depot）的第一把交椅。納德利在 2000 年 12 月接受任命，立即被譽為是這家家庭修繕用品企業急需的大師級營運主管。董事會看中他出身奇異電子，馬上給他豐厚無比的薪酬配套；而納德利當然也知道如何回報。在他擔任此一職務的第一年，他就創造出 2 倍以上的營業現金流：從 28 億美元成長到 60 億美元。對於當中駭人的細節，投資人並不太在乎。

後來證明，這樣的現金流成長是不持久的，而且和業務營業額成長無關。在第一年，納德利做了一項蠻橫的安排，重新界定家得寶和供應商之間的業務往來方式。明確來說，就是這家公司開始用惡劣的態度對待供應商，把付款期大幅延後。截至 2001 年底會計年度結算時，家得寶順利把應付帳款的時間從前一年的 22 天拉長為 34 天。公司的現金流量表（見表 13-1）顯示，應付帳款上這項小小的變化，是驅動公司得以展現亮麗現金流量的主要因素。現金流量成長的另一重要因素，是來自於每一家店面的存貨數量減少。

表 13-1 家得寶 2000 年至 2002 年的現金流量表

（百萬美元）	會計年度		
	2002	2001	2000
淨利	**3,664**	**3,044**	**2,581**
折舊與攤銷	903	764	601
應收帳款（淨值）	（38）	（119）	（246）
商品存貨	**（1,592）**	**（166）**	**（1,075）**
應付帳款及應計負債	**1,394**	**1,878**	**268**
遞延營收	147	200	486
應付所得稅	83	272	151
遞延所得稅	173	（6）	108
其他	68	96	（78）
營業淨現金	**4,802**	**5,963**	**2,796**

> **會計小百科： 應付帳款周轉天數**
>
> 應付帳款周轉天數一般用以下公式來計算：
>
> > 應付帳款／銷貨成本＊當期天數（若以一季為期間，一般
> > 標準天數為接近 91.25 天）
>
> 投資人應以周轉天數來分析應付帳款，就像分析應收帳款（應
> 收帳款周轉天數）及存貨（存貨周轉天數）的方式一樣。應付
> 帳款周轉天數增加，代表企業要用更長的時間來付清帳款；應
> 付帳款周轉天數減少，代表公司付清帳單的時間加快。

好吧，2001 年算是達成任務了。隔年，家得寶再度面臨重大挑
戰，要以表現不俗的 2001 年為基礎更上一層樓。為了再度創造營業
現金流成長，這家公司得複製出 2001 年的增幅，但家得寶在 2002 年
卻已經無法獲得這些好處了。家得寶可以再度延長應付帳款期間（從

34 天變成 41 天），但成長幅度卻不如前一年。2002 年的營業現金流從 60 億美元減少為 48 億美元。

投資人應注意，納德利的現金管理技巧並無不適當，而且看來對企業營運有利。但是這裡的重點在於，2001 年增加的那 30 幾億現金流，應該視為非重複性的成長。機敏的投資人應能正確地預期到，2002 年的營業現金流將會減少。

注意應付帳款增加。應付帳款相對於銷貨成本這個比率若出現成長，就是在告訴你這家公司可能延長付款給供應商的時間。投資人應注意，有多少比重的營業現金流成長是來自於延遲付款給供應商，並要把這種不持久的拉抬視為和營業活動改善無關。

小心現金流量表上出現正值的大幅變動。快速審查家得寶 2001 年的營業現金流就可以發現，應付帳款以及存貨項目的數字改善，正是營業現金流成長的主要驅動因素（見表 13-1）。隔年，家得寶無力維持前一年的改善，顯然正是營業現金流惡化的主要因素。

小心企業利用應付帳款從事「融資」。汽車零件商先進（Advance Auto Parts）、汽車地帶（AutoZone）以及沛普男孩（Pep Boys），2004 年時都利用銀行貸款付錢給供應商（你可以把這種安排想成是以應付帳款來「融資」）。雖然這 3 家企業的安排基本上一模一樣，但有趣的是，每一家公司如何認列這些現金卻大異其趣。根據一份財務研究與分析中心的報告指出，先進汽車零件公司將貸款認列為融資活動，汽車地帶認列為營業活動，而沛普男孩則用了一套奇怪的混合作法：現金流入部分當成營業活動，但流出部分當成融資。我們認為，先進汽

車零件公司的作法最符合經濟意義，因為這類安排基本上就是融資活動。

　　這個小故事的主旨說明，管理階層握有大量的裁量權，可任意將交易歸類到現金流量表中。為了適當地比較不同競爭對手創造現金流的能力，投資人必須針對政策的不同做出調整。每一家公司都會提供足夠的揭露事項，讓投資人了解公司的現金流量表分類。勤做功課的投資人會在這些揭露事項發現，貸款交易的雙邊（現金流入及現金流出）都是融資活動，而非營業。

> **心法：** 應付帳款是相對直截了當的科目。如果你發現企業在討論應付帳款時用的篇幅多一些，這裡面可能就有你想要知道的東西（比方說，應收帳款融資安排）。

當心其他應付帳款的波動。應付帳款並不是企業可用來管理現金流的唯一負債項目；不同負債科目的付款時點都會影響到營業現金流，包括支付稅金、薪資或紅利，還有退休金方案的提撥時間。來看看卡拉威高爾夫球公司（Callaway Golf Company）的案例，這家公司因為稅賦因素導致在 2005 年時獲得不持久的強勁現金流。

　　卡拉威公司把停賽季的時間都花在自家公司的騙術上了，而這份專注看來也帶來了回報。2005 年時，卡拉威的營業現金流成長到 7,030 萬美元，比 2004 年亂揮桿而獲得的 850 萬美元成績好太多了。快速檢視一下現金流量表就會發現，這股現金流量成長乃是來自於一項重大影響：因為應納稅額及應收帳款項而來的 5,580 萬美元（顯然

是退稅及結算後的淨額）。投資人要從現金流量表中找出這項大幅波動的稅額，並依此減去強勁現金流中不會重複出現的部分。

2. 利用提前向客戶收款來拉抬營業現金流

企業還有另一種方法可以創造出非重複性的現金流成長，那就是說服客戶提早付錢。這一定不是壞事，甚至可能代表公司有能力對客戶施展極大的影響力；但是，就像我們談拉長應付帳款時間一樣，企業無法季復一季以愈來愈快的速度向客戶收錢。因此，不可將這種加快收款促成的現金流視為可持久的成長。

讓我們來看看科技服務供應商電子數據系統公司〔EDS，現隸屬於惠普（Hewlett-Packard）〕的例子。2002 年，電子數據系統公司和一家現有客戶重新協調合約，針對在未來 2 年內要提供的服務預收 2 億美元。當然，客戶願意預付費用不是壞事，而大部分的企業也都希望享有這樣的待遇。但是電子數據系統公司卻未和投資人坦承以對，忘了告訴他們應將這筆現金流入視為預付款，本質上是非持久的成長來源。公司應該解釋，這樣的營業現金流成長是暫時的，是因為這樁前所未有的交易安排。確實，這筆 2 億美元的預付款在公司 2002 年上半年的營業現金流中占了 26%，而且金額大於上半年的成長金額。（見表 13-2）。因為有投資人密切追蹤電子數據系統公司現金流狀況，

表 13-2　電子數據系統營業現金流

（百萬美元）	2002 年 6 月上半年	2001 年 6 月上半年
營業現金流	759	581
減：非常態客戶預付款	200	—
調整後之營業現金流	559	581

證交會因此發現這家公司在揭露事項中未適當說明。

在 2002 年 6 月 10-Q 季報中討論現金流成長時，電子數據系統為投資人提供一個線索，提到公司多收了一些預付款。但是，揭露事項的說明很有限，證交會認為在預付款金額這麼龐大的情況下，可算是非常不當。

電子數據系統公司在 10-Q 季報中的揭露事項

因為**客戶預付款增加**以及當期負債款項減少，因此應收帳款的增加金額並沒有被遞延營收成長抵銷。

當心用精心籌畫之策略來影響現金流的時點。在矽谷圖形公司（Silicon Graphics）於 2006 年 5 月破產之前的好幾季，就已經出現提早收款的蛛絲馬跡了。這家公司負債累累，卻在投資人面前把自己描繪成握有大量流動現金的企業。矽谷圖形公司不像其他公司有能力向客戶要求提早收款，因此只能以提供折扣的方式，勸誘客戶提早付款。來看看以下這家公司在 2005 年 9 月 10-Q 季報中的揭露事項；此外，請注意看矽谷圖形公司玩弄的其他現金管理花招（暫時不付款給供應商，以及到季末才再購買存貨），以在當季最後一天讓資產負債表出現最高水位的現金。勤奮的投資人會注意到這些議題，並明白災難就在不遠處。

注意營業現金流的動態改善。2008 年初，電信設備製造商斯達康（UTStarcom）提報了大幅改善的營業現金流。在經歷了灰暗沉鬱的 2007 年，以及連續 4 季提報負值的營業現金流（總共燒掉 2.18 億美元的現金）之後，斯達康在 2008 年 3 月份忽然間提報了正 9,700 萬美元的現金流。投資者可能早已注意到，這次現金流出現扭轉，主要是因為幾項特別激進的營業資本處理行動。很快地瞄一下資產負債表，就會發現應收帳款減少了 6,500 萬美元，應付帳款則增加 6,600 萬美元。10-Q 季報中提供更多深入的解釋，並提到其中一項「管理階層決策」；我們在現金流騙術第 1 條中曾以惡名昭彰的組合國際為例，警告過大家這件事。

斯達康在 2008 年接下來的幾季，繼續提報負值的營業現金流。
雖然第 1 季有正的 9,700 萬美元營業現金流，但這家公司仍舊掉入錢
坑，一整年下來總計燒掉了 5,500 萬美元的營業現金流。

心法： 管理階層雖然能以「激進地管理營業資本」來討好投
資人，但是你應該把這件事當成警訊，因為近期的營業現金流
成長並非可長可久的趨勢。

3. 利用減少購買存貨來拉抬營業現金流

回想一下，家得寶因為延後付款給供應商，因而在 2001 年時獲
得了不持久的營業現金流成長。其實，這家公司還藏著另一項改善營
業現金流的花招：少買存貨。

在本章稍早時，我們討論過納德利透過延長應付帳款天數以及降
低每家店面的存貨量，在新官上任第一年就把家得寶的營業現金流變
成兩倍。家得寶降低存貨水準的方式很簡單，就是東西賣出之後就不
再補貨。換言之，這家公司向供應商購買的存貨量大不如前一年。

如果你還記得我們之前對家得寶的討論，應該知道延遲支付款

項會在現金流量表上造成龐大的正面「動盪」。同樣的，不補充存貨水準也一樣可以為營業現金流帶來不持久的成長。讓我們溫習一下表 13-1 的家得寶現金流，檢查一下存貨的波動，從 2000 年的 11 億美元現金流出，到 2001 年僅有 1.66 億美元現金流出（隨著利益回轉，2002 年又回復到 16 億美元現金流出）。

持平來說，家得寶在 10-K 年報中的「流動現金及資本資源」（Liquidity and Capital Resources）章節揭露得很清楚，說明刺激現金流成長的主要因素是延長應付帳款期間，以及每家店面的存貨水準下降。投資人若能詳讀整篇文件將會受益良多，因為這些重要的資訊都藏在報表深處。

家得寶 2002 年 2 月 10-K 年報

就 2001 年會計年度而言，營運提供的現金從 2000 年會計年度的 28 億美元成長至 60 億美元，這項成長主要來自於應付帳款周轉天數從 2000 年會計年底的 23 天，延長至 2001 年會計年底的 34 天，以及 2001 年會計年底的每家店面平均存貨減少 12.7%，與營業利潤增加。

隔年，家得寶無法再從減少存貨當中獲益。但是公司在這個章節中提供了一項好聽的說法，即去年存貨降低的幅度過了頭：

心法： 10-Q 季報以及 10-K 年報深處藏有一些影響現金流因素的額外說明。這是財報中最重要的章節之一，但許多投資人根本不知道有這些東西。要找到這些資訊，請翻到管理階層的討論及分析（Management Discussion & Analysis）；在靠近後面的章節通常就是「流動現金及資本資源」。這個部分是你在分析每一家公司時「必讀」的內容。

矽谷圖形公司在每季初購買存貨，然後在季末前使用完畢，每一季結束前頂多只再購買一次（請見我們之前討論矽谷圖形公司時，所附的 10-Q 季報揭露事項）。藉由應收帳款及應付帳款管理計謀，矽谷圖形用這套策略來操弄投資人的認知，讓他們誤以為公司流動現金充足，但事實上卻已經邁向破產邊緣。

4. 利用一次性的利益來拉抬營業現金流

微軟近年來掏出幾十億美元來解決反托拉斯訴訟。其中拿到最大筆和解金之一的企業是昇陽電腦（Sun Microsystems），2004 年總共從微軟手上拿了將近 20 億美元入袋（其中 16 億美元立即認列為收益）。昇陽電腦在損益表上明白地以「和解收益」，表達這一大筆一次性項目。昇陽電腦的揭露方式，讓投資人很容易就了解這筆和解收益

不會重複發生，也和一般營業無關；這個項目提報在「非經常項目」裡，是營業外收益。然而，昇陽電腦的現金流量表就沒這麼清楚了。公司把這 20 億現金認列為營業現金流入（若用以間接法來看，這是很適當的作法），但在現金流量表上並未單獨列出這個項目；相反的，昇陽電腦把這筆錢混在淨利當中。你可以想像得到，20 億的和解金一定會對昇陽電腦的營運績效造成重大影響：昇陽電腦 2004 年全年的營業現金流成長為 22 億元，2003 年時僅有 10 億元。認真做功課的投資人會注意到在損益表上的這筆和解金，並應會立即明白這是不持久的營業現金流來源。

會計小百科： 「營業」的意義

談到「營業現金流」以及「營業收入」時，營業（operating）一詞意義有所不同。比方說，稅金、利息以及大額的一次性事件都被視為營業現金流的一部分，但卻不算在營業收入裡面。

心法： 企業若以不持久的方法拉抬營業現金流，通常都不會在現金流量表中說明白。每當你看到任何一次性的盈餘利益時，請自問：「這筆增加的金額對現金流有何影響？」

⦿⦿⦿ 回顧

警示信號：　利用不持久的活動提高營業現金流

- 利用延遲付款給供應商來拉抬營業現金流。
- 應付帳款增加的速度快過銷貨成本。
- 其他應付帳款科目的金額增加。
- 現金流量表中出現大額的正值波動。
- 有從事應付帳款融資的證據。
- 有新揭露的預付款相關事項。
- 提供誘因請客戶提早付款。
- 以減少購買存貨來拉抬營業現金流。
- 揭露購置存貨的時點。
- 營業現金流出現戲劇化的改善。
- 營業現金流受惠於一次性的項目。

⦿⦿⦿ 展望

在本章中，我們完成了現金流騙術的單元；這部分討論的都是用來虛報營業現金流的技巧。總而言之，第 2 部和第 3 部著眼於創造出能讓投資人嘆服的績效，可能是提報更高的盈餘或是更高的營業現金流。如果這些竄改出來的績效還沒讓投資人看得兩眼發直的話，有些更急於討好大眾的企業更發展出一套新的騙術技巧，就是牽涉到重要指標的使用。我們將會在第 4 部分享一些企業界最黑暗的祕密。

第四部

重要指標騙術

在這趟征服財務騙術的冒險中，我們已經越過前兩座山頭了，最難爬的一段就在眼前了。目前為止，我們一直著運重在用兩項指標來評估企業的績效：盈餘和現金流。

在第 2 部「操弄盈餘騙術」當中，我們討論企業如何玩弄營收和費用，或者將這些帳目挪到錯誤的項目或完全錯誤的財務報表裡，藉此操弄應計基礎的績效數字。我們指出，像淨利這類應計基礎績效指標有其限制，建議投資人應該拓展分析範圍，一併評估現金流量指標，如營業現金流及自由現金流。

在第 3 部「現金流騙術」當中，我們處理的是一種相對新穎且麻煩的現象：管理階層傾向使用現金流騙術，為公司套上營業現金流及自由現金流穩健的表象。我們也拿出一些策略，可供投資人用來偵測現金流騙術，並調整企業提報的數值，刪去這些不持久的拉抬效果。

到這裡，你可以深呼吸一下，自豪自己有能力透過應計基礎（損益表）及現金基礎（現金流量表）模式來評估公司的「經濟面」表現，甚至當管理階層使用騙術、把真相藏起不告訴投資人時，你也看得出來。你也已經學會幾十種用來揭發管理階層的技巧。

但是，你的追尋還沒結束。在第 4 部「重要指標騙術」中，我們要探討使用其他「重要指標」來評估企業績效及經濟體質有多重要，而且我們也要揭露一些企業可以用來遮掩真相、誤導投資人的招數。

●●● 2 大重要指標騙術

> 第 14 章　重要指標騙術第 1 條：展現過度吹捧績效的誤導性指標
>
> 第 15 章　重要指標騙術第 2 條：扭曲資產負債表上的指標，以避免展
> 現公司營運惡化的跡象

　　一項成功的投資，有賴於嚴謹分析大量的企業財務績效及經濟體質指標。部分重要的相關資訊可從閱讀損益表、現金流量表以及資產負債表中獲得，但部分同樣重要的資訊卻需要爬梳補充文件才能找到（例如企業新聞稿、發布盈餘資料、附註以及內含在財務報表中的管理階層討論與分析）。此外，投資人也應研究競爭對手的財務報告，以比較績效與體質健全度指標，與評估應用會計準則及揭露的狀況。

　　現在，你已經擁有大量可供閱讀及分析的資料。但是在進一步深入探究之前，記得要問以下 2 大重要問題：

1. 哪些是衡量特定公司表現的最佳指標？管理階層強調、忽視、扭曲或編造哪些他們自家版本的指標？
2. 哪些是揭露特定公司經濟體質不斷惡化的最佳指標？管理階層強調、忽視、扭曲或編造哪些他們自家版本的指標？

　　愈來愈多投資人同時利用績效以及經濟體質相關指標來評估企業。無須意外的是，由於企業常急於討好投資人，因此會提供許多這類資訊，但是，他們卻常常試著掩蓋業務當中的任何惡化跡象。我們把這一類瞞天過海招數稱為重要指標騙術，分成（1）績效指標（2）經濟體質指標。

●●● 評估財務績效及經濟體質的指標

對於特定產業或企業，可以從最能適切評估經濟績效及體質的指標為出發點，而且要同時包括過去以及近期的指標。（長期的績效預測非常不精確，而且對投資人來說價值不高）。當我們在評估指標時，你要做出自己的分級圖，類似表 P4-1。

表 P4-1　指標分級圖

等級	理由
A	基本項目且被管理階層妥善運用
B	有益的補充資料
C	中性──無真正的價值
D	指標正確，但管理階層濫用
F	管理階層編造出來的誤導性指標

讓我們看看一家以用戶為基礎的公司，這是我們都很清楚的產業模式。我們先從損益表（營收、營業盈餘、淨利、每股盈餘）及現金流量表（營業現金流和自由現金流）上傳統的績效指標開始，假設這當中並無任何盈餘操弄或現金流騙術，這些指標本身並不會有問題。然而，以上這張清單還少了一項非常重要的資訊：近期的業務趨勢。最近的用戶數目有沒有減少？最近從每位用戶身上賺取的營收與前幾季相比有無減少？由於應計基礎的營收和現金流基礎的營業現金流的重點都在於過去的營收或現金流而非未來，投資人應積極尋找並評估以用戶為基礎的相關指標。這項資訊極為重要，因此投資人應將這類指標分類為 A 級。

一般而言，補充資訊裡常見的揭露事項，將會落在中級類別裡，範圍從有益的 B 級到額外價值極低的 C 級。只有落在最低兩極的那些指標才要歸類成騙術；D 級指的是正確但被管理階層選來濫用的指標，F 級指的是企業為了美化績效而自行編造的誤導性指標。

績效指標的類別

　　請把我們傳統的財務績效指標（例如營收、淨利及現金流）想成和棒球場上的攻守紀錄一樣。這些資訊反映的雖然是過去的績效，但通常也提供許多和經營團隊優勢相關的指標，在許多情況下，更能透露玄機，讓投資人知道對未來能有何期待。除此之外，還有一些補充資訊，或者你可以從攻守紀錄以外推演出一些資料，這些東西對於分析球隊來說也很重要。就像棒球史家比爾 ‧ 詹姆士（Bill James）率先推動新型棒球統計分析時的了悟一樣〔也一如麥可 ‧ 路易斯（Michael Lewis）在《魔球》（*Moneyball*）一書中的漂亮論述〕，許多非傳統的棒球統計值會比攻守紀錄中的傳統指標揭露更多資訊。

　　最佳的財務績效補充指標應能提供更全面的觀點，讓讀者看清楚企業最近的營運績效（不論好壞），並與一般公認會計原則的傳統財務報表指標相輔相成。我們要強調的是，管理階層對以下指標的表述方式：（1）代表營收的指標（2）代表盈餘的指標（3）代表現金流的指標。

代表營收的指標。針對銷售部分，管理階層通常會試著把話說清楚並擴及揭露事項，還會提供和未來需求及定價能力相關的解析。比方說，廣電營運商會揭露用戶人數，航空公司會揭露「負荷因素」

（load factor，即售出座位的百分比），入口網路公司會提供「付費點選」（paid click）的數字，飯店則會提供「客房平均營收」（revenue per available room）。產業和企業通常會編製專屬的獨有指標，以協助投資人準確掌握公司的績效表現。常見的營收指標包括，同店銷售額（same-store sale）、積壓待出貨訂單（backlog）、預訂數字（booking）、用戶數、用戶平均營收（average revenue per customer）以及有機營收成長（organic revenue growth）。

代表盈餘的指標。管理階層有時會提供「更清晰」的盈餘版本，以傳達企業的真實營運表現。舉例來說，化學製造商在提報盈餘時可能會減去一筆大額的一次性出售房地產利得，以便用和過去及未來相容的方式提報。雖然每家公司的命名方式不同，但企業內部通常會使用一貫的名稱來稱呼，非屬於一般會計原則的代表盈餘指標。企業界的常用指標包括擬制盈餘（pro forma earning）、未計入利息、稅項、折舊及攤銷前盈餘、非屬一般公認會計原則盈餘、固定貨幣盈餘以及有機盈餘成長。

代表現金流的指標。就像代表盈餘的指標一樣，管理階段也會嚐試提供「更清晰」的現金流版本；然而，這當中可能會多一點技巧，通常也比較有爭議性。比方說，連鎖零售業者可能會在呈現現金流時，減去一筆大額的一次性法律和解金之付款。常用的指標包括擬制營業現金流（pro forma operating cash flow）、非屬一般公認會計原則營業現金流、自由現金流、現金盈餘、現金營收以及營運現金流量（funds from operation）。

經濟體質指標的類別

沿用棒球賽的比喻，如果說分析表現指標像是檢視昨天的攻守紀錄，那麼分析經濟體質指標就可說是檢視棒球隊到目前為止的名次，以反映球隊的累積績效（本季的輸贏）。我們可以把資產負債表想成公司到目前為止的紀錄，反映的是公司從成立以來的累計績效。（對某些歷史悠久的公司而言，這可能是非常漫長的「賽季」。）雖然資產負債表反映的是所有過去績效的累積，但也可以透露出端倪，告訴大家對未來可以有哪些期待。在戰果排行榜上高踞榜首、在聯盟得分記錄中引領群雄的球隊，通常是大家認為體質健全的球隊。在光譜的另外一邊，若有一支球隊名次老是墊底，累積的打擊率難看至極，而且失分比其他球隊都多，通常都會被大家認為體質不佳，相對不穩。

就像我們在說明績效指標時一樣，針對特定產業的經濟體質與穩定度，要從學習哪些是最佳的評估指標開始，而且要同時包括過去以及近期預期的。同樣的，就像在評估績效時一樣，在評估企業的經濟

體質時，也要使用如表 P4-1 的分級表。最佳的經濟體質補充指標應能提供更深入的觀點，讓投資大眾看透公司資產負債表的優缺點，包括公司在以下各方面的表現：(1) 管理客戶收款 (2) 維持適切的存貨水準 (3) 維持財務資產的適當價值 (4) 隨時檢查流動性及償付能力的風險，以防發生嚴重的現金短缺。

評估應收帳款管理。如果向客戶收取應收帳款的時間延長，投資人就要擔心了。分析師會使用平均銷貨天數來掌握收款情況是否出現異常；平均銷貨天數增加，通常代表客戶付款的速度變慢了。或者，更糟糕的情況是，也許管理階層用了操弄盈餘騙術，以虛報營收和利潤；如果管理階層想要隱瞞這些問題，他們就會扭曲應收帳款餘額。投資人應評估應收帳款，以衡量管理階層提供的平均銷貨天數是否真實表達企業的基本經濟體質。請記住，扭曲應收帳款餘額可能代表有人試圖隱藏營收的問題。

評估存貨管理。健全、適當的存貨水準，對於妥善經營的企業而言至為重要。持有過多無人想要商品會導致價值減記；手上沒有足夠的熱銷商品，則會喪失銷售機會。因此，投資人要密切監督存貨水準，並使用存貨周轉天數這個指標。管理階段可能會編製誤導讀者的存貨指標，以藏匿獲利能力的問題；或者，在資產負債表上以錯誤的方法歸類存貨，要弄花招，讓投資人在計算存貨周轉天數時使用錯誤的參考資料。

評估金融機構的資產減記。金融機構會提供相關指標，讓投資人深入了解他們握有的金融資產品質或優勢。舉例來說，公司可能會揭露房

貸逾放比（delinquency rate on mortgage）或是投資的公平價值。投資人必須監督這些補充數據，以確保公司認列了適當的準備及價值減記。在近來發生的金融危機中，未能察覺金融機構採取寬鬆減記策略的投資人，就承受了重創。

評估流動性及償付能力風險。 如果投資人未看到即將出現大量現金缺口的威脅，就得面臨嚴重損失，而且通常事前少有徵兆。當信用評等機構迅速將恩隆的債券評等調降至「垃圾」等級，它的流動現金來源立即枯竭，這家公司也很快就面臨了毀滅。同樣的，有未付清負債的企業如果未能遵循債務契約上的條件，也會面臨同樣嚴重的後果。如果一家公司無法針對這些威脅提出反駁數據（甚至故意隱瞞這些威脅），投資人就會置身於重大危機之中。

接下來兩章要為各位完整介紹兩大重要指標騙術。如果管理階層提供更多有用的資訊，協助投資人精確評估公司的績效及經濟體質，一般來說都是投資人樂見的情況。對投資人來說，最不幸的是管理階層提供的定期資訊不僅沒有帶來任何附加價值，還牽涉到了故意誤導。第 14 章介紹的指標，重點在於企業如何向投資人掩飾盈餘、營收、或現金流問題或是過度吹噓平平的表現；第 15 章要說明的，則是將問題藏起來的誤導性經濟體質指標。

第**14**章
重要指標騙術第 1 條：
展現過度吹捧績效的誤導性指標

> 最重要的是，不可造成傷害。

> ——西方醫學之父希波克拉底（Hippocrates）

　　新手醫生必須唸出希波克拉底誓詞，保證他們會遵循懸壺濟世之道德標準。這段誓詞出於公元前 4 世紀的西方醫學之父希波克拉底，誓詞的要旨可以總結為「最重要的是，不可造成傷害」。

　　你我或許也應要求企業經理人研讀這段神聖誓詞，並真心誠意地奉行。這樣做，他們就得保證不會故意傷害投資人，而且永遠都不可出示不當表述企業績效的指標。不過，根據目前你在本書習得的內容來看，這一天還遠得很。我們只能夢想終究會有這麼一天，但是在這一天來臨之前，投資人必須對以下 3 項經理人用來混淆企業績效的技巧提高警覺。

●●● 過度吹捧績效的技巧

1. 強調誤導性的指標，當成代表營收的數據。

2. 強調誤導性的指標，當成盈餘的數據。

3. 強調誤導性的指標，當成現金流的數據。

1. 強調誤導性的指標，當成代表營收的數據

　　許多人都認為，營收成長是衡量企業整體成長重要且直接的指標，企業也經常提供額外的數據以補充說明營收項目，為投資人提供更清楚的觀點，看透公司的產品需求及定價能力。就像我們在前一章中討論過的，投資人樂見這些資訊，也樂於分析這些非屬一般公認會計原則的補充營收指標，以更精準地評估持續性的企業績效。然而，有時管理階層提供的營收指標卻充滿誤導意味，若投資人沒有設定適當的保護機制，就會因此受到傷害。在本章第一節，重點在於企業如何以不誠實的態度來使用常見的營收指數，以及投資人應如何自我保護。

同店銷售額

　　新店面開幕通常會刺激零售業及餐廳的營收成長。從邏輯上來看，處在快速展店階段的企業會展現出亮麗的營收成長，因為他們擁有的店面數目遠高於前一年。雖然企業總營收成長可以提供某些切入點，讓投資大眾了解公司的規模，但是卻很難從中得知每一家店面的營運狀況。因此，投資人更應密切注意衡量店面實際績效的指標。

為了將上述資訊提供給投資人，管理階層通常會提報一個稱為「同店銷售額」或「可比較店面銷售額」（comparable-store sale）的指標。這個指標針對店面設立了可比較基礎（簡稱可比基礎），以計算營收成長，讓投資大眾可以就真實營運表現得出相關性更高的分析。比方說，一家公司可能會提報已經開幕一年的店面營收成長，而且通常會在發布盈餘資料中明確地揭露同店銷售額，投資人應該把這當成企業績效的重要指標。許多人認為，同店銷售額是分析零售業或餐廳時最重要的指標。如果企業以合乎邏輯且一致的方式來提報，我們也同意同店銷售額對投資人來說是非常寶貴的資訊。

　　但是，因為同店銷售額不在一般公認會計原則的範圍內，因此沒有一體適用的定義，各家公司的計算方法可能大為不同。更糟的是，有些公司在某一季自行計算的同店銷售額，還可能會跟他們前一季用的資料不同。雖然大部分公司都誠實計算同店銷售額而且以一致的方式揭露，但還是有「爛蘋果」會經常更動同店銷售額的定義，以藉此美化績效。因此，投資人一定要提高警覺，注意同店營業額的表達方式，以確保這項指標能確實代表公司的營運績效。

比較同店銷售額和店面平均營收變化。當企業穩定成長時，同店銷售額的成長趨勢應該和店面平均營收的成長趨勢一致。若把同店銷售額拿來和店面平均營收（也就是將總營收除以總店面數）變化相比較，投資人很快就可以探知業務的變化趨勢到底是正向成長還是負向衰退。舉例來說，假設某公司的同店銷售額成長率和其店面平均營收的成長紀錄相當一致，如果在這股趨勢當中突然出現重大的偏離，同店

銷售額加速成長但店面平均營收萎縮，投資人就要當心了。這樣的偏離指向以下 2 個問題：（1）新開的店面營業情況開始走下坡（這會拉低店面平均營收，但不會影響同店銷售額，因為新開店面沒有可比較基礎）（2）公司變更同店銷售額的定義（這會影響同店銷售額的計算，但不會影響店面平均營收）。

　　財務研究與分析中心使用一套架構，2004 年時成功辨識出香脆奶油甜甜圈公司的問題，2007 年時也看出星巴克（Starbucks）的狀況，得以在這些公司揭露真相之前即先行警告投資人。如圖 14-1 所示，香脆奶油甜甜圈 2003 年及 2004 年的同店銷售額維持在高點，但是店面平均營收卻大幅滑落。

圖 14-1　香脆奶油甜甜圈的同店銷售額與店面平均營收的比較

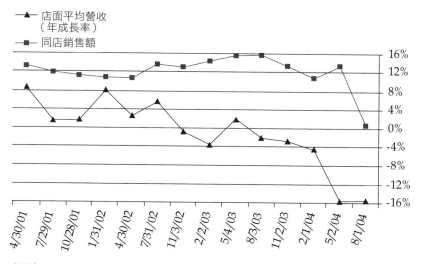

資料來源：風險指標集團

注意同店銷售額的定義改變。企業通常會揭露他們如何定義同店銷售額。一旦揭露定義後，投資人要一期期追蹤這項指標就不是什麼難事。企業可能用兩種方法來調整可比基礎，藉此操弄同店銷售額。第一種方法是，改變納入可比基礎的店面開業時間限制（比方說，後期改為必須開幕 18 個月以上才納入計算，但前一期則為 12 個月）；第二招則牽涉到，改變可比基礎中納入的店面類型（比方說，運用地理區、規模、業務、是否重新整修等因素排除某些店面）。

當心因為企業從事收購而出現的虛報同店銷售額。可比基礎會因不相關的企業活動而受到影響，比方說收購。舉例來說，從 2004 年到 2006 年，星巴克可比基礎範圍內的店面每季都在改變，因為這家公司持續不斷收購美國各地的加盟業者，將他們納入可比基礎。因此，星巴克用來計算同店銷售額的店面每季略有不同，而這很難稱之為可比較的指標。如果星巴克買下表現最佳的加盟店，這樁收購案就會對同店銷售額的績效表現造成正面效應，導致投資人對公司的基本營業成長有錯誤認知。

就像香脆奶油甜甜圈一樣，星巴克 2006 年的同店銷售額成長趨勢開始和店面平均營收成長分道揚鑣；2007 年時差距更為擴大；到了 2007 年 9 月，美國星巴克提報的營業額有史以來第一次衰退。當美國的同店銷售額在同年 12 月轉為負成長時，星巴克宣布公司不再揭露同店銷售額的數字，宣稱這個指標將「無法充份代表公司績效」。

當心企業不再揭露重要的指標。就像星巴克在業績不振時就不再揭露同店銷售額一樣；當 2000 年底時機艱困時，電腦廠商捷威

（Gateway）也不再揭露他們的電腦銷售數字。這項指標是提供給投資人的重要數據，捷威改變揭露內容，導致證交會稽查這家公司，並將這些行動貼上「嚴重誤導」的標籤，因為這家公司故意模糊電腦消費需求疲弱不振的事實。

心法： 如果找不到重要指標，那就要拉警報了。

尋找奇怪的有機成長定義。聯繫電腦服務公司表達有機成長的方式很奇特，這家公司稱之為「內部成長」（internal growth）。聯繫電腦服務公司在計算內部成長時，並不是減去所有收購業務的營收，而是以被收購企業前一年的營收為基礎，計算出一個固定數額然後扣除。這表示，被收購公司在收購前認列的任何重大交易，都會被聯繫電腦服務公司納入自家的內部成長當中。

> **聯繫電腦服務公司在 2005 年 3 月的發布盈餘新聞稿**
>
> 內部營收成長的計算方式是，以總營收成長減去因為收購而獲得的被收購企業營收及分割業務的營收。因為收購而獲得的被收購企業營收，計算方式為**根據被收購公司在收購前的標準化營收**。

為了清楚說明，讓我們假設聯繫電腦服務公司在 2005 年 1 月 1 日時收購了一家 A 公司。在 2004 年時，A 公司創造了 1.2 億美元的營收（每季 3,000 萬）。在收購前幾週，A 公司也完成了一筆大交易，

為從 2005 年開始的每一季創造了額外的 1,000 萬美元。

　　假設在 2005 年 3 月份（這是 A 公司被聯繫電腦服務公司收購之後的第一季）時，A 公司一如預期創造了 4,000 萬的營收（3,000 萬的標準營收加上新合約的 1,000 萬）。聯繫電腦服務公司在 2005 年 3 月份計算內部營收成長時，照道理應完全排除這 4,000 萬，因為若沒有收購案，這裡面的任何一毛錢都不會納入聯繫電腦服務公司的營收當中。但是，聯繫電腦服務公司的計算方式卻容許公司將新合約的 1,000 萬納入自家的內部成長當中。因此，聯繫電腦服務公司的內部營收成長因為不當營收利得而受惠。顯然，這可不是相同比較基礎。

> **心法：** 檢查收購型企業的有機成長計算方式，因為這當中可能納入來自被收購企業的營收。

用戶平均營收

　　當你利用非屬一般公認會計原則的重要指標進行比較時，要確定這些指標都是用同樣方式計算出來的數值。舉例來說，在廣電業，大家經常拿來分析的指標是用戶平均營收（average revenue per user，簡稱 ARPU），計算方式為總用戶營收除以平均用戶人數。聽起來，計算用戶平均營收應該是一件很簡單的事，但是你會看見各式各樣有著不同定義的用戶平均營收指標。來看看天狼星衛星電台公司（Sirius Satellite Radio）以及 XM 衛星電台公司（XM Satellite Radio）的情況（指這兩家公司在 2008 年合併之前）。天狼星在計算用戶平均營收時，納入從用戶、廣告以及開台費當中獲得的營收；而 XM 電台計算

用戶平均營收時，則僅納入用戶的營收，不含廣告營收及開台費。為了以相同基礎來比較這兩家公司的用戶平均營收，投資人要不然就得調整天狼星電台的用戶平均營收計算方式，刪掉廣告收益及開台費；要不然就得調整 XM 電台的用戶平均營收計算方式，納入這些營收來源。

天狼星電台及 XM 電台的用戶平均營收差異

天狼星電台計算用戶平均營收的方式：用戶營收（已減去銷售退回的抵銷項目）、**開台費及廣告營收**除以當期的每日加權平均用戶人數。

XM 電台計算用戶平均營收的方式：每月賺得的用戶總營收減去推廣費用及銷售退回，除以當期的每月加權平均用戶人數。

資料來源：衛星電台產業分析報告（Satellite Radio Industry Analysis），風險指標集團，2006 年 4 月。

用戶增加及流失

讓我們去看看前一章對用戶基礎企業的討論。如研究供應商、電話公司、報社、健身俱樂部等公司都仰賴新用戶作為成長動力，因此監督用戶人數對投資人來說是很有用的作法，可以得知最近的業務發展趨勢。照理來說，每一季的新增客戶人數通常都是未來營收成長的領先指標；同樣的，在評估業務狀況時，取消使用的戶數（稱為「流失」）也是必須知道的重要數據。如果一家公司展現穩健的用戶基礎，即新用戶成長、流失率下降，投資人就可期待未來會有更強勁的營收成長；但若企業操弄這些指標，那就不算數了。

來看看美國線上虛報網路訂閱人數的計謀。美國線上增加訂閱人數的管道之一，是將「大量訂閱」銷售給企業用戶，讓企業用戶把這些訂閱使用權分給員工，當成福利之一。美國線上在計算用戶時並未納入這些大量訂閱，因為他們知道，當中有很多用戶根本不會啟用。然而，當員工確實登記使用時，他們則可以堂堂正正將這些人列入用戶人數。

2001 年時，美國線上拚了老命要達成用戶人數目標。也因此，他們開始把大量訂閱中的用戶數納入計算；然而，這類訂閱用戶大部分都不會啟用。此外，美國線上還在季末時將大量訂閱的續會方案發送給客戶，以達成用戶人數的目標。

我們在第 2 章介紹過的阿德菲通訊公司，在當時是全美第 6 大有線公司，這家公司將未納入合併報表關係的企業用戶也拉了進來，造假拉抬用戶數目。以實例來看，在 2000 年 6 月時，阿德菲通訊公司忽然把巴西一家關係企業的 15,000 名用戶全都算成自家的用戶人數。在接下來那一季，阿德菲又計入另一家未納入合併報表的委內瑞拉關係企業之 28,000 名用戶。

阿德菲更決定，要開始將其他產品線的用戶算成基本有線電視的訂戶。以 2001 年 6 月為例，阿德菲認為，在計算基本有線電視用戶數時，納入 27,000 位網路服務用戶是很適當的作法。為了再更上一層樓，2001 年 9 月時，這家公司又把 60,000 名居家保全用戶納入基本有線電視用戶數當中。

在 2004 年提出破產申請的前幾年，帕格斯衛星通訊（Pegasus Satellite Communication）也操弄用戶數目這個統計值。一般來說，帕

格斯的用戶出帳系統會自動減去任何延遲付款超過54天的客戶，但為了壓低客戶流失率，並虛報用戶人數，帕格斯的員工以手動的方式更改用戶出帳系統的統計報表，保留付款期限超過54天的用戶。

心法： 發布盈餘新聞稿及 **10-Q** 季報中，通常會揭露用戶數字統計資料，找找看這兩項資料來源是否有不一致之處，特別是挪移不同類別用戶造成的差異。

預訂數字及積壓待出貨訂單

許多企業都會揭露每季的「預訂數字」或「訂單」，這些統計資料一般代表當期已經下訂的新銷售金額。此外，企業也會揭露他們的積壓待出貨訂單，這些數字基本上代表已經預訂的業務（或說是還沒有履行義務的訂單）。「訂單出貨比」（book-to-bill）也是常見的揭露數據，指的是當期訂單數量與當期營收之比率，以訂單金額除以營收計算。

如果表達準確，預訂數字和積壓待出貨訂單都是很重要的指標，可以替投資人提供額外的觀點，解析未來的營收趨勢。但是，因為這些是非屬一般公認會計原則的指標，企業在定義及揭露時就留有很多空間。你會認為要計算出這些數字應該很直截了當，但是應該或不應該納入哪些項目，卻有許多巧妙。比方說，在表達預訂數字及積壓待出貨訂單時，不同的公司會以不同的作法納入以下各類訂單：可取消訂單、數量未定之訂單、長期服務或營造契約訂單、附帶權宜條款或延伸條款的訂單，以及非核心營業項目的訂單等。

由於各家公司之間使用的預訂數字及積壓待出貨訂單定義不同，因此投資人在信賴這些數字之前要先確實明白這些指標代表的意義。此外，如果這項指標是某家公司的重要績效指標，投資人更應多花費一些心力，確認公司沒有以美化數字的方式來更改自家的訂單定義。

> **會計小百科： 預訂數字與積壓待出貨訂單**
>
> 以下公式說明預訂數字、積壓待出貨訂單以及營收之間的關係（針對所有因為積壓待出貨訂單而創造出來的營收）。這套公式對於分析企業很有幫助，因為這也可以用來檢驗企業的誠信，以及這些非屬一般公認會計原則指標的一致性。當你只拿到積壓待出貨訂單的數字時，也可以用來計算預訂數字。
>
> 　期初積壓待出貨訂單＋預訂數字淨值－營收＝期末積壓待
> 　出貨訂單
>
> （預訂數字淨值是所有預訂訂單減去取消的訂單）

2. 強調誤導性的指標，當成盈餘的數據

　　股神巴菲特對於編造不實擬制指標的管理團隊相當不以為意。他把這種作法比喻為，弓箭手對空白的畫布放箭、然後自己拿筆畫出靶心。

未計入利息、稅項、折舊及攤銷前盈餘及其變體

　　來看看全球交點裡的弓箭手畫出的靶心；這家公司在 2007 年 3 月那一季提報了 1.2 億美元的淨損。因為急著端出利潤，管理階層捏造出一個擬制指標以刪去一些費用；這些費用不斷提醒他們在網路泡沫時做了哪些勾當。首先，管理階層減去 9,700 萬美元的利息、稅

項、攤銷以及其他項目費用，得出一個他們稱之為「調整後未計入利息、稅項、折舊及攤銷前盈餘」。之後，這家公司又減去 1,500 萬美元的非現金之股票薪酬費用，得出數值為負 800 萬美元的「調整後未扣除利息、稅項、折舊及攤銷之現金盈餘」。很接近目標了，但是還沒有達到獲利的目的，於是管理階層再減掉他們認為性質上屬一次性的費用，讓公司在所謂的「減去一次性項目之調整後未扣除利息、稅項、折舊及攤銷現金盈餘」指標，達成正 400 萬美元的績效表現。正中紅心！

　　要對全球交點公司的三階段擬制數字起疑很容易，在看到公司減去所謂的「一次性費用」是哪些東西時，很難有人不放聲狂笑（見表 14-1）。之前我們確認過了，「維修」費用是執行業務的一般成本，在計算擬制統計數字時不應刪除。同樣的道理也適用於客戶違約部分（也就是壞帳）、保留員工分紅以及固定的監理規費。千萬不要誤以為管理階層決定以一次性的方式來表達這些項目，這些費用就不會重複出現。

　　在 2007 年 6 月的法說會上，快閃記憶體製造商飛索（Spansion）很自豪地宣稱其扣除利息、稅項、折舊及攤銷之盈餘，從前一季的 6,100 萬美元成長為 7,200 萬美元。在下一季，飛索提報未計入利息、稅項、折舊及攤銷前盈餘調到 7,100 萬美元；但公司安撫憂慮的投資人，宣稱如果前一季扣除一次性房地產利得，那這一季的未計入利息、稅項、折舊及攤銷前盈餘，應成長 800 萬美元。但在方便行事之下，前一季提報盈餘時並未在計入利息、稅項、折舊及攤銷前盈餘中，扣除這一筆一次性利得。因此，飛索實際上的作法是納入一次性

表 14-1　全球交點的「減去一次性項目之調整後未扣除利息、稅項、折舊及攤銷現金盈餘」

（百萬美元）	2007 年 3 月，第 1 季
淨利	（120）
預先提撥所得稅（provision for income tax）	12
其他費用	6
利息費用	29
折舊與攤銷	50
調整後未計入利息、稅項、折舊及攤銷前盈餘	**（23）**
非現金之股票獎酬	15
調整後未扣除利息、稅項、折舊及攤銷之現金盈餘	**（8）**
一次性項目：監理規費	5
一次性項目：亞洲地震	1
一次性項目：客戶違約	2
一次性項目：資遣費	1
一次性項目：保留分紅現金部分	3
一次性項目：水電額度	（2）
一次性項目：維修費用	2
減去一次性項目之調整後未扣除利息、稅項、折舊及攤銷現金盈餘	4

資料來源：風險指標集團。

利得，幫助公司在 6 月份拿出亮麗的未計入利息、稅項、折舊及攤銷前盈餘成長，但到了下一季又把這一筆利得扣除，好顯示 9 月份的扣除利息、稅項、折舊及攤銷之盈餘強勁成長。

擬制盈餘／調整後盈餘／非一般公認會計原則盈餘

名稱裡有什麼玄機？企業會用不同的名稱來稱呼盈餘，想盡辦法讓結果看起來更漂亮一些；或者，管理階層希望誤導你這麼想。有時

管理階層甚至堅持，聽起來就充滿邪惡氣息的「擬制」或「調整後」盈餘指標，其實是更美好而純正的衡量盈餘指標。

假裝重複性的費用其實是一次性的項目。還記得認列假營收之後，用詐騙手法編造出售應收帳款的老朋友百富勤系統嗎？這家公司的假應收帳款多如牛毛，讓公司可以採用擬制指標來隱藏詐騙證據。除了假裝出售應收帳款之外，百富勤還為這些應付帳款認列費用，但是不當地把這些費用分類成非重複項目以及和收購相關的科目。這種分類法給了百富勤一個防護罩，讓它可以在表達擬制盈餘時刪除這些費用，並讓投資人不用再擔心。

假裝一次性的利得其實是重複性的項目。2006 年 6 月時，通用汽車在出售一家地區型建商的持股之後，認列了一筆 2.59 億美元的稅後淨利。一般來說，在提報「調整後盈餘」時，通用汽車確實都會減去一次性的利得或損失。在那一季，通用汽車確實也在調整後盈餘中減去了出售另一筆不同投資的利得。但令人好奇的是，通用汽車的管理階層卻決定，要保留這筆出售建商股票的利得（金額占調整後營收的 20% 以上）。

　　川普飯店及賭場（Trump Hotel & Casino Resorts）也選擇在提報調整後盈餘時，不要減去大額的非重複性利得。1997 年時，川普在大西洋城的泰姬瑪哈賭場（Taj Mahal Casino），與好萊塢星球餐廳（Planet Hollywood）合開了一家全星咖啡（All Star Café）。全星咖啡店簽了 20 年的租約，但就在 2 年後，其母公司好萊塢星球餐廳破產了。租約因此終止，全星咖啡店裡的所有重要運動紀念品及裝潢都變

成川普的財產。川普估計這些財產的價值有 1,700 萬美元，並在 1999 年 9 月時認列為一次性利得。（令人驚訝的是，川普居然把這項利得放進營收裡！）但是，在向華爾街公布盈餘數字時，川普卻方便行事，忘記告訴投資人這是一筆一次性的利得，也沒有從擬制統計數字中刪去這筆金額。如表 14-2 所示，如果川普在和投資人溝通時更貼近事實，並提報誠實的擬制數值，公司提報的盈餘和營收都會雙雙下滑，而無法在這兩個指標上都提報成長。

變更調整後盈餘的定義。如第 3 章討論的，當奧維系統利用更改會計政策來提早認列營收的同時，這家公司還悄悄地玩弄盈餘指標，選用「非屬一般公認會計原則」的淨利指標。2005 年底，奧維系統連續兩季更改其非屬一般公認會計原則淨利的定義。根據財務研究與分析中心在 2005 年 11 月份提出的報告，這項改變讓奧維的每股盈餘多了 0.04 美元，若沒有這項挹注，公司將無法達到華爾街的預期目標。而就在接下來那一季，奧維再度改變定義；這一次是在非屬一般公認會計原則淨利中，排除了和收購相關的避險成本。這兩次的變動，將 12 月那一季的每股盈餘總共拉高了 0.04 美元。

表 14-2　川普 1999 年第 3 季的擬制統計數據

（百萬美元，以每股盈餘計算者除外）	1999 年 9 月第 3 季（提報值）	1999 年 9 月第 3 季（減去一次性利得後的調整值）	1998 年 9 月第 3 季
擬制盈餘	403.1	385.9	397.4
擬制淨利	14.0	3.0	5.3
擬制每股盈餘	0.63 美元	0.14 美元	0.24 美元

3. 強調誤導性的指標，當成現金流的數據

　　非屬一般公認會計原則的現金流指標，比非屬一般公認會計原則的營收或盈餘揭露數據來得少，但是這些東西仍然存在。有時候，企業會自行編製擬制現金流指標以排除非重複性的活動，比方說大額的訴訟和解金；然而其他時候，企業可能是用人力編造的方式，來拉抬自家企業創造現金流的能力。

「現金營收」及未扣除利息、稅項、折舊及攤銷盈餘並非現金流指標

　　企業常會拿出一些像「現金盈餘」或「未扣除利息、稅項、折舊及攤銷之現金盈餘」這類指標（就像之前全球交點公司的作法）。不要把這些指標誤以為是現金流的替代指標！許多企業和投資人都相信，這些指標（以及老式的未扣除利息、稅項、折舊及攤銷盈餘）很能代表現金流，因為這些計算方式把折舊這一類非現金費用加了回來。但現在你一定知道，公司的現金流組成元素，不僅是淨利再加上非現金費用而已；因此，用這種方式來計算現金流，實際上是用間接的方法膨脹了現金流量表。在計算現金流量時忽略營業資本的變化，會導致你虛構公司創造現金的能力，就像如果忽略呆帳、減記、保固費用這一類應計費用，將會錯認企業具備獲利能力一樣。現實中，未計入利息、稅項、折舊及攤銷前盈餘以及現金盈餘的這類指標，都是表達績效不當的方法。

　　此外，對資本密集的公司來說，未計入利息、稅項、折舊及攤銷前盈餘這項指標，通常都會錯誤衡量績效及獲利能力，因為主要

的資本成本會以折舊的形式出現在損益表上，但在計算未扣除利息、稅項、折舊及攤銷盈餘時會排除這個項目。有些公司濫用投資圈裡接受未扣除利息、稅項、折舊及攤銷盈餘這一點，就算完完全全沒有道理，也要使用這項指標。以出租後擁有的方式經營業務的出租中心為例，這家公司會購買存貨（比方說家具家電），之後把這些商品出租給客戶並收取月租費。出租中心將租金認列為營收，出租的商品在出租期限當中不斷折舊，這筆費用在損益表中認列為「出租成本」（等同於銷貨成本）。但是，當這家公司在提報未扣除利息、稅項、折舊及攤銷盈餘時，卻把這些成本的影響效果刪除了，因為這些成本都可被視為折舊。我們認為，從任何正當的獲利能力衡量指標中刪除這些成本極為不當，因為這些確實就是存貨成本。

利用非屬一般公認會計原則的現金流指標引發混淆

在第 10 章「現金流騙術第 1 條：將來自融資活動的現金流入挪到營業活動項下」，我們討論過老朋友德爾福企業如何不當地將銀行貸款認列為出售存貨，導致 2000 年的營業現金流虛增了 2 億美元。嗯，德爾福企業的管理階層也很喜歡拿出充滿玄機的現金流指標，藉此誤導投資大眾。比方說，德爾福企業在發表盈餘時會定期談到的「營業的現金流」，並以這個指標作為標題。無疑地，許多人都以為德爾福談的是公司的「營業現金流」，但實情並非如此。「營業的現金流」其實是德爾福企業偽稱的現金流指標，以便和一般公認會計原則的「營業現金流」相混淆。因為這個指標的名稱和一般會計原則中的「夥伴」（compadre）非常接近，你可以想像到有很多投資人因此搞不

清楚，就把這個擬制指標當成德爾福的實際營業現金流。如表 14-3
所示，這個指標的計算方式是用淨利加上折舊以及其他非現金費用，
減去資本支出後，再加上一些標示為「其他」的神祕大額項目。

　　稍早之前我們提過，2000 年時，德爾福實際的營業現金流（如
現金流量表所提報的數值）為 2.68 億美元，但是公司自行定義的
「營業的現金流」（如發布盈餘新聞稿中表達之數值）則為 16.36 億美
元；其中的差額高達驚人的 14 億美元。由於這項代表現金流的指標
考慮了資本支出的影響並予以扣除，若拿這個數字和德爾福的負 10
億美元自由現金流（營業現金流減去資本支出）相比，相關性可能更
高；之間的差額已經是天價 26 億美元。（順帶一提，如果你減去我們
在第 10 章中討論過的假存貨銷售交易，他們在現金流量表上提報的
2.68 億美元營業現金流，實際上只有 6,800 萬美元。）

　　2003 年，德爾福企業還是仰賴同樣的招數，但是這一次「營業

表 14-3　德爾福企業 2000 年的一般公認會計原則現金流量與擬制現金流量

（百萬美元）	2000 年
淨利（一般公認會計原則指標）	1,062
進行中的研發之一次性費用	（32）
折舊與攤銷	936
資本支出	（1,272）
其他項目（淨值）	878
「營業的現金流」（非屬一般公認會計原則）	1,636
營業現金流（一般公認會計原則）	268
自由現金流 （營業現金流減資本支出）	（1,004）

的現金流」和現金流量表上提報的現金流展現了大和解。德爾福企業「營業的現金流」在 2003 年時為 12 億美元，營業現金流為 7.37 億美元，自由現金流則為負 2.68 億美元。如表 14-4 所示，主要的差異包括營運固定使用的現金流，含退休金計畫提撥、支付給員工的款項以及應收帳款銷售量減少。

認真的投資人只要看到這份報告，都會因為看到企業在計算「營業的現金流」時，居然排除一般的營業費用而感到驚駭不已。若要尋找騙術，「無風不起浪」這句老話非常適用。造假的營收和現金流就是那個浪頭。

營運現金流量

不動產信託投資（real estate investment trust，簡稱 REIT）使用營運現金流量指標，作為衡量公司績效的標準指標。雖然一般公認會

表 14-4　德爾福企業 2003 年的一般公認會計原則現金流量與擬制現金流量

（百萬美元）	2003 年
「營業的現金流」（一般公認會計原則指標）	**1,220**
提撥退休金	（990）
支付給員工的現金及產品線費用	（229）
支付一次性簽約紅利	（125）
應收帳款銷售量減少	（144）
資本支出	1,005
營業現金流（一般公認會計原則）	**737**
自由現金流 （營業現金流減資本支出）	**（268）**

計原則不發布這項指標，但大眾都認為這是衡量不動產信託投資創造現金流能力的指標，且比傳統的盈餘或現金流指標更有用。為了促進這項績效指標的一致性和正當性，這個產業的龍頭如全美不動產投資基金協會（National Association of Real Estate Investment Trusts），端出了嚴謹的營運現金流量定義：以淨利減去折舊、出售物業的利得或利損，以及非屬合併報表之關係企業利潤。

但是，有些企業對於遵循自發性的產業標準不太感興趣，當他們能從要無賴當中獲益時更是如此。比方說，美國金融不動產公司（American Financial Realty）2003年時就避開業界的標準定義，改而用更有利於自家公司的定義代替；當然，這項指標誇大了績效，並協助管理階層達成分紅門檻。如以下所示，美國金融不動產公司的定義和業界標準之間的差異，主要在於公司決定納入出售物業利得，而全美不動產投資基金協會明確禁止這麼做。如果美國金融不動產公司依照產業定義要求，在計算時扣除這些利得，那公司2003年的營運現金流將會縮減將近一半。

投資人很容易就能調整美國金融不動產公司的營運現金流，以符合業界標準，並和其他公司做比較。但是最有玄機的部分是，你必須知道要這麼做。目前為止，你應知道，當看到任何企業提報非屬一般公認會計原則的重要指標時，必須詳讀並監督定義，以確保你完全了解這個指標要傳達哪些資訊。

美國金融不動產公司的營運現金流定義與業界標準

全美不動產投資基金協會的營運現金流定義：營運現金流表示淨利（根據一般公認會計原則計算）減去出售物業的利得或利損，再加上折舊和攤銷，再針對不納入合併報表的合夥或合資企業利潤進行調整。要針對不納入合併報表的合夥或合資企業利潤進行調整計算，是為了反映同樣基礎的營運現金流。

美國金融不動產公司在 10-K 年報中的營運現金流定義：我們定義的營運現金流為，未計入營運合夥關係之少數股權的淨利（損失）（根據一般公認會計原則計算），減去債務重整的利得或利損，加上出售物業的利得或利損，以及和房地產相關的折舊與攤銷，然後再針對不納入合併報表的合夥或合資企業利潤進行調整。

●●● **回顧**

警示信號： **過度吹捧績效的誤導性指標**

- 改變重要指標的定義。
- 強調誤導性的指標，當成代表營收的指標。
- 不尋常的有機成長定義。
- 同店銷售額和店面平均營收的成長趨勢出現分歧。
- 發布盈餘資料和 10-Q 季報不一致。
- 強調誤導性的指標，當成代表盈餘的指標。
- 假裝重複性費用本質上是非重複性的項目。
- 假裝一次性的利得本質上是重複性的項目。
- 強調誤導性的指標，當成代表現金流的指標。
- 在發布盈餘時強調誤導性的指標。

▣▣▣ 展望

在下一章中，我們會放下過度樂觀表達企業績效的重要指標，轉向引導投資人誤判企業資產負債表及經濟體質惡化情況的指標。

第 15 章

重要指標騙術第 2 條：
歪曲資產負債表上的指標，
以避免展現公司情況惡化的跡象

　　就像愛寫作一樣，我們也同樣愛讀書。我們總是盡量跑進書店去逛一逛，不管是如邦諾（Barnes & Noble）這種大型連鎖書店，還是像包威爾（Powell's Books）這類小書店。一旦我們進入任何一家書店，很難不注意到大量的勵志及飲食控制相關的書籍。無疑地，我們全都希望在工作、遊樂以及一切其他方面能看來更好、感覺更好而且變得更好。教導人們在面對自己的人生時，如何擁有更美好的感受以及看起來更出色，顯然已經變成一個大產業。

　　許多飲食控制的書籍仍鼓吹要採用歷久不衰的老方法來保持曼妙身材：檢視體重。這套飲食控制的經典方法讓你隨心所欲吃你愛吃的東西，但要控制總熱量和脂肪。相反的，阿金式蛋白質減肥法（Atkins）則大力推崇要給身體高脂肪食物，並嚴格限制碳水化合物的攝取量。廣受歡迎的南灘（South Beach）瘦身法則是阿金瘦身法的變體，限制「壞」碳水化合物、增加「好」脂肪的攝取量。最後，還有由現代醫療機構背書的瘦身法，同時限制脂肪和碳水化合物的攝取

量，但要增加蔬果飲食量，基本上，就是希望你像牛一樣吃草。

沒有人知道這些方案是否真的能讓我們更健康、看起來更好，但我們知道，企業高階主管花了很多時間，想盡辦法來美化公司的資產負債表。本章的討論重點是，搖搖欲墜的公司可能會用的4大技巧，他們會試著藉此說服投資人公司不僅看起來棒，實際上體質更好。我們只能祈求，這些傢伙愚弄投資人時不會那麼有效，不像瘦身書籍的作者勸誘讀者服膺他們的建議時那樣。

⚫⚫⚫ 歪曲資產負債表上的指標，以避免展現公司情況惡化跡象的技巧

1. 歪曲應收帳款相關指標，以隱藏營收問題。
2. 歪曲存貨相關指標，以隱藏獲利能力問題。
3. 歪曲金融資產相關指標，以隱藏價值減記問題。
4. 歪曲負債相關指標，以隱藏流動性的問題。

1. 歪曲應收帳款相關指標，以隱藏營收問題

企業的管理階層非常清楚，投資人會仔細審查營業資本趨勢，以便從中偵測出代表盈餘品質不佳或營運惡化的徵兆。他們明白，應收帳款若以不符合銷售成長的態勢暴增，將會導致投資人質疑近期的營收成長是否長久。有什麼方法，會比利用扭曲數字來壓下這些質疑，並且給投資人他們珍愛的東西（穩定的應收帳款成長）更簡單？本章第一節要討論的，就是利用以下這些方法讓應收帳款維持在較低水準的騙局：（1）出售應收帳款（2）將應收帳款轉變成應收票據（note receivable）（3）把應收帳款移到資產負債表上他處。

出售應收帳款。在第 10 章「現金流騙術第 1 條：將來自融資活動的現金流入挪到營業活動項下」，我們討論過出售應收帳款可成為有用的現金管理策略，並成為不持久的長期現金流量成長驅動因素。出售應收帳款還有另一項妙用：可以降低應收帳款周轉天數（這表示，客戶付款的速度看起來加快了）。不誠實的管理階層可以藉由出售更多應收帳款，輕鬆遮蓋住應收帳款周轉天數延長的問題。

讓我們回過頭去參考第 10 章中，針對新美亞電子製造服務公司出售應收帳款的討論。在賣掉這些應收帳款之後，這家公司在 2005 年 9 月份的季度績效報告中，大力放送應收帳款周轉天數大幅降低，營業現金流也因此成長。敏銳的投資人心知肚明，知道驅動應收帳款周轉天數下降、營業現金流增加的因素是出自於出售應收帳款，而非提高營運效率。這一類的投資人也明白，出售應收帳款本質上代表的是融資決策（也就是說，提早收取尚未到期的客戶款項）。因此，目前的應收帳款餘額減少，自然也會造成應收帳款周轉天數下降。

> **心法：** 每當你看到因為出售應收帳款而拉抬了營業現金流時，你也要明白，這家公司的應收帳款周轉天數自然而然也會隨之下降。

同樣也讓我們來回顧一下百富勤的案例，回想這家公司如何認列假營收，之後更厚顏無恥地假裝出售和假營收相關的應收帳款，以求不要觸動警報。這些應收帳款顯然無處可藏，因此管理階層很擔心，

假的應收帳款會導致應收帳款周轉天數拉到天荒地老;而這對投資人來說,是非常清楚的警訊。利用假裝出售應收帳款,百富勤虛報了營業現金流,並且一下子就拔掉了應收帳款周轉天數增加的警示紅旗。

> **心法:** 記得以相同基礎計算應收帳款周轉天數,並在所有期間都將期末時仍未結清的已銷售應收帳款加回去。

以上第一批範例,牽涉到直接出售應收帳款或假裝出售,藉此降低應收帳款以美化應收帳款周轉天數。另一種常見的隱藏應收帳款作法,則是單純地將應收帳款歸類到資產負債表的他處,比方說應收票據。

將應收帳款變成應收票據。我們在第 1 章介紹訊寶科技時,討論過這家公司的管理階層利用簡單但不誠實的方法,解決 2001 年年中的「應收帳款」問題。由於激進的認列營收政策,以及不當地倒貨給經銷商,訊寶科技的應收帳款快速成長,至 2001 年 6 月時已經激增為 119 天(2001 年 3 月為 94 天,2000 年 6 月為 80 天)。為了安撫投資人的疑慮,管理階層設計出一套降低應收帳款的化妝術。

就我們來看這個非常齷齪的招數。訊寶科技要求某些密切往來的客戶簽署文件,允諾公司將這些交易應收帳款轉為本票或貸款。顯然客戶都默許了,因為對他們來說差異不大;不管怎麼樣,反正他們就是欠訊寶科技這些錢。但是新的合約給了訊寶科技一個很方便的偽裝,把這些應收帳款搬到資產負債表的應收票據之下。事實上,訊寶

科技只是揮了一下魔杖，在一些奉承溫順的客戶協助之下，把交易應收帳款「重新分類」，歸到沒有這麼多投資人密切監督的項目之下。訊寶科技重新分類的目的，就是要降低應收帳款，讓投資人誤以為公司的銷售狀況很正常，而客戶也及時付錢。此外，由於這套計畫，下一期的應收帳款周轉天數也從 2001 年 6 月的 119 天降為 90 天，沒有戒心的投資人更錯誤地稱頌「應收帳款」問題已經獲得妥善的處理。

> **心法：** 當投資人看到應收帳款周轉天數大幅縮短時，應該就要存疑（尤其是在應收帳款周轉天數快速增加的期間之後），就像看到應收帳款周轉天數大幅延長時一樣。

小心應收項目增加的金額大於應收帳款。 斯達康在 2004 年同樣也演出一場突如其來的轉折，但這家公司用的方法是，把更多支付款變成「銀行票據」或是「商業本票」。因為這些應收票據在資產負債表上並不歸類在應收帳款項下（事實上，會計上將應收銀行票據視為現金），斯達康因此得以向投資人提出更漂亮的應收帳款周轉天數統計值；但這家公司的業務其實已經病入膏肓了。只要閱讀斯達康的附註，勤做功課的投資人很容易就能看出這項不當的帳目分類。如下所示，這家公司清楚地揭露它接受用大量的銀行票據及商業票據取代應收帳款。

> ### 斯達康 2004 年 6 月 10-Q 季報
>
> 現金、約當現金（cash equivalent）以及短期投資：本公司在一般業務慣例作法中，接受**中國客戶發出**的到期日為 3 到 6 個月的**應收銀行票據**。應收銀行票據在 2004 年 6 月 30 日及 2003 年 12 月 31 日，分別為 1 億美元及 1,150 萬美元，並納入現金、約當現金及短期投資項目之下。
>
> 應收帳款及應收票據：本公司在一般業務慣例作法中，接受**中國客戶發出**的到期日為 3 到 6 個月的**應收商業本票**。應收商業本票在 2004 年 6 月 30 日及 2003 年 12 月 31 日，分別為 4,290 萬美元及 1,140 萬美元。

投資人可以從斯達康的資產負債表中獲得另一項警訊：應收票據大幅增加，2003 年時為 1,100 萬美元，到下一季增為 4,300 萬美元。大家到目前為止應該非常清楚，找出導致這項變化的理由，是非常重要的事。如果管理階層無法給你一個有道理的理由，那就要假設他們是利用應收帳款玩弄花招，並試圖隱藏應收帳款周轉天數大幅延長的事實。以斯達康為例，只要讀過附註就可以輕鬆解開這個謎；附註中有效地揭露這些應收票據都是從應收帳款轉化而來。

當心公司用不同的方式計算應收帳款周轉天數。為了找出激進認列營收的作法，我們建議投資人使用期末應收帳款餘額（而非平均值）。如果投資人要評估現金管理的趨勢變化，平均應收帳款就很有幫助，但若是要偵測出財務騙術，這個統計值就沒這麼好用。聰明的投資人應該利用期末應收帳款，來計算應收帳款周轉天數。如果有些公司告

訴你，這樣計算出來的應收帳款周轉天數不正確或不符合一般公認會計原則，不要理他們。（當然，就像所有非屬一般公認會計原則的指標一樣，應收帳款周轉天數本來就不在制訂規則機構的規範內。）

會計小百科：　應收帳款周轉天數

應收帳款周轉天數一般的計算方式如下：

> 期末應收帳款／營收＊當期的天數（就一季的期間而言，一般的標準天數約為 91.25 天）

雖然我們建議用這條公式來計算應收帳款周轉天數，但你可能會看到其他企業或教科書建議用不同的公式計算。比方說，有人認為計算應收帳款周轉天數時，應使用當期內的平均應收帳款金額，而非我們建議的期末應收帳款餘額。

因為應收帳款周轉天數非屬一般公認會計原則的指標，因此沒有絕對的定義。但，很重要的是，計算方式要能反映你想要做的分析。如果你要評估某家公司在季末最後一天認列大量營收以提早認列營收的可能性，以期末應收帳款、而非平均應收帳款餘額來計算應收帳款周轉天數，就非常有道理。同樣的，若你擔心的是應收帳款收帳能力，或者你在評估一家公司的曝險程度，最好也使用期末餘額來計算。但是，如果你想要計算公司收取應收帳款的平均時間，你就要使用應收帳款平均餘額。

重點是，若以偵測財務騙術為目的，我們建議利用期末餘額來計算。

當心應收帳款周轉天數計算方式的變動。當某家公司改變自家應收帳款周轉天數的計算方式，以遮掩營運惡化的情況時，就要特別注意了；就像特拉伯斯公司（Tellabs Inc.）在 2006 年 12 月表明要做的

事。特拉伯斯一直都以期末應收帳款餘額來計算應收帳款周轉天數，但在上述那一季卻改用每季平均餘額。這是因為變動當季的應收帳款數目大幅成長，而平均餘額自然會比期末餘額低得多，讓公司在向投資人發布盈餘的法說會中，得以提報比較漂亮的應收帳款周轉天數。因此，特拉伯斯在 2006 年 12 月時揭露的應收帳款周轉天數僅比前一期多了 5 天（從前一季的 54 天增為 59 天）。倘若管理階層未變更計算方式，特拉伯斯提報的應收帳款周轉天數就會變成增加 16 天（從前一季的 66 天增為 82 天）。要找出這家公司變更了應收帳款周轉天數的計算方式並不難；事實上，管理階層就很體貼地在季報說明會中揭露了這件事。知道計算方式有變更很簡單，但重要的是要知道這事關重大；機敏的投資人會明白，管理階層正在玩弄騙術、試圖隱藏龐大應收帳款。

> **心法：** 發現應收帳款周轉天數計算方式有變更時，機敏的投資人應該心存疑慮，因為當管理階層改變計算營運指標的方式時，通常就是要試圖隱瞞公司營運正在惡化的事實。

2. 歪曲存貨相關指標，以隱藏獲利能力問題

投資人通常會把存貨水準意外增加，當成未來毛利率出現壓力（因為得要降價或是減記價值）的徵兆，或者代表產品需求正在下降。部分面臨存貨問題的公司會試著玩弄存貨指標，避免形成這樣的負面印象。

訊寶科技以激進的方式銷售產品，給的退貨條件也非常大方。

此外，有些交易後來證明完全是虛構的，因為根據訊寶科技和客戶之間訂下的合約，他們可以在任何時候退貨，無須支付任何費用。這些退貨造成的不只是小麻煩而已；由於訊寶科技的存貨水準因此水漲船高，對投資人來說已經變成明顯的警訊。順著一謊還得另一謊圓的邏輯，訊寶科技打造出一套「降低存貨計畫」，用意就在降低存貨水準。這套計畫包含了認列虛構的會計分錄以減少存貨，交運的產品放在收貨碼頭以求不認列存貨，以及他們把存貨賣給第三方，但同意之後再購回。

當心存貨挪移到資產負債表的他處。企業有時會重新分類，把存貨放到資產負債表下的不同科目中。舉例來說，製藥大廠默克（Merck & Co.）自 2003 年起就開始將部分存貨提報為長期資產，納入資產負債表的「其他資產」科目之下。有一條附註揭露了這些被分在奇怪項目之下的存貨，這些都和預計一年內賣不出去的產品有關。2003 年 12 月，默克的長期存貨部位已經占總存貨量的 13%；隔年，這個數值又增為 25%。在評估默克的存貨趨勢時，投資人一定要納入這些長期存貨總額。長期存貨水準忽然間飆高，投資人絕對有理由擔心。

當心企業自創的新指標。零售業者特文品牌公司（Tween Brands）在 2006 年底時存貨餘額不斷膨脹，管理階層猜到投資人不會太高興。具體來說，2007 年 5 月當季的存貨周轉天數從去年同期的 52 天增為 60 天，寫下連續第 3 季不斷延長的紀錄。還有，每平方英呎存貨（這是特文品牌公司經常引用的非屬一般公認會計原則指標）也增加了 18%。

為了因應投資者針對存貨可能產生的疑慮，管理階層開始強調一個新指標：每平方英呎「店內」存貨。2007 年 5 月，管理階層試著進一步安撫投資人，宣稱存貨水準攀升不應變成擔憂的原因，因為「店內」存貨水準僅微微成長了 8%（每平方英呎為 27 美元，相較之下去年同期則為 25 美元）。雖然這種說法一點也沒道理，但是華爾街裡那些金牛卻牛心大悅；他們只需要有一個說法就行了，多古怪都沒關係。

特文品牌公司的說法讓敏銳的投資人停了一下，原因有二。其一，特文品牌公司完全忽略自家公司擁有且納入資產負債表中、但未放在店面貨架上的存貨，這樣做非常不恰當。「店外」存貨也是存貨，降價風險不會比「店內」存貨來得低。第二、而且也是更讓人困擾的一點是，特文品牌公司耍弄投資人，提供不同基礎來比較存貨成長。根據風險指標集團在 2007 年提出的一份報告，管理階層前一年所說每平方英呎店內存貨為 25 美元，其實反映的是每平方英呎總存貨。根據定義，用今年的店內存貨來和去年的總存貨相比，將會低估存貨成長率，成長率當然只有 8%！由於這個店內指標是新的，而且沒有揭露前一年的對應數據，投資人很難注意到當中的不一致。然而，勤奮的投資人應該會在特文品牌公司的存貨水準攀高時，因自創新的存貨指標而深表懷疑；他們應會檢驗這個指標的真實性，以及檢驗衡量企業體質的方法是否有效。

3. 歪曲金融資產相關指標，以隱藏價值減記問題

　　金融資產（如貸款、投資及證券）是銀行及其他金融機構的重要利潤來源，因此評估這些資產的「品質」或力道，是了解這類公司未來營運績效的關鍵。比方對投資人來說，一家銀行是否包含了風險高、流動性低的證券，以及貸款資產中的高風險次貸借款人比重是否過高，這些指標均至關重要。

　　來看看兩家規模一模一樣的銀行，唯一的差別是他們的貸款資產組合構成元素不同。第一家銀行的貸款資產組合完全放貸給次貸借款人，其中有 20% 的借款人無法及時付清。另一家銀行的貸款資產組合則主要放貸給優質借款人（prime borrower），其中僅有 2% 的借款人無法及時付款。不需銀行業專家的鑑定，也知道第二家銀行的營運績效會比較穩健，而第一家銀行可能會身陷泥淖。

　　金融機構通常會提報極為有用的指標，讓投資人了解他們持有資產的力道及績效。比方說，銀行可能會提報逾放比、不良貸款（nonperforming loan）以及貸款損失準備水準。然而，管理階層有時會美化或隱藏某些會顯示出營運惡化的重要指標，以更有利的立場出現在投資人眼前，好保有銀行經濟體質健全的形象。

當心財務報告表現方式的變動。 來看看新世紀金融公司的案例；這家公司一度是美國最大的獨立非主流借款公司，公司的高風險房貸放款在 2007 年 4 月破產時達到高峰。我們在第 6 章討論過，新世紀金融公司在 2006 年 9 月面臨逾放比及呆帳增加時，如何藉由降低貸款損失準備來拉抬盈餘，而不是提高準備以作為因應。然而，在發布

2006 年 9 月季度盈餘報告時，這家公司卻沒有完全對投資人坦白招認公司的準備水準變化。多數投資人讀過新聞稿之後，都會認為新世紀金融公司實際上是提高了存款損失準備。

原因在此：新世紀金融公司知道，如果投資人發現公司在次貸放款投資組合惡化時還降低準備，他們一定會嚇壞了，因此這次降低準備主要是為了拉抬盈餘。確實，當次貸市場開始崩潰時，追蹤新世紀金融公司的分析師都在密切監督這家公司的貸款損失準備。因此，當這家公司發布 2006 年 9 月的季報時，管理階層悄悄地改變了準備的表述方式。

之前，新世紀金融公司發布的盈餘新聞稿都會單獨列出貸款損失準備，但是在 2006 年 9 月時，公司把貸款損失準備和其他準備（握有房地產之損失準備）群集在一起，並以單一項目一起提報。透過結合這兩項準備，新世紀金融公司得以在新聞稿中宣稱準備增加了，從 6 月份的 2.365 億美元提高到 9 月的 2.394 億美元。但是，根據風險指標集團 2007 年 11 月的報告，投資人之前一直盯住的指標（也就是貸款損失準備），事實上從 2.099 億美元減少為 1.916 億美元。貸款損失準備減少，是因為公司已經提前減記呆帳，術語稱之為打消呆帳（charge off），但新世紀金融公司未能認列足夠的費用，以填補準備。如果公司有這麼做的話，2006 年 9 月的盈餘將從提報的每股 1.12 美元降至每股 0.47 美元。

新世紀金融公司的貸款損失準備揭露

2006 年 6 月發布盈餘新聞稿

截至 2006 年 6 月 30 日，房貸投資組合餘額為 160 億美元。**持有貸款投資損失準備為 2.099 億美元，為未償付投資組合本金的 1.31%**。相較之下，截至 2005 年 6 月 30 日，準備金為未償付投資組合本金的 0.79%；2006 月 3 月 31 日時，則占投資組合未償付本金的 1.30%。

2006 年 9 月發布盈餘新聞稿

截至 2006 年 9 月 30 日，**持有貸款投資及握有房地產損失準備為 2.394 億美元**；相較之下，截至 2006 年 6 月 30 日，準備金為 2.365 億美元。這些金額分占未償付房貸投資組合本金的 1.68% 及 1.47%。（斜體部分為強調重點。）

只是改變一個重要指標的表達方式，新世紀金融公司就能（1）免除宣布破壞力極大的壞消息，並玩弄投資人、誤導他們認為公司提高了貸款損失準備（2）假裝資產品質並未惡化（也就是說，打消呆帳的金額很穩定）（3）提報比實際上更高的盈餘。新世紀金融公司於幾個月後破產，在這之前，這個猜謎遊戲可能替公司爭取了一些時間。監督貸款損失準備水準、同時也詳察指標表達方式的機敏投資人，應會先探得公司走向毀滅的警示訊號。忽略新世紀金融公司新聞稿中表達方式改變；但詳讀幾天後 10-Q 季報的投資人，在看到獨立出來的貸款損失準備後，也應能從中獲得警示。

新世紀金融公司的高階主管因為這些花招而惹上麻煩。2009 年，證交會以誤導投資人之證券詐欺罪名，控告新世紀金融公司的前任執

行長、財務長以及主計長，聲稱這家公司竭力向投資人保證公司的業務並無任何風險，而且表現優於同業。

當心企業停止揭露重要指標。在 2007 年之前，總部位在加州的華美銀行集團（East West Bancorp Inc.）都會針對有問題的放款（也就是可能會變成呆帳的放款）提供有用的額外資訊，並根據貸款類別調整準備水準。雖然這不是必要的揭露項目，但是能為投資人提供更透徹的觀點，好看清楚華美銀行集團的資產基礎。然而，隨著 2007 年的房市泡沫，這家公司認為，別再揭露這項額外資訊比較好。現在你知道，當重要指標消失時，你也應該要退場了。

4. 歪曲負債相關指標，以隱藏流動性的問題

公司的現金義務，比方說支付債務，可能也會影響到未來的營運績效。大額的短期債務會影響公司近期的投資項目，或者更糟糕的情況是，讓公司落入邁向破產的惡性循環。

維持債務契約

為了盡量降低貸款違約的損害，許多放款人會立下規則，要求借款人維持一定水準的健全體質，稱之為債務契約（debt covenant）。比方說，放款人得要求借款人維持一定程度的銷售量、獲利能力、營業資本或帳面價值。這些契約通常和非一般公認會計原則的衡量績效指標有關，比方說未計入利息、稅項、折舊、攤銷前盈餘。管理階層竄改公司數字的動機，有時就是來自於必須遵循這些債務契約。

投資人應提高警覺，注意管理階層為了滿足這些債務契約而使

出的任何財務騙術。來看看美國航空（American Airline）的銀行信貸額度，信貸契約要求美國航空必須維持最低門檻的「未計入利息、稅項、折舊、攤銷及租金前盈餘對固定費用償付（fixed charge coverage）之比率」。2003年初，美國航空發現自家財務狀況很糟糕，於是展開一項重大的重整計畫以避免破產。在這個計畫當中，美國航空的債權人放寬了某些債務契約的要求，其中也包括這項比率。

但是短短一年之後，美國航空得費盡千辛萬苦才能達成放寬後的契約要求。根據財務研究與分析中心當時提出的報告，有幾項改變讓這家航空公司在2004年初時尚能履行契約義務，包括（1）變更不可退票之機票的營收認列假設（2）降低費用準備（3）重新歸類租賃。然而在2004年9月，美國航空還是彈盡援絕了。這家航空公司宣布要再融資以取得銀行信貸額度，因為它已經無法遵循契約中，未扣除利息、稅項、折舊、攤銷及租金前盈餘要求的條件了。

歐洲的恩隆

帕瑪拉乳品公司是總部設在義大利的乳製品大廠，也是全球規模最大的包裝食品廠之一，1990年代時因為積極收購全球的食品服務公司而飛快成長。帕瑪拉乳品公司的收購資金幾乎來自債券市場，從1998年到2003年，以發行各種不同債券借了至少70億美元。當公司發展遭遇嚴重問題時，帕瑪拉也開始拿不出足夠的現金來償付債務。此外，這家由家族所有、統御的企業開始暗渡陳倉，把幾億美元的資金挪到其他家族事業裡。因此當債券到期時，帕瑪拉總是急著再發行新債券，並公開發行股票，以募得足夠的資金償付舊債務。

通常，對於績效不佳且負債累累的公司，投資人對於他們新發行的債券和股票往往不會太感興趣。為了吸引投資人，帕瑪拉公司設計了一場大規模的騙局，以欺瞞的手段藏起負債與不良資產。透過美化資產負債表，帕瑪拉不實地將自己描繪成體質健全的企業，以此面貌面對投資人。截至 2003 年 9 月（也就是騙局被揭露之前一季），帕瑪拉未提報的負債已經高達 79 億歐元。而這家公司提報的 21 億歐元淨值，實際上的金額是負的 112 億歐元；高報的金額竟然有 133 億歐元之譜！

帕瑪拉騙局的核心，看來是公司不斷利用境外實體來隱藏虛構或價值已經減記的資產，假造負債減少，並且編造出假利潤。據稱帕瑪拉有涉入的詐欺活動，範疇廣到令人難以置信。我們可以略提一些證交會指控這家公司的罪狀，其中包括籌劃設計再購回負債、假裝出售假的或無法收取的應收帳款、假造應收帳款、認列虛構營收、錯誤分類負債、將跨公司間的貸款偽裝成收益，以及將公司現金分給多家由家族成員擁有的公司。

一如往常，敏銳的投資人也可以找到很多警訊。其中一個重要的警訊出現在 2003 年 10 月，當時帕瑪拉的審計人（德勤會計師事務所）在一篇稽核報告中寫到，他們無法驗證某些和一檔名為「伊比鳩魯」（Epicurum）投資基金的相關交易；後來證實，這正是其中一個不實的海外實體。這些交易的金額十分龐大，根據研究與分析中心當時提出的報告，帕瑪拉認列和伊比鳩魯基金簽訂的衍生性金融商品利得，總價值超過 2003 年上半年帕瑪拉的稅前盈餘 1.119 億歐元。此外，帕瑪拉在事後回應德勤會計師事務所的審查報告時才揭露這些利

得，之前在 2003 年 6 月的公布盈餘新聞稿中卻根本沒有提到。

不到 2 星期後、也就是 2003 年 11 月初，帕瑪拉決定以公開方式回應德勤會計師事務所的報告。公司在 3 天裡發出 4 份新聞稿，設法釐清德勤會計師事務所無法簽署財務報表的理由，並提供更多詳細資料解釋伊比鳩魯投資基金。為了把話說清楚，帕瑪拉決定針對公司和某一家曖昧不明海外實體之間的交易與審計人直接對質；這椿交易的總額幾乎等於其近期所有盈餘。

現在請深呼吸，並來一瓶帕瑪拉的瓶裝鮮奶，準備好迎接以下這道期末考選擇題：假裝現在正是 2003 年 11 月中，而你是一位帕瑪拉的投資人。你對這家公司發出的新聞稿作何感想？

1. 帕瑪拉可是績優股中的績優股，我才不擔心媒體加油添醋的報導。

2. 不要為已經無法挽回的事悔恨，小問題不會傷害基本面。

3. 消息很糟糕，但是還無法說動我轉換投資。

4. 天啊，真是太荒謬了！我最好在投資石沉大海之前把錢從帕瑪拉挪出來。

我們已經接近本書的尾聲了，如果你回答 4 以外的任何答案，那麼請你先闔上這本書，從頭再來一遍；或者，乾脆不要投資任何特定公司，去買指數股票基金就好。

2003 年底帕瑪拉發生的一連串事件，也許是最讓人心驚膽跳的紅色警訊了。身為投資人，當你看到某家公司和審計人之間出現公開歧異，尤其對象是一件影響程度非常大的可疑交易時，那你就應該要停看聽了。令人訝異的是，許多帕瑪拉的投資人並沒有這種感覺；一直要到幾個星期之後，公司無法償付債務，帕瑪拉的股價才一落千

丈。

　　你辨識警示信號的卓越能力，將能讓你比多數投資人擁有更大優勢，而你也可以自豪地說，現在你確實知道要如何偵測出財務報表裡的會計招數和騙局了。

●●● 回顧

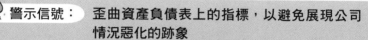

警示信號： **歪曲資產負債表上的指標，以避免展現公司情況惡化的跡象**

- 歪曲應收帳款指標，以隱藏營收問題。
- 未顯著揭露銷售應收帳款。
- 將應收帳款轉變成應收票據。
- 除了應收帳款之外的其他應收款項增加。
- 應收帳款周轉天數在應收帳款成長數季之後大幅下降。
- 計算應收帳款周轉天數的方法不當或內容有所改變。
- 扭曲存貨指標，以隱藏獲利能力的問題。
- 將存貨移入資產負債表的其他科目之下。
- 扭曲金融資產指標，以隱藏價值減記問題。
- 不再提報某些重要的指標。
- 扭曲負債指數，以隱藏流動性問題。

●●● 展望

　　隨著本章結束，我們不僅完成重要指標騙術的討論，也代表五花八門財務騙術的最後一部分告一段落。第 5 部「彙整」要帶各位很快地回顧一下本書涵蓋的所有騙術，並為投資人提供偵測建議。

第五部 —— 彙整

恭喜，你已經爬過了騙術的山頭，現在快要抵達終點了。身為「世界一流」運動員的我們，知道完成一趟長遠而艱辛的旅程有多讓人狂喜。（就像你猜到的，我們兩人正是那種你到處都看得到的快步狂奔的會計師。）

現在你應該覺得知識面如醍醐灌頂，充滿活力。且讓我們圍繞著「騙術跑道」多跑一圈，把所有內容彙整到一處，並檢視本書的所有重要教訓。我們很有信心，在未來的競爭中你會獲得更多的成就，因為這本書將會發揮該有的意義：拯救你瀕臨危機的投資資金。

最後一章要來溫習一下各部分的內容：（1）以全方位作法偵測財務騙術（2）孕育財務騙術的溫床（3）操弄盈餘騙術（4）現金流騙術（5）重要指標騙術。

第 **16** 章

複習各種騙術及相關建議

　　本章將完整複習本書第 1 部到第 4 部，文中的列表可以當成貼心提醒，讓你知道在審視財務報表及搜尋財務騙術時，應該要注意哪些蛛絲馬跡。

●●● 以全方位作法偵測財務騙術

　　在第 1 部，我們用美國政府的三權鼎立制衡機制來比喻三大財務報表（資產負債表、損益表以及現金流量表）之間的關係。就像政府的三權會限制政府官員的不當作為一樣，這三大財務報表也有助保障投資人免於不誠實企業主管的傷害。具體來說，投資人可以藉由檢核財務報表及現金流量表來察覺操弄盈餘的騙術。同樣的，尋找損益表及資產負債表上不尋常或是讓人困擾的變動，也可以偵測出營業現金流出現誤導性的徵兆。此外，投資人還可善用管理階層提供的揭露事項及重要指標，當成另一種「制衡機制」（見表 16-1）。

表 16-1 利用制衡機制偵測出騙術

公司	操弄盈餘騙術	出現在其他財務報表上的警訊
世界通訊	將營運成本資本化以拉抬利潤	現金流量表：資本支出暴增
交易系統架構公司	過早認列營收	資產負債表：長期應收帳款及未開立發票應收帳款快速增加
IBM	利用一次性利得拉抬利潤	現金流量表：營運項下出現出售投資利得
美國線上	將營運成本資本化以拉抬利潤	資產負債表：遞延行銷費用暴增
公司	現金流騙術	出現在其他財務報表上的警訊
泰科	利用收購虛報營業現金流	資產負債表：資產負債表與現金流量表上的應收帳款增加金額不同
家得寶	利用不持久的利得虛報營業現金流	資產負債表：應付帳款暴增
昇陽電腦	利用不持久的利得虛報營業現金流	損益表：出現一次性訴訟相關利得

找出財務騙術孕育的溫床

本書第 1 部的重點在於幫投資人奠立基礎，並說明財務騙術的孕育溫床。以下說明投資人應考慮的重要警示訊號，因為這些信號很可能代表出現騙術。

警示信號： 財務騙術的孕育溫床

- 資深管理階層之間沒有制衡機制。
- 連續不斷滿足或超越華爾街期待的紀錄。
- 單一家族主導管理、所有權或董事會。
- 出現關係人交易。
- 有助從事激進財務報告的不當薪酬架構。
- 安排不當的人員加入董事會。

- 和公司內部人員及董事之間有不當的業務關係。
- 不合格的審計公司。
- 審計人員缺乏客觀性及獨立性。
- 管理階層試圖避開監理單位或法規查核。

操弄盈餘騙術

　　第 2 部介紹 7 條用來愚弄投資人的操弄盈餘騙術，前 5 條的重點在於虛報當期利潤，後 2 條則著重在浮報未來利潤。以下描述管理階層在這 7 大騙術中使用的技巧。

警示信號： **提前認列營收（操弄盈餘騙術第 1 條）**

- 在完成契約責任之前就認列營收。
- 認列的營收遠超過專案完成的工作。
- 預先認列長期契約的營收。
- 利用激進的假設來應用長期租賃或完工比例法會計原則。
- 在買方最終接受產品之前就認列營收。
- 在買方還不確定或不需要付款時即認列營收。
- 營業現金流遠遠落後於淨利。
- 應收帳款（尤其是長期及未開立帳單應收帳款）成長速度快過銷售。
- 改變營收認列政策以提早認列營收。
- 把正當的會計原則用在不符原先設計的目的上。
- 不當使用按市值計價法或開立發票但代為保管等會計原則。
- 改變認列營收的假設或放鬆收取客戶款項的期間。
- 賣方提供極長的付款期間。

警示信號： **認列造假的營收（操弄盈餘騙術第 2 條）**

- 針對缺乏經濟實質的交易認列營收。
- 針對缺乏合理距離的關係人交易認列營收。
- 風險未從賣方轉移到買方。
- 交易中牽涉到銷售給關係人、關係企業以及合資企業夥伴。
- 對象為非傳統買方的迴力標式（雙向）交易。
- 針對因為非創造營利活動收取的現金認列營收。
- 把從貸款人、業務合夥人或供應商手中收到的現金認列為營收。
- 使用不當或不尋常的認列營收作法。
- 不當地使用總額法、而非淨額法認列營收。
- 應收帳款（尤其是長期及未開立帳單）成長速度快過營收。
- 營收的成長速度比應收帳款更快。
- 負債準備帳戶不尋常地增加或減少。

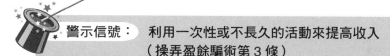

警示信號： **利用一次性或不長久的活動來提高收入（操弄盈餘騙術第 3 條）**

- 利用一次性的事件拉抬利潤。
- 把出售業務利得轉成重複性的利潤來源。
- 將未來的產品銷售和購買業務綁在一起。
- 將一般營業費用挪到非經常性項目下。
- 經常認列重整費用。
- 將損失挪到終止業務項下。
- 將收取的出售子公司利得納為營收。
- 營業利潤成長速度快過銷售。

- 在不正當的情況下，以可疑的方式或經常利用合資企業作帳。
- 不當分類來自合資企業的利潤。
- 使用裁量權決定資產負債表的分類以拉抬營業利潤。

警示信號： 把目前發生的費用挪到後期（操弄盈餘騙術 第4條）

- 不當地將一般營業費用資本化。
- 改變資本化政策或加速成本資本化。
- 出現新的或不尋常的資產帳目。
- 軟資產的增加速度高於銷售成長。
- 資本支出意外增加。
- 攤銷或折舊成本的速度太慢。
- 延長資產的可折舊期間。
- 不當地攤銷和貸款有關的成本。
- 未針對減值資產認列費用。
- 存貨相對於銷貨成本的比率提高。
- 放款人未適當地針對信用損失提列準備。
- 貸款損失準備相對於貸款壞帳的比率下降。
- 壞帳準備費用或陳腐化費用下降。
- 和壞帳或存貨陳腐化相關的準備減少。

警示信號： 運用其他技巧以藏匿費用及損失（操弄盈餘騙術第5條）

- 出現不尋常的大額供應商額度或退款折扣。
- 出現不尋常的交易，由供應商送出現金。
- 未認列必要的應計費用或是回轉過去的費用。
- 保固或保固費用準備出現不尋常的減少。
- 應計項目、準備或「軟負債」帳目金額減少。
- 營利率意外且無來由地成長。
- 分發股票選擇權的時點「幸運」到不行。
- 未認列應計損失準備。
- 未強調資產負債表外義務。
- 改變年金、租賃或自我保險的假設以降低費用。
- 年金收益金額過高。

警示信號： 把現在的利潤挪到後期（操弄盈餘騙術第6條）

- 提列準備，以利後期將準備金挪到利潤。
- 將認列意外利得的期間延長為好幾年。
- 以不當的會計作法處理衍生性金融商品，以調整利潤。
- 在收購結案前先壓下營收。
- 建立和收購相關的準備，並在日後挪到利潤裡去。
- 日後才認列當期營收。
- 遞延營收忽然且意外減少。
- 改變認列營收政策。
- 在經濟情況波動期間竟然意外創造出一致的盈餘。
- 出現被收購公司在收購結案前壓下營收的信號。

警示信號： **把未來的費用挪到前期（操弄盈餘騙術第 7 條）**

- 當期不當地減記資產，以避免在未來期間要認列費用。
- 不當地認列提列準備的費用，而這些準備的用處在於降低未來的費用。
- 新執行長上任時伴隨大筆的減記費用。
- 恰好在收購結束之前認列重整費用。
- 存貨減記後沒多久毛利率就開始成長。
- 不斷認列重整費用，藉此將一般費用轉變成一次性的費用。
- 在經濟情況波動期間卻出現不尋常的平順盈餘模式。

現金流騙術

　　第 3 部擴充討論現金流量表。由於投資人已經開始更重視營業現金流，因此管理階層也更努力熟練新的騙術類型，以虛報營業現金流。有 4 大現金流騙術都可用來浮報營業現金流，如下所示。

警示信號： **將來自融資活動的現金流入挪到營業活動項下（現金流騙術第 1 條）**

- 將一般銀行借款假認列為營業現金流。
- 利用在收款日期出售應收帳款來拉抬營業現金流。
- 揭露可追索的銷售應收帳款交易。
- 假造銷售應收帳款藉此虛報營業現金流。
- 改變財務報表中重要揭露項目的用詞。
- 提供的揭露事項少於前期。
- 在存貨減記不久之後毛利率大幅成長。

警示信號： **將一般營業現金流出挪到投資項下（現金流騙術第2條）**

- 利用迴力標式交易虛報營業現金流。
- 不當地將一般營業成本資本化。
- 出現新的或不尋常的資產帳目。
- 軟資產相對於銷售大幅跳升成長。
- 資本支出意外增加。
- 將購買存貨費用認列為投資現金流出。
- 投資現金流出聽起來像是一般營業成本。
- 購買專利、合約以及處於發展階段的技術。

警示信號： **利用收購或處分膨脹營業現金流（現金流騙術第3條）**

- 從一般收購業務當中承襲營業現金流。
- 公司大量從事收購活動。
- 自由現金流減少的同時，營業現金流卻不斷膨脹。
- 以收購方式獲得合約或客戶，而非透過企業內部開發。
- 利用有創意的方式設計業務交易來拉抬營業現金流。
- 現金流量表中出現新類別。
- 出售某些部分，但是保留相關的應收帳款。

重要指標騙術

　　第 4 部為讀者介紹的騙術，讓管理階層把創造力發揮到極限。這部分說明的是重要指標騙術，企業利用這些方法來扭曲投資人對公司財務績效及體質的認知。以下摘要說明企業如何施展這些技巧，以及投資人要如何辨識其中機巧。

- 同店銷售額和店面平均營收的成長趨勢出現分歧。
- 發布盈餘資料和 10-Q 季報不一致。
- 強調誤導性的指標，當成代表盈餘的指標。
- 把重複性費用當成非重複性的項目。
- 把一次性的利得當成重複性的項目。
- 強調誤導性的指標，當成代表現金流的指標。
- 在發布盈餘時強調誤導性的指標。

警示信號： 歪曲資產負債表上的指標以避免展現公司情況惡化的跡象（重要指標騙術第 2 條）

- 歪曲應收帳款指標，以隱藏營收問題。
- 未顯著揭露出售應收帳款。
- 將應收帳款轉變成應收票據。
- 除了應收帳款之外的其他應收款項增加。
- 應收帳款周轉天數在應收帳款成長數季之後大幅下降。
- 計算應收帳款周轉天數的方法不當或內容有所改變。
- 扭曲存貨指標，以隱藏獲利能力問題。
- 將存貨移入資產負債表的其他科目之下。
- 扭曲金融資產指標，以隱藏價值減記問題。
- 不再提報某些重要的指標。
- 扭曲負債指數，以隱藏流動性問題。

••• 結語

　　《騙術與魔術》為投資人提供最新資料，檢驗過去 10 年來許多企業使用的財務騙術，並從中整理出許多心得。自本書上一版《識破財

務騙局的第一本書》出版以來，勤勉的投資人已經學會，管理階層為了拉抬股價以及其他和薪酬有關的指標，如何持續設計出新方法來操弄財務報表；而展望未來，當管理階層仍汲汲營營於創造新式騙術時，投資人也須持續學習如何偵測新的財務騙術。

本書的序言引用了一段聖經的話（傳道書1：9）

> 已有之事將再出現，已做之事將再發生；太陽底下無新鮮事。

企業財務醜聞存在的歷史，和企業及投資人存在的歷史一樣長久。不老實的管理階層一直都在剝削不會存疑的投資人，現在這些投資人也該投注更大量的心力去偵測財務騙術，才能保護自己。

既然財務騙術代表管理階層想要在公司的財務表現及經濟體質上，加一點正面意義，因此我們要傳遞且放諸四海皆準的訊息是——**這種企業誇大正面消息、隱藏負面消息的不當需求永遠不會消失；而只要有誘惑存在，騙術通常就會隨之而來。**

書系代碼	書名	ISBN	定價
經營管理系列			
BM143	實踐六標準差	978-986-157-247-5	360
BM144	真誠領導	978-986-157-244-4	300
BM145	行動領導	978-986-157-255-0	280
BM146	人人都是領導者	978-986-157-259-8	270
BM147	顧客想的和說的不一樣	978-986-157-261-1	300
BM148	黑帶精神	978-986-157-270-3	320
BM149	你有行動路線圖嗎？	978-986-157-294-9	280
BM150	精實六標準差工具手冊	978-986-157-285-7	420
BM151	跟著廉價資源走	978-986-157-302-1	280
BM152	每秒千桶	978-986-157-303-8	330
BM153	大力士翩翩起舞	978-986-157-313-7	300
BM154	產品生命週期管理	978-986-157-312-0	350
BM155	產品經理的第一本書—全新修訂版	978-986-157-317-5	450
BM156	預見未來	978-986-157-322-9	300
BM157	史隆的復古管理	978-986-157-370-0	320
BM158	策略思考的威力	978-986-157-368-7	300
BM159	班加羅爾之虎	978-986-157-383-0	360
BM160	Chindia	978-986-157-399-1	450
BM161	沒有名片，你是誰？	978-986-157-393-9	220
BM162	杜拉克的最後一堂課	978-986-157-411-0	400
BM164	成功的毒蘋果	978-986-157-448-6	330
BM166	服務業管理聖經	978-986-157-507-0	250
BM167	不按牌理出牌的思考力	978-986-157-503-2	280
BM168	高薪不一定挖到好人才	978-986-157-515-5	350
BM169	這樣開會最有效	978-986-157-514-8	200
BM170	換掉你的鱷魚腦袋	978-986-157-516-2	320
BM171	科技福爾摩斯	978-986-157-530-8	450
BM172	你不知道的傑克・威爾許	978-986-157531-5	380
BM173	危機OFF	978-986-157-529-2	380
BM174	葛林斯班的泡沫	978-986-157-534-6	300
BM175	矽谷@中國	978-986-157-410-3	320
BM176	搞定怪咖員工創意法則	978-986-157-541-4	280
BM177	普哈拉的創新法則	978-986-157-547-6	340
BM178	杜拜 & Co.：掌握波灣國家商機的全球布局	978-986-157-552-0	380
BM179	網民經濟學：運用Web 2.0群眾智慧搶得商機	978-986-157-569-8	300
BM180	向梅約學管理：世界頂尖醫學中心的三贏哲學	978-986-157-579-7	340
BM181	有機成長力：企業逆勢求生的6大獲利關鍵	978-986-157-590-2	260
BM182	控制進化論：沒有達爾文，控制狂也能變身超級主管	978-986-157-597-1	280
BM183	來上一堂破壞課	978-986-157-603-9	320

書系代碼	書名	ISBN	定價
BM184	零距創新：全球經濟重生的創新三角策略	978-986-157-604-6	320
BM185	綠經濟：提升獲利的綠色企業策略	978-986-157-607-7	320
BM186	實戰麥肯錫：看專業顧問如何解決企業難題	978-986-157-620-6	320
BM187	佼兔智慧學：連豐田、麥肯錫都推崇的競贏法則	978-986-157-629-9	360
BM188	看穿對手的商業戰術：簡單四步驟，在競爭中出奇制勝	978-986-157-647-3	300
BM189	打造高績效健康照護組織	978-986-157-701-2	400
BM190	征服領導：歐巴馬成功的10個習慣	978-986-157-703-6	360
BM191	帶人，不能只靠加薪：挑戰你的下屬，他們能做的比你想的多	978-986-157-709-8	320
BM192	尤瑞奇樂於工作的七大祕密	978-986-157-742-5	350
BM193	揭密：透視賈伯斯驚奇的創新祕訣	978-986-157-762-3	360
BM194	管理工具黑皮書：輕鬆達成策略目標	978-986-157-772-2	380

企業典範系列

CE001	企業強權	978-957-493-133-0	360
CE004	專業主義	978-957-493-246-7	280
CE006	關係與績效	978-957-493-829-2	360
CE008	豐田模式	978-957-493-946-6	400
CE009	實踐豐田模式	978-986-157-231-4	500
CE010	蘋果模式	978-986-157-318-2	320
CE011	星巴克模式	978-986-157-369-4	300
CE012	豐田人才精實模式	978-986-157-461-5	450
CE013	僕人創業家	978-986-157-528-5	220
CE014	創新關鍵時刻	978-986-157-538-4	180
CE015	12堂無國界的企業經營學	978-986-157-486-8	260
CE016	CEO創業學	978-986-157-550-6	280
CE017	豐田文化：複製豐田DNA的核心關鍵	978-986-157-551-3	580
CE019	今天你M了沒-麥當勞屹立不搖的經營七法	978-986-157-500-1	300
CE020	豐田供應鏈管理－創新與實踐	978-986-157-662-6	420
CE021	豐田形學：持續改善與教育式領導的關鍵智慧	978-986-157-694-7	420
CE022	獅與冠的傳奇：麗思・卡爾頓獨一無二的黃金經營哲學	978-986-157-780-7	320

大中華探索系列

GC001	中國經濟	978-957-493-817-9	400
GC002	當代中國經濟改革	978-986-157-078-5	500

36小時進修課程系列

TS001	財務管理	978-957-493-970-1	400
TS002	專案管理	978-986-157-136-2	380
TS003	商業寫作與溝通	978-986-157-180-5	330

書系代碼	書名	ISBN	定價
TS004	會計管理	978-986-157-190-4	430

What Is系列

書系代碼	書名	ISBN	定價
WI001	精實六標準差簡單講	978-986-157-122-5	220
WI002	公司治理簡單講	978-986-157-123-2	220
WI003	六標準差流程管理簡單講	978-986-157-179-9	220
WI004	六標準差設計簡單講	978-986-157-245-1	220

投資理財系列

書系代碼	書名	ISBN	定價
IF002	笑傲股市—全新修訂版	978-957-493-135-4	280
IF017	葛林斯班效應	978-957-493-254-2	390
IF023	透析經濟 聰明投資	978-957-493-492-8	350
IF024	識破財務騙局的第一本書	978-957-493-632-8	350
IF025	經濟之眼	978-957-493-699-1	320
IF026	輕鬆催款	978-957-493-716-5	280
IF027	有錢沒錢教個孩子會理財	978-957-493-745-5	320
IF028	透析財務數字	978-957-493-759-2	450
IF029	笑傲股市Part 2	978-957-493-869-8	300
IF030	聰明理財的第一本書	978-957-493-878-0	299
IF031	投資理財致富聖經	978-957-493-896-4	330
IF032	你不可不知的10大理財錯誤	978-957-493-925-1	320
IF033	85大散戶投資金律	978-957-493-962-6	300
IF034	華爾街操盤高手	978-957-493-974-9	280
IF035	你一定需要的理財書	978-986-157-002-0	320
IF036	向股票市場要退休金	978-986-157-043-3	320
IF037	識破地雷股的第一本書	978-986-157-050-1	300
IF038	戳破理財專家的謊言	978-986-157-049-5	400
IF039	資產生財，富足有道！	978-986-157-076-1	399
IF040	笑傲股市風雲實錄	978-986-157-084-6	290
IF041	從火腿蛋到魚子醬	978-986-157-083-9	290
IF042	你不可不知的10大投資迷思	978-986-157-094-5	320
IF043	致富，從建立正確的心態開始	978-986-157-161-4	330
IF044	巴菲特的24個智富策略	978-986-157-195-9	250
IF045	股市放空教戰手冊	978-986-157-246-8	220
IF046	智富一輩子	978-986-157-260-4	300
IF047	圖解技術分析立即上手	978-986-157-378-6	260
IF048	房市淘金不景氣也賺錢	978-986-157-419-6	290
IF049	投資顧問怕你發現的真相	978-986-157-436-3	400
IF050	海龜投資法則	978-986-157-466-0	330
IF051	要學會賺錢，先學會負債	978-986-157-467-7	280
IF052	坦伯頓投資法則	978-986-157-543-8	320

書系代碼	書名	ISBN	定價
IF053	散戶投資正典全新修訂版	978-986-157-553-7	380
IF054	大衝撞：全球經濟巨變下的重建預言與投資策略	978-986-157-593-3	360
IF055	在平的世界找牛市：何時何地都賺錢的投資策略	978-986-157-617-6	400
IF056	巴菲特主義：波克夏傳奇股東會的第一手觀察	978-986-157-626-8	360
IF057	資本主義的代價：後危機時代的經濟新思維	978-986-157-628-2	300
IF058	海龜法則實踐心法：看全球最優秀交易員如何管理風險	978-986-157-633-6	300
IF059	笑傲股市——歐尼爾投資致富經典	978-986-157-653-4	450
IF060	財經詞彙一本就搞定：讓你思考像索羅斯、投資像巴菲特	978-986-157-663-3	420
IF061	我跟有錢人一樣富有	978-986-157-664-0	400
IF062	想法對了，錢就進來了：技術分析沒有告訴你的獲利心法	978-986-157-692-3	360

行銷規劃系列

書系代碼	書名	ISBN	定價
MP007	銷售巨人	978-957-849-654-5	240
MP022	銷售巨人Part 2	978-957-493-275-7	280
MP031	資料庫行銷實用策略	978-957-493-423-2	490
MP034	跟顧客搏感情	978-957-493-488-1	399
MP035	線上行銷研究實用手冊	978-957-493-489-8	490
MP037	很久很久以前	978-957-493-494-2	500
MP038	絕對成交！	978-957-493-513-0	299
MP040	電話行銷 輕鬆成交	978-957-493-579-6	299
MP043	抓住你的關鍵顧客	978-957-493-688-5	290
MP044	顧客教你的10件事	978-957-493-689-2	299
MP045	200個行銷創意妙方	978-957-493-700-4	299
MP047	絕對成交！Part 2	978-957-493-717-2	299
MP048	打倒莫非定律的銷售新法	978-957-493-729-5	299
MP049	百萬業務員銷售祕訣	978-957-493-730-1	280
MP051	贏在加值銷售	978-957-493-761-5	330
MP052	做顧客的問題解決專家	978-957-493-785-1	280
MP053	銷售訓練實戰手冊	978-957-493-788-2	280
MP054	做個高附加價值的行銷人	978-957-493-789-9	300
MP056	eBay網路拍賣完全賺錢指南	978-957-493-871-1	299
MP057	超級業務員的25堂課	978-957-493-877-3	280
MP058	行銷ROI	978-957-493-883-4	350
MP059	團隊銷售 無往不利	978-957-493-887-2	300
MP060	拿下企業的大訂單	978-957-493-898-8	300
MP061	扭轉乾坤的完全銷售祕訣	978-957-493-916-9	280
MP062	IMC整合行銷傳播	978-957-493-927-5	390
MP063	引爆銷售力的10大黃金法則	978-957-493-929-9	300

書系代碼	書名	ISBN	定價
MP064	向行銷大師學策略	978-957-493-961-9	250
MP065	攻心式銷售	978-957-493-995-4	330
MP066	好口碑，大訂單！	978-986-157-000-6	300
MP067	再造銷售奇蹟	978-986-157-017-4	330
MP068	換上顧客的腦袋	978-986-157-071-6	300
MP069	銷售達人	978-986-157-072-3	280
MP070	eBay子都賺錢的網路拍賣指南	978-986-157-075-4	299
MP071	行銷創意玩家	978-986-157-085-3	280
MP072	401個行銷實用妙方	978-986-157-102-7	360
MP073	用心成交	978-986-157-105-8	300
MP074	電訪員出頭天	978-986-157-117-1	300
MP075	10分鐘在地行銷	978-986-157-134-8	330
MP076	銷售ROI	978-986-157-135-5	330
MP077	CEO教你怎麼賣	978-986-157-137-9	300
MP078	eBay網路拍賣實作手冊	978-986-157-181-2	299
MP079	網路拍賣也要做行銷	978-986-157-223-9	299
MP080	直銷經理的第一本書	978-986-157-253-6	350
MP081	用愛經營顧客	978-986-157-273-4	230
MP082	無恥行銷	978-986-157-281-9	300
MP083	尖子品牌	978-986-157-292-5	300
MP084	部落格行銷	978-986-157-283-3	300
MP085	企畫案撰寫進階手冊	978-986-157-308-3	260
MP086	開口就讓你變心	978-986-157-356-4	300
MP087	消失吧！奧客	978-986-157-354-0	250
MP088	聽頂尖業務說故事	978-986-157-360-1	260
MP089	口袋業務家教	978-986-157-384-7	250
MP090	業務拜訪現場直擊	978-986-157-521-6	300
MP091	出賣行銷鬼才	978-986-157-400-4	300
MP092	Google關鍵字行銷	978-986-157-403-5	350
MP093	商業午餐的藝術	978-986-157-404-2	280
MP094	我的部落格印鈔機	978-986-157-412-7	250
MP095	九種讓你賺翻天的顧客	978-986-157-487-5	320
MP096	趨勢學‧學趨勢	978-986-157-511-7	260
MP097	高價成交	978-986-157-521-6	300
MP098	銷售力領導	978-986-157-548-3	280
MP099	我不是祕密：贏得顧客推薦的銷售神技	978-986-157-578-0	220
MP100	品牌個性影響力：數位時代的口碑行銷	978-986-157-561-2	280
MP101	GPS銷售法	978-986-157-582-7	280
MP102	彈指金流：無遠$屆的網路行銷密技	978-986-157-601-5	320
MP103	內容行銷塞爆你的購物車	978-986-157-652-7	320

書系代碼	書名	ISBN	定價
MP104	電話行銷輕鬆成交PART2：36則持續成功的心法	978-986-157-681-7	320
MP105	誰，決定了你的業績：掌握關鍵決策的馭客術	978-986-157-691-6	320
MP106	行銷不必再喊選我選我	978-986-157-696-1	300
MP107	魔鬼業務出線前特訓手冊	978-986-157-698-5	300
MP108	蓋出你的秒殺商城：網路流量變業績，成功勸Buy的超嚇人成交術	978-986-157-714-2	320
MP109	變身成Google：不可不學的20條行銷心法	978-986-157-778-4	400
職涯發展管理系列			
CD002	第一次就說對話	978-957-493-769-1	299
CD003	快樂工作人求生之道	978-957-493-777-6	300
CD004	自信演說 自在表達	978-957-493-787-5	300
CD005	職場處處有貴人	978-957-493-795-0	320
CD006	職場不敗	978-957-493-805-6	290
CD007	向領導大師學溝通	978-957-493-820-9	320
CD008	預約圓滿人生	978-957-493-833-9	320
CD009	脫穎而出	978-957-493-845-2	320
CD010	關鍵溝通	978-957-493-875-9	300
CD011	超級口才 溝通無礙	978-957-493-886-5	320
CD012	直話巧說，溝通更有力	978-957-493-897-1	320
CD013	功成名就的第一本書	978-957-493-906-0	320
CD014	打造真本事 談出高身價	978-957-493-931-2	280
CD015	魅力滿分	978-957-493-960-2	280
CD016	塑造個人A+品牌的10堂課	978-957-493-963-3	300
CD017	老是換工作也不是辦法	978-957-493-975-6	300
CD018	贏在談判	978-957-493-986-2	290
CD019	絕對說服100招	978-957-493-988-6	320
CD020	贏家之道	978-986-157-001-3	330
CD021	直擊人心，決勝職場！	978-986-157-003-7	320
CD022	我愛笨老闆	978-986-157-016-7	300
CD023	談判致富	978-986-157-020-4	320
CD024	成功不難，習慣而已！	978-986-157-056-3	320
CD025	哪個不想出人頭地	978-986-157-086-0	290
CD026	沒什麼談不了	978-986-157-082-2	300
CD027	你可以更了不起	978-986-157-095-2	330
CD028	向領導大師學激勵	978-986-157-119-5	320
CD029	堆高你的個人資本	978-986-157-118-8	300
CD030	關鍵對立	978-986-157-121-8	300
CD031	人人都要學的CEO說話技巧	978-986-157-159-1	300
CD032	每天多賺2小時	978-986-157-254-3	250

書系代碼	書名	ISBN	定價
CD033	個人平衡計分卡	978-986-157-320-5	280
CD034	這樣簡報最有效	978-986-157-437-0	240
CD035	經理小動作，公司大不同	978-986-157-471-4	280
CD036	W職場學	978-986-157-522-3	270
CD037	NQ人脈投資法則	978-986-157-496-7	240
CD038	訂做你的工作舞台：人才派遣也能闖出一片天	978-986-157-575-9	280
CD039	職場生死鬥	978-986-157-588-9	320
CD040	懂得領導讓你更有競爭力-亂局中的7堂修練課	978-986-157-616-9	260
CD041	好奇心殺不死一隻貓：跳脫常軌，發掘內心的創意因子	978-986-157-625-1	220
CD042	CEO訓練班	978-986-157-642-8	340
CD043	選對工作！老闆砍不到你－搶攻8大熱門職務	978-986-157-661-9	250
CD044	老闆不會明說，卻很重要的12件事	978-986-157-731-9	280
CD045	50堂領導力必修課！讓團隊成員甘願為你賣命	978-986-157-736-4	340
CD046	下一個搶手人才就是你：三把金鑰讓你變身職場A咖	978-986-157-791-3	250

溝通勵志系列

CS005	追求成功的熱情	978-957-945-354-7	230
CS026	女男大不同	978-957-493-626-7	300
CS027	關鍵對話	978-957-493-678-6	300
CS029	圓夢智慧	978-957-493-968-8	300
CS030	共存！	978-986-157-132-4	290
CS031	我該怎麼說？	978-986-157-226-0	299
CS032	易燃物，你又燒起來了嗎	978-986-157-429-5	280
CS033	臉紅心跳886	978-986-157-421-9	300
CS034	打不死的樂觀	978-986-157-425-7	180
CS035	辯，贏人	978-986-157-434-9	290
CS036	老大的權威來自溝通的技巧	978-986-157-473-8	250
CS037	追求成功的熱情（熱情增修版）	978-986-157-491-2	260
CS038	拿出你的影響力	978-986-157-502-5	350
CS039	和平無關顏色	978-986-157-510-0	240
CS040	說服力	978-986-157-525-4	260
CS041	征服：歐巴馬超凡溝通與激勵演說的精采剖析	978-986-157-600-8	340
CS042	職場成人溝通術	978-986-157-614-5	260
CS043	人人都要學的熱血激勵術	978-986-157-622-0	350
CS045	飛機上的27A	978-986-157-627-5	200
CS046	改變8！我的人生	978-986-157-631-2	240
CS047	成就是玩出來的	978-986-157-646-6	250
CS048	人見人愛的華麗社交	978-986-157-649-7	320
CS049	99分：快樂就在不完美的那條路上	978-986-157-683-1	340

McGraw Hill Education 麥格羅·希爾 精選好書目錄

書系代碼	書名	ISBN	定價
CS050	What！原來這樣就能成功	978-986-157-695-4	320
CS051	大家來看賈伯斯：向蘋果的表演大師學簡報	978-986-157-693-0	340
CS052	不可不知的關鍵對話	978-986-157-704-3	300
CS053	第35個故事…	978-986-157-715-9	280
CS054	快樂練習本	978-986-157-720-3	260
CS055	你，可以再更好：改變人生關鍵的思維致勝術	978-986-157-785-2	280
商業英語學習系列			
EL012	英文常用字急診室	978-986-157-589-6	399
EL013	上班族完美英文e-mail輕鬆寫	978-986-157-658-9	360
EL014	懶人專用商務英文e-mail：149篇萬用情境範例即時抄	978-986-157-682-4	340
EL015	瞄準新多益{聽力篇}：Jeff老師帶你突破聽力障礙	978-986-157-685-5	580
EL016	瞄準新多益{字彙文法篇}：Jeff老師教你征服必考字彙與焦點文法	978-986-157-719-7	550
EL017	戰勝雅思：31種突破口試高分必背公式	978-986-157-746-3	580
EL018	瞄準新多益{全真模擬試題篇}：Jeff老師帶你征戰考場無敵手	978-986-157-786-9	550
健康脈動系列			
HC009	最科學的養生長青10法則	978-986-157-556-8	260
HC010	這樣吃，免疫力UP：23種自然食材，讓你不生病好健康	978-986-157-707-4	320
全球趨勢系列			
GT001	N世代衝撞：網路新人類正在改變你的世界	978-986-157-630-5	380
GT002	幽靈財富的真相：終結貪婪華爾街，打造經濟新世界	978-986-157-635-0	300
GT003	75個綠色商機：給你創業好點子，投身2千億美元新興產業	978-986-157-636-7	400
GT004	ANYWHERE：引爆無所不連的隨處經濟效應	978-986-157-710-4	360
GT005	雲端運算革命的經營策略	978-986-157-732-6	300
GT006	關鍵處方：引領新興國家走向富強的人物和作為	978-986-157-745-6	450
GT007	Chinamerica：看中美競合關係如何改變世界	978-986-157-741-8	360
輕鬆投資系列			
EI001	黃金貴金屬投資的第一本書──寶來教你入門必修課	978-986-157-777-7	250
EI002	前進中國基金的第一本書	978-986-157-784-5	150
EI003	買不起股王，就買指數型基金	978-986-157-787-6	200

國家圖書館出版品預行編目(CIP)資料

**騙術與魔術：識破13種連財務專家都不易看穿的
假報表**／霍爾‧薛利(Howard M. Schilit), 傑洛
米‧裴勒(Jeremy Perler)原著；吳書榆譯.
-- 初版. -- 臺北市：麥格羅希爾, 2011. 06
　面；　公分. --（投資理財；IF063）
譯自：Financial shenanigans
ISBN 978-986-157-790-6（平裝）

1.財務報表　2.財務分析

495.47　　　　　　　　　　　　100006588

投資理財 IF063

騙術與魔術：識破13種連財務專家都不易看穿的假報表

原　　　著	霍爾‧薛利（Howard M. Schilit）、傑洛米‧裴勒（Jeremy Perler）
譯　　　者	吳書榆
特 約 編 輯	柴慧玲
企 劃 編 輯	高純蓁　胡天慈　林芸郁
行 銷 業 務	高曜如　杜佳儒
業 務 副 理	李永傑

出 版 者	美商麥格羅‧希爾國際股份有限公司　台灣分公司
地　　　址	台北市100中正區博愛路53號7樓
網　　　址	http://www.mcgraw-hill.com.tw
讀 者 服 務	Email:tw_edu_service@mcgraw-hill.com
	Tel: (02) 2311-3000　Fax: (02) 2388-8822
法 律 顧 問	惇安法律事務所盧偉銘律師、蔡嘉政律師及江宜蔚律師
劃 撥 帳 號	17696619
戶　　　名	美商麥格羅希爾國際股份有限公司　台灣分公司

亞洲總公司	McGraw-Hill Education (Asia)
	60 Tuas Basin Link, Singapore 638775, Republic of Singapore
	Tel: (65) 6863-1580　Fax: (65) 6862-3354
	Email: mghasia_sg@mcgraw-hill.com

製 版 廠	信可印刷有限公司	(02)2221-5259
電 腦 排 版	葉承泰	0936-572-863

出 版 日 期	2011年6月（初版一刷）
定　　　價	360元
原 著 書 名	FINANCIAL SHENANIGANS

Traditional Chinese Translation Copyright ©2011 by McGraw-Hill International Enterprises, Inc., Taiwan Branch
Original Copyright © 2010 by Howard M. Schilit, Jeremy Perler
English edition published by The McGraw-Hill Companies, Inc. (978-0-07-170307-9)
All rights reserved.

ISBN：978-986-157-790-6

美商麥格羅‧希爾愛護地球，本書使用環保再生紙印製

Education

100
台北市中正區博愛路53號7樓

美商麥格羅・希爾國際出版公司
McGraw-Hill Education（Taiwan）

McGraw-Hill
全球智慧中文化
www.mcgraw-hill.com.tw

感謝您對麥格羅・希爾的支持
您的寶貴意見是我們成長進步的最佳動力

姓 名：＿＿＿＿＿＿＿＿＿＿＿＿ 先生／小姐　出生年月日：＿＿＿＿＿＿＿

電 話：＿＿＿＿＿＿＿＿＿＿＿ E-mail：＿＿＿＿＿＿＿＿＿＿＿＿＿

住 址：＿＿＿＿＿＿＿＿＿＿＿＿＿＿＿＿＿＿＿＿＿＿＿＿＿＿＿＿

購買書名：＿＿＿＿＿＿＿ 購買書店：＿＿＿＿＿＿＿ 購買日期：＿＿＿＿＿＿

學　　歷： □高中以下（含高中） □專科 □大學 □碩士 □博士

職　　業： □管理 □行銷 □財務 □資訊 □工程 □文化 □傳播
　　　　　 □創意 □行政 □教師 □學生 □軍警 □其他 ＿＿＿＿＿＿＿＿

職　　稱： □一般職員 □專業人員 □中階主管 □高階主管

您對本書的建議：

　內容主題 □滿意 □尚佳 □不滿意 因為 ＿＿＿＿＿＿＿＿＿＿＿＿＿＿＿

　譯／文筆 □滿意 □尚佳 □不滿意 因為 ＿＿＿＿＿＿＿＿＿＿＿＿＿＿＿

　版面編排 □滿意 □尚佳 □不滿意 因為 ＿＿＿＿＿＿＿＿＿＿＿＿＿＿＿

　封面設計 □滿意 □尚佳 □不滿意 因為 ＿＿＿＿＿＿＿＿＿＿＿＿＿＿＿

　其他 ＿＿＿＿＿＿＿＿＿＿＿＿＿＿＿＿＿＿＿＿＿＿＿＿＿＿＿＿＿＿＿

您的閱讀興趣：□經營管理 □六標準差系列 □麥格羅・希爾 EMBA 系列 □物流管理
　　　　　　 □銷售管理 □行銷規劃 □財務管理 □投資理財 □溝通勵志 □趨勢資訊
　　　　　　 □商業英語學習 □職場成功指南 □身心保健 □人文美學 □其他 ＿＿＿＿

您從何處得知 □逛書店 □報紙 □雜誌 □廣播 □電視 □網路 □廣告信函
本書的消息？ □親友推薦 □新書電子報／促銷電子報 □其他 ＿＿＿＿＿＿＿＿

您通常以何種 □書店 □郵購 □電話訂購 □傳真訂購 □團體訂購 □網路訂購
方式購書？ □目錄訂購 □其他 ＿＿＿＿＿＿＿＿＿＿＿＿＿＿＿＿＿＿＿＿

您購買過本公司出版的其他書籍嗎？ 書名 ＿＿＿＿＿＿＿＿＿＿＿＿＿＿＿＿＿

您對我們的建議：

＿＿＿＿＿＿＿＿＿＿＿＿＿＿＿＿＿＿＿＿＿＿＿＿＿＿＿＿＿＿＿＿＿＿＿

＿＿＿＿＿＿＿＿＿＿＿＿＿＿＿＿＿＿＿＿＿＿＿＿＿＿＿＿＿＿＿＿＿＿＿

＿＿＿＿＿＿＿＿＿＿＿＿＿＿＿＿＿＿＿＿＿＿＿＿＿＿＿＿＿＿＿＿＿＿＿

＿＿＿＿＿＿＿＿＿＿＿＿＿＿＿＿＿＿＿＿＿＿＿＿＿＿＿＿＿＿＿＿＿＿＿

McGraw Hill Education 麥格羅·希爾	信用卡訂購單	（請影印使用）

我的信用卡是 □VISA □MASTER CARD（請勾選）

持卡人姓名：	信用卡號碼（包括背面末三碼）：
身分證字號：	信用卡有效期限：　　　年　　　月止

聯絡電話：（日）　　　　　（夜）　　　　　手機：

e-mail：

收貨人姓名：	公司名稱：

送書地址：□□□

統一編號：	發票抬頭：

訂購書名：

訂購本數：	訂購日期：　　　年　　　月　　　日

訂購金額：新台幣 _____ 元　　持卡人簽名： _____

書籍訂購辦法

郵局劃撥

戶名：美商麥格羅·希爾國際股份有限公司 台灣分公司
帳號：17696619
請將郵政劃撥收據與您的聯絡資料傳真至本公司
FAX：(02) 2388-8822

信用卡

請填寫信用卡訂購單資料郵寄或傳真至本公司

銀行匯款

戶名：美商麥格羅·希爾國際股份有限公司 台灣分公司
銀行名稱：美商摩根大通銀行 台北分行
帳號：3516500075
解款行代號：0760018
請將匯款收據與您的聯絡資料傳真至本公司

即期支票

請將支票與您的聯絡資料以掛號方式郵寄至本公司
地址：台北市100中正區博愛路53號7樓

備註

我們提供您快速便捷的送書服務，以及團體購書的優惠折扣。
如單次訂購金額未達NT1,500，須酌收書籍貨運費用90元，台東及離島等偏遠地區運費另計。
聯絡電話：(02)2311-3000
e-mail: tw_edu_service@mcgraw-hill.com

請沿虛線剪下